U0070414

商店叢書⑦

連鎖店操作手冊（增訂六版）

黃憲仁　編著

憲業企管顧問有限公司　　發行

連鎖店操作手冊〈增訂六版〉

序　言

　　本書介紹許多著名連鎖經營企業成功的案例，最先進的連鎖經營研究管理方法，上市後，內容具體實務，獲臺灣企業界好評，再版多次，海峽兩岸，都擠入暢銷書排行榜，此書銷售到東南亞各國，均是當地暢銷書。

　　此書是 2019 年 4 月發行增訂第六版，原來內容全部都檢討更新，重新打字撰筆、打字排版，增加更多案例、具體執行步驟、如何向私募基金取得投資……等等，章節順序改變，希望讀者會喜愛。

　　連鎖經營是當今世界普遍採用的一種現代化商業經營模式，已經成為最具吸引力的經營方式，是最富有活力和發展潛力。

　　時間飛逝，個人長期擔任企業顧問師，並擔任過運動器材連鎖店、餐飲連鎖店、企管連鎖店、服飾連鎖店、便利連鎖店之總經理與顧問，累積甚多經驗。深知「連鎖經營有如威力龐大的原子彈」，而（授權他人）特許連鎖經營，更是一個「雙贏」的策略，其威力具備相乘效果，有如生物界用細胞複製出眾多的母體動物，多驚人！

　　採用連鎖形態經營，是目前企業常見的經營手法，作者曾受聘到各地協助發展其連鎖事業，深刻感受到連鎖經營有其必要性。

　　在十數年間，作者看到許多連鎖經營業者的興起與衰落，原因是連鎖經營既有它的優點，但同時也有報紙輿論所謂的「盲點」。

作者願指出的是，成功的經營者強調主動、積極，看到光明面的機會而採取行動，而不是害怕消極面的失敗而退縮；成功者與失敗者的分野，在此一線之差而已。作者以擔任 20 多年企業顧問、連鎖經營顧問的立場，願意以己身之多年經驗，為各位企業經營者見證指出：「企業要儘快、設法善用連鎖經營之妙方」。

憲業企管顧問公司在臺北、上海、香港、吉隆坡都設有駐地，並擁有許多資深的企業顧問師，為眾多企業提供一流的企業經營輔導工作，深受企業界人仕讚賞，更感謝全臺灣多個讀者會、學會的推薦與購買。

本書專門針對企業如何運作連鎖經營方式的實務工具書，注重實務和可操作性，突出應用性，將連鎖經營的運作方式，加以解說。

此書之出版，希望能為連鎖業經營者帶來有用之參考建議，企業能茁壯成長，而且長盛不衰，這是我們企管顧問師最大的欣慰！

2019 年 4 月　增訂第六版

連鎖店操作手冊〈增訂六版〉

目　錄

第 1 章　先要開設直營店 / 12

　　連鎖經營是一種新型的商業經營方式，連鎖總部在開發商店上有兩大要務：健全直營店開設與強化市場營運；企業要先建立自己的示範店（旗艦店），建立示範店的一個主要功能，是建立模範經營流程。

第 2 章　建立連鎖總部 / 31

　　企業要開展連鎖企業版圖，必須先擁有一個指揮中心，先建立連鎖總部。連鎖總部承擔著維護正常運轉和明確發展方向的重任，在架設連鎖總部前，必須先確認總部應具備的機能，總部的機能越完整，連鎖經營力將越強。

第3章　連鎖體系的組織運作 / 43

組織結構直接決定著連鎖企業中的指揮和溝通網路，影響著企業的運作。恰當的組織結構，對於有效地實現企業目標，是至關重要的。企業內部組織結構的合理與否，直接關係到整個企業成敗，連鎖店經營中必須明確訂定各層級組織需要設置那些職位及功能。

第4章　對外招募連鎖加盟商 / 56

連鎖加盟應有一套嚴謹的審核方式。不同加盟種類的加盟方式，會有不同的要求。自願加盟只要求加盟店配合總公司集中採購或原料提供；特許加盟則會產生商標、促銷、廣告等多方面的要求。

第 5 章　連鎖店加盟合約的重點　/ 72

連鎖總部徵求加盟店，彼此因為立場不同、功能不同、利益不同而有所差異，在加盟合約上必須有所注意。連鎖店加盟的契約內容，三大重點是簽約、執行、解約，連鎖總部在草擬、簽約前，如何吸收加盟、如何解約，宜審慎對各項做出評估。

第 6 章　連鎖店商圈的開發與評估　/ 107

連鎖店籌建時，做好商圈分析是必不可少的。特定的開設地點，決定了連鎖店可以吸引地區內潛在顧客的多少，也決定了可以獲得銷售收入的高低。

第 7 章　對連鎖加盟店的督導　/ 131

為維持經營品質一致性、建立良好企業形象與連鎖聲譽，連鎖總部對於分店的營運必須加以輔導協助，以利迅速進入穩定經營。區督導是連鎖總部與連鎖店營運之間的橋樑，需定期訪問各分店，

並做到確實溝通。

第 8 章　連鎖業的培訓工作 ／ 153

對連鎖企業來講，追求「標準化」就先要有高質量的培訓。離開了培訓，營業手冊所規定的作業標準，就難以為員工所理解和執行。建立完整的培訓系統，是連鎖企業穩步發展、持續進步的關鍵所在。給予職前培訓或在職培訓，其目的是為了使員工瞭解其工作內容，盡快投入到工作中。

第 9 章　連鎖業的「手冊化」經營管理 ／ 178

連鎖系統的作業特徵是「化繁為簡」、「標準化經營」，而這一切都可透過「手冊化」來實現。凡事都有標準作法或工作程序，操作手冊的制定恰恰彌補了培訓的不足，「手冊化」管理也要一再的更

新、修正，使經營管理制度不斷健全與更新，才能保證連鎖體系有效運作。

第 10 章　連鎖業的商品策略 / 198

商品是連鎖業者生存與獲利的基本源泉，亦是與競爭者決勝的關鍵。對連鎖經營而言，在規劃商品組合的同時，必須先透過市場調查分析與商圈的資訊參考，瞭解顧客群的真正需求，找出最適合該店的商品，然後規劃出商品組合策略，最後，制訂出合理的商品價格，完成商品組合的規劃。不僅要引進新商品，更要注意滯銷品。

第 11 章　連鎖業的物流配送 / 214

物流，是從供應者向需要者的物理性移動過程，創造時間性價值、場所性價值、加工價值的經濟活動。連鎖店的物流活動必須受到連鎖總部的指揮，由連鎖總部統合各個分店的運作。

第 12 章　連鎖業的資訊管理系統 / 229

連鎖企業整個管理資訊系統可分為三個部份：總部管理資訊系統、配送中心管理系統及各連鎖店管理資訊系統，由於消費購物形態逐漸趨向多樣化，連鎖店為了符合此一需求，而使用電子訂貨系統 EOS，或銷售時點資訊系統 POS，達到少量多樣的訂貨方式。

第 13 章　連鎖業的廣告促銷活動 / 249

連鎖經營是由總部與店鋪兩大系統的協調運作而完成的，連鎖店接觸末端消費者，促銷所肩負的責任就更為重要，促銷手法也更加演進。廣告宣傳是現代企業最常用的促銷手段之一，連鎖企業與獨立商店相比，在廣告的運用上具有明顯的優勢。

第 14 章　連鎖業的財務管理絕招 ／ 271

連鎖總部要持續經營，必須增加利潤來源，減少費用支出，利用銷售時點管理系統和管理資訊系統，是關係到連鎖企業能否穩定發展的重要因素。

第 15 章　私募基金（ＶＣ）為何會對你投下資金 ／ 290

連鎖是企業自身的規模積累，對企業規模的穩步拓展無疑發揮著決定性作用。直營連鎖和加盟連鎖各有優劣，資本時代的連鎖戰略是 51％控股式直營連鎖。

第 16 章　連鎖店的績效評估 / 306

連鎖總部先評估加盟連鎖店各店的績效，再針對結果加以檢討改善。由總部的營業部及各店組成評核小組，負責各店的評核工作。通過評估與改善，才能有效管理，面對激烈的競爭環境。

第 17 章　連鎖店的績效改進 / 323

連鎖總部針對商店績效加以評估，業績的優劣是店鋪的生存命脈，一旦發覺單店虧損，必須找出原因與對策，運用對策時，必須因地制宜，尋求最佳可行改善方案，加以有效執行。增加來客數，有效及時地處理過多庫存品，提升人事效率，□少固定支出，都是提高店鋪效益的有效措施。

第 18 章　連鎖業的風險管理 / 354

作為一種連鎖經營方式，企業要發揮出其最大的功效，有經營

就會有風險，不論是總部還是分店、加盟商，都需要提前做好風險規避。

第 *1* 章

先要開設直營示範店

🔊 第一節 連鎖經營的魅力

連鎖經營是指企業以同樣的方式在多處同樣命名（店鋪的裝修及商品陳列也相同）的店鋪裏，出售某一種（類、品牌）商品或提供某種服務的經營模式。

連鎖經營在核心企業或總部的統一，由分散的、經營同類商品或服務的門店，通過集中進貨、統一管理的規範化經營，實現規模效益。核心企業被稱為連鎖總部或總店，同時經營的店鋪被稱為連鎖店或分店（門店），這種聯號的企業稱為連鎖企業或連鎖商業。

縱觀連鎖經營情況，連鎖企業必須是由若干個分店聯合構成，形成規模經營。在美國，有兩個以上的分店聯合就被稱為連鎖店；在英國，把 10 個以上的分店的集團稱為連鎖店；在日本一般把擁有 11 家以上的商店組織才稱為連鎖店。只有單店的企業，無論規模多大，都不能稱之為連鎖店。

　　連鎖經營最基本的表現是連鎖總部統一店名、店徽，統一商品採購，統一配送，統一結算，統一經營決策，統一管理，統一價格，由各分店專門負責商品銷售，體現出統一的經營理念、統一的商品和服務、統一的經營管理、統一的企業識別系統及經營商標，所以，連鎖經營是一種新型的商業經營方式和商業組織形式。從行銷的角度來看，連鎖經營是一種大規模的網路化銷售模式。

一、連鎖經營的魅力

　　企業採用連鎖體系的經營手法，對於企業總部，加盟店、社會大眾都有利益魅力。說明如下：

　1.對總公司魅力

　　從總公司的立場，連鎖體系可以用更少的資金、人力來拓展其行銷通路、增加商品銷售機會。

　2.對加盟者魅力

　　由總公司提供整套的管理制度，包括：地點選擇、人員訓練、店面設置、統一廣告、商品原料及機器設備之供應、標準化的銷售方式、持續不斷的經營管理顧問、甚至財務上的支援。加盟者還可以由總公司學習經驗、進貨、專業指導和整套業務協助，同時避免犯錯、降低營業風險。

　3.對消費者魅力

　　連鎖經營體系給廣大消費者提供品質標準化，價格大眾化的商品與服務，提升購物方便性與生活質量。

表 1-1-1 傳統商店與連鎖商店之區別

特徵內容	傳統形式	連鎖形式
1.組織形式：聯合化與標準化	1.只是引廠進店或合作開發等 2.不具整體性	1.由一個總部和眾多的店鋪構成一個企業聯合體系 2.是整體性、穩定性、全方位的聯合 3.用同一店名，具統一店貌，提供標準化服務和商品
2.經營方式：一體化和專業化	1.購、銷、調、存集中於同一單位（一對一的關係） 2.商店內部按業務性質分工，職責不明晰 3.成本高	1.採購、配送、批發、零售的一體化(一對多的關係，即一個總部多個店鋪) 2.公司內部職能分離，總部負責集中進貨和配送，各連鎖店負責分散銷售 3.成本低
3.管理方式：規範化和現代化	1.各店之間都有一套模式，不統一 2.電腦化程度低，店內處於鬆散和互不聯網狀況	1.有連鎖總部強化各項管理職能，有一套規範的做法，建立專業化管理部門，具有規範化管理制度和調控體系，並配備相應的專業人才 2.實施電腦化管理，公司總部、配送中心以及各連鎖店都建立相應的電腦系統，並運用遠程通信網路系統將整個公司構成一個整體
4.特點	單體店，且都是獨立法人實體或個體	各店鋪對內負責店務管理，對外只負責銷售和提供優質服務

二、連鎖體系的經營優缺點

連鎖企業總部在實施連鎖計劃前，充分瞭解連鎖體系的優缺點，對於抓住機遇，擴充自己是大有益處的。

1. 連鎖經營的優點

⑴連鎖體系由於連鎖店多，銷售量大，因此採購進貨時，可以享有較大的折扣，更可以達成市場產銷一體化。

⑵能夠利用商品或服務的便利性吸引顧客上門。

⑶由於有連鎖營銷的經驗，能夠容易地選擇適當的開店地點。

⑷聯合刊登廣告，降低媒體成本。

⑸通過專家的管理，可以取得與同行的競爭優勢。

⑹在管理上可獲得較好的經濟效益。

⑺連鎖店具有集中存貨的便利性，管理較為嚴密。

⑻通過連鎖店的戶外廣告，可以提高企業形象。

⑼差異價格的營銷策略運用。

⑽在經營風險承擔上具有分散性。

⑾容易達成實體配送的經濟效益。

⑿連鎖經營據點的擴大，能夠阻止競爭者的進入。

⒀連鎖店的分佈較廣，銷售網和服務網可以不斷擴大。

⒁可有效地進行市場情報資訊的反饋。

2. 連鎖經營的缺點

⑴由於其標準化的商品政策和總部的統一管理，加盟店不易掌握地區性市場的機會或地域性策略。

⑵在顧客關係的維護與服務方面，不易保持極密切的聯繫。

⑶在服務人員的任用和管理上，由於採用輪班制，難免造成職員與顧客，或同事之間缺乏應有的聯繫。

⑷對於策略的決定，在執行上，可能會因為店數多而影響時效。

⑸連鎖店因分散各地，容易造成聯繫溝通上的不方便。

⑹連鎖店分散在各地，可能會造成總部在實際運營中配送的不方便。

⑺負責管理各地的督導人員，如果不能有效的運用管理技術，有時會造成錯誤或偏差。

⑻連鎖店組織機構龐大、人員眾多，為達到操作標準化的要求，難免會增加固定成本。

⑼如果採取加盟方式的連鎖店，可能會出現對商品策略掌握不好、店鋪設施不完全符合要求等問題，從而影響連鎖企業的整體形象。

連鎖店的優缺點，並非一成不變的，企業在發展連鎖，或是有意尋求加盟時，在實際運作中，可以從中掌握經營變數，尋找一種最有利的組合方式。

第二節　連鎖經營的分類

連鎖經營的分類，可概分為：「直營連鎖」與「加盟連鎖」兩類。「直營連鎖」是由企業自行經營，負責盈虧；而「加盟連鎖」是獲得連鎖總部同意並由企業外部的人士所經營。

更細的分類，是將連鎖細分為以下五類：「直營連鎖」、「自願加盟連鎖」、「合作加盟連鎖」、「特許加盟連鎖」、「委託加盟連鎖」，具體說明如下：

1.直營連鎖

美國對直營連鎖定義如下：凡是經營兩家或兩家以上的零售商店，經營性質相同，且屬於同一資本管理商品政策之下所組成的公司

組織。即由總公司擁有所有權，經營管理兩家以上性質相同的零售店，並承擔一切的盈虧。

直營連鎖的目的在於拓展及控制行銷通路，並以整體的運作，採取一致行動，加深連鎖體系在消費者心中的印象。此外，透過統一管理制度的建立執行，亦可獲得規模利益，提升整體的經營效率。

2.特許加盟

國際連鎖加盟協會對特許加盟連鎖定義為：一種存在於總公司與加盟者之間的持續關係，由總公司賦予對方執照、特權，使其能經營生意；再加上其組織、訓練、採購和管理的協助。相對的要求加盟者支付相當的代價作為報酬。

日本連鎖加盟協會定義為：總公司與加盟者締約，將自己的店號、商標及其他象徵營業的事務和經營上的 Know-how 授與對方，使其在統一的企業形象下販賣其商品。而加盟店在獲得上述的權利時，相對的需要付出一定的代價給總公司，在總公司的指導及援助下，經營事業的一種存續關係。

特許加盟總部的收入來自技術報酬(Franchise Royalty)與加盟契約金(Initial Franchise Fees)。其興起之目的，在於藉此作為介入市場或滲透市場的方法，並且收取技術上的報酬費。另一方面，可使擁有資金而缺乏管理能力的人和擁有技術而無資金者相結合，共同開創事業。

3.自願加盟連鎖

由批發商或製造商發起，各零售商自願加入，依契約明訂連鎖總部與各加盟店的職權與義務，並共同出資建立形象一致的商店。連鎖總部與加盟者各自擁有自主權，以契約來作為合作基礎。總部需提供經營上的 Know-how 給加盟者，而加盟者必須支付費用給總部，並向連鎖總部承諾採購一定比率的商品。雙方可說是立於平等地位，類似合作互惠的組織。

表 1-2-1　直營連鎖和特許加盟連鎖的比較

	直營連鎖	特許加盟連鎖
所 有 權	屬總公司或上級公司	屬店鋪主
經 營 權	總公司統一控制	在特許契約規定範圍內
營業利益	屬於公司	同上
決　　策	總公司	同上
資　　金	總公司	店鋪主
經 營 者	總公司任命經理	獨立店主
擴　　展	開發新店	新店或舊店加入
開店速度	較　慢	快
商品來源及技術	總公司	主要來自總公司
價　　格	主要由總公司規定	依據雙方合約規定
倒　　閉	公司規定	自由
培　　訓	全　套	全套
指　　導	專人巡迴	專人巡迴
促　　銷	統一實施	統一實施
店　　面	統一	統一
成立目的	商業公司擴展市場或廠商發展分銷通路	通過契約發展自己的特定產品、服務、營銷方式、商標、專利權等
優　　點	1. 所有權與管理權集中，利於實現規模效益 2. 大量進貨，可取得低價，減少運費 3. 可聘用優秀管理人才 4. 批零功能合一，有利於協調 5. 節省促銷費用	1. 兼有直營、特許經營的優點 2. 可以少投資金，達到快速發展 3. 吸引創業人加入 4. 利用品牌和成功模式，效率高
缺　　點	1. 投資大 2. 風險大 3. 環境適應性和應變能力差 4. 店主創業精神不足	1. 契約制定，常使本部與加盟者產生爭議 2. 迅速擴展，易形成市場壟斷

自願加盟連鎖的目的在於透過專業化的經營管理，降低風險，減少投資，以達到規模經濟。

4.合作加盟連鎖

由性質相同的商店共同出資成立公司，減少經營風險，增加對抗直營連鎖的競爭力。合作加盟連鎖是由零售商共同出資成立一個批發中心，以求在進貨或促銷上採取聯合作業而降低成本。參與加盟的零售商對外採用統一名稱，並支付一定額度費用以促進業務發展。各零售店以股東身份參與決策，連鎖總部與加盟者間以契約來訂定雙方的責任。

合作加盟連鎖總部不以營利為目的，其主要是透過合作以降低成本。

5.委託加盟連鎖

委託加盟連鎖的本質與特許加盟相同，連鎖總部與加盟者之間存在契約關係；連鎖總部提供加盟者商品銷售、經營知識及經營指導，而加盟者必須支付技術報酬與加盟金。而兩者最大的差別在於，委託加盟店面所有權或租賃權是屬於連鎖總部擁有或提供。

委託加盟興起的目的，一為提供加盟者滲透市場的方法，並解決資金人力不足的問題；二則為提供員工內部創業的管道。委託加盟連鎖的擴張速度亦較特許加盟為快。

🔊 第三節　連鎖經營的擴張模式

一、建立連鎖體系三步曲

在連鎖組織中，總部相當於一個人的頭和臉，總部有很多的機能，而組織開發機能則是頭腦的部份。

所謂的組織開發機能，是指總部進行全體統括經營的機能，也就是將連鎖組織全體加以營運的整合機能。當頭腦中樞運作正常時，整個組織的營運就會相當順利；若是組織的頭腦沒有正常地運作，則整個組織就會出現問題。組織開發機能中有以下三大重點：

1.開設直營連鎖店

連鎖總部在開發商店上有兩大要務：健全直營店開設與強化市場營運。

(1)健全直營店開設

包括開發新店鋪、教育訓練之工作，並且為了謀求形象之統一，總部還負責各直營店的氣氛設計。有些甚至規定「必須先有幾家直營店才能開設對外招募之連鎖店」工作。

(2)強化市場營運

市場營運部門必須指導店鋪的營運、公關等工作。商店營運不好，如何能一再開設連鎖店，甚至對外招募加盟呢？

2.成立連鎖總部

一個好的連鎖體系需要一套好的制度與經營方式來助其運作。從設計企業識別系統、立地條件的設定、設備器具裝置的標準化、促銷推廣的方法、商品品質的標準化、服務方法的標準化、安全庫存量的

決定、薪資體系確立到決定廣告宣傳的公關方式，對總部的義務事項等等，都要用嚴謹的態度對待。總部亦可藉提供教育訓練、手冊等，來說明營運作業上的要項。

3.陸續開店，擴展連鎖版圖

連鎖事業經營發展到最後，是希望各店能遍及各地。因此連鎖總部會朝著普及化的經營方向發展，發展直營店或發展加盟店，最終將連鎖事業發展到全區、甚至全世界。

二、連鎖經營的市場擴張方式

市場擴張是連鎖業取得規模效益的基礎，只有透過制定並實施正確的市場擴張戰略，企業才能生存發展，不斷提升競爭力。為了促進企業的擴張，選擇適宜的擴張方式是十分必要的。

1.直營式戰略擴張

直營式戰略擴張是指企業利用自有資金，透過開設新門店來實現經營規模的擴大。若是自建連鎖門店進行擴張，就稱為直營式連鎖擴張。在直營式連鎖擴張方式下，連鎖總部對新門店擁有絕對的資金、人事、銷售等方面的控制權。

2.入股式戰略擴張

入股式戰略擴張是指企業與其他企業透過資金或資產入股方式，來組建新的股份制企業，從而實現經營規模的擴張。入股式戰略擴張所需資金較少，組建週期較短，經營規模較大，能快速地進行連鎖擴張。

3.併購式戰略擴張

併購式戰略擴張是指連鎖企業透過資本運作方式來實現規模擴張，要求被併購對象必須非常有利於本連鎖企業的戰略擴張。併購式戰略擴張又可進一步分為合併式擴張和收購式擴張。

合併式戰略擴張是指由兩個或兩個以上企業透過資產合併和重組建立新的企業。

收購式擴張是指某一連鎖企業透過付出一定貨幣資本(或其他代價)來獲得對另一餐飲企業的資產和經營控制權,從根本上「剝奪」被收購企業的法人資格,進而達到戰略擴張之目的。

4.聯盟式戰略擴張

聯盟式戰略擴張是指經營業務相同或相近的不同企業之間為了擴大經營規模,獲得市場競爭優勢,共同結成某種形式的戰略聯盟,諸如採購聯盟、服務聯盟、促銷聯盟等,一般以採購聯盟較為常見。各企業結成聯盟後,每個企業都可以從聯盟中獲得其自身單個企業不可能得到的聯盟利益或聯盟優勢。在戰略聯盟內部,由於每個企業都遵循著優勢互補、資源分享、信息互通、促銷互動、風險共擔的「遊戲規則」,因此,每個企業也就具備了進一步實現戰略擴張的基礎和條件,在聯盟的支援下,各成員企業的擴張速度加快,實力增強。由於聯盟中各成員企業的約束具有一定「彈性」,因此,這種聯盟又被稱為「自由聯盟」。

5.特許加盟式戰略擴張

特許加盟是特許人與受許人之間達成的一種契約關係。根據契約,特許人向受許人提供一種獨特的商業經營特許權,並給予人員培訓、組織結構、經營管理、商品採購等方面的指導和幫助,受許人向特許人支付相應費用。特許經營是特許方拓展業務、銷售商品和服務的一種雙贏的商業模式,它使特許經營人能夠最充分地組合、利用自身優勢並最大限度地吸納廣泛的社會資源,受許人則降低了創業風險和時間、資金等創業成本。因此,特許加盟是21世紀開店創業的新趨勢、新潮流,也是企業快速擴張的有效模式,是推動未來社會經濟發展的新動力。特許加盟經營範圍一般為專業化、小型化、快捷化的產品或服務,如汽車乾洗連鎖服務站、飲用水連鎖配送服務中心、餐飲

連鎖店、美容連鎖店、鞋業連鎖店、書店以及各種便利店等。

 # 第四節　先要開設直營店

　　每一個連鎖店代表著整個連鎖體系與顧客直接接觸，對公司形象及利潤有著極大的影響，特別是連鎖業者所直營的示範店、旗艦店，不只是具有販賣功能，更有示範和展示店形象的功能。

　　因此，如何在適當地點以適當的規劃，來開設迎合消費者需求的店鋪，對總公司而言就顯得格外重要。

　　連鎖業者首先必須擁有一個自己的旗艦店，作為示範的商店用途；其次是要陸續開設自己的直營連鎖分店，以便累積經營經驗；第三步就是對外招商，招收加盟的連鎖店。第二步和第三步的多寡，視公司的經營策略而定。

　　分店開設需經過開店計劃研擬、店鋪建設規劃、設備採購、施工、工程品質及設備驗收、開幕計劃執行等幾個步驟。整個過程環環相扣，缺一不可。

1.連鎖分店的籌劃

　　連鎖分店的成立，須進行市場調查，瞭解商圈特性及選擇適當地點後，在許可的預算之下進行用地取得。在決定開店後須申請行號、規劃組織與安排人員，並從事教育訓練措施；為使每個步驟確實執行，最好能擬定工作進度表，以便跟催。

2.先建立自己的旗艦店(示範店)

　　要說服投資者加盟到總部的特許經營，最好的辦法莫過於建立自己成功的示範店。

　　企業先建立自己的示範店、旗艦店，通過示範經營，一方面可以

檢驗總部的經營管理方式是否可行,並在試驗中獲取經驗,發現該套方法的優點和缺點,並不斷改進完善;另一方面若示範店取得成功,可以得到社會的承認及消費者的認同而擴大影響,增強投資者的信心,讓他們看得見將來加盟以後可取得的經濟效益,消除疑慮。

總部如果沒有開設示範店,僅僅把想像中的創意模式出售給投資者,是不負責任的行為。因為如果這套經營制度在實際操作中行不通,這對加盟者經濟上以及精神上都是一個沈重的打擊,甚至完全可以看成是一種詐騙行為。因此,無論是從加盟者的角度,還是從企業自身發展的角度,總部在出售特許權之前都必須建立示範店(或旗艦店)進行試點經營。

建立示範店的一個主要功能,是建立總部的模範經營流程,即在可能出現的領域內找到程序性的解決方法。如可發現店鋪內外裝修的最佳方法;可獲得包括最佳營業時間、各崗位所需人手、日常費用開支等方面的實際經驗;可發展出最具效率的財會制度、存貨管理和存貨控制方法;還可為制定一本詳盡全面的操作手冊提供基礎。當總部對每一個營業崗位和營業環節都實現了標準化、專業化、簡單化,形成書面的經營手冊,使之變成一個任何人都能通過短期培訓就可掌握的樣板經營流程之後,對外出售特許權的計劃就可實施了。

🔊))) 第五節　連鎖開店的階段性選擇

分店開發階段性的選擇策略,是當第一開發區域開店達到 11 家後,開始進入第二開發區域;第二開發區域達到 11 家時,開始進入第三開發區域;每一個階段開店到 7、8 家時,就要做下一開發區域的先期準備工作。

表 1-5-1　分店開發的階段

階段	第一區域	第二區域	第三區域	合計分店數
1	11			11(構築基礎)
2	21	11		32
3	31(最大收益期)	21(形成優勢)	11	63

　　這樣做的實質,是每個階段都有形成優勢的區域,也有正在開發的區域,既保持一定程度的收益,同時也構築下一階段的基礎。當區域擴展到 3 個以上時,同時存在新開發的區域、已形成優勢的區域和處於收益性最高階段的區域,企業發展開始步入良性循環軌道。

　　這種發展方式,有助於連鎖企業根據進入地區的情況,逐步形成標準化經營管理技術。如果同時在幾個區域開店,相當長時期經營中不能表現出地區真實情況,企業標準化推進過程就會碰到阻礙,企業發展就會步入危險境地。

1. 適應發展的經營管理強化

　　分店數量每到一定規模,都會相應產生一些經營管理方面的新問題。如果不能適時予以調整再建,發展必然出現問題,影響企業的穩定發展和成長。在國外常見到,由於擴張過快,相應措施跟不上而導致企業失敗的例子。

2. 開店順序

　　在確定了面擴展、形成商勢圈優勢基本方針後,仍存在開店順序問題。因為分店畢竟要一家一家地開,先開那一家,後開那一家,仍然存在技巧問題。如圖 1-5-1 所示,直線型最差,三角型略強,理想型最好。從佔領一個面來看,道理顯而易見。

　　首先明確業種、業態,即經營什麼、店鋪規模多大、營業時間、需要什麼樣的位置等等。其次選擇開店區域和範圍。那些區域適合本

企業發展？那些區域有利於形成商勢圈？選定本企業準備發展事業的範圍。有利的區域往往是人口多的地區、收入水準高的地區、不存在競爭強手的地區。

再次設置專職分店開發人員和開發部門，有計劃、有步驟地推進。

圖 1-5-1　開店順序

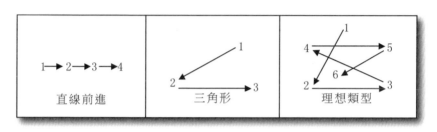

第六節　快速介入經營成功商店實體

企業欲介入某連鎖經營的行業，有一種快速的做法是：先購買或控股一家經營十分成功的店面，該店面既是未來加盟經營體系的直營店，又可用來總結經營訣竅、制定單店營運手冊和其他加盟經營文件組合。其成功經驗正好是用以指導加盟店的藍本，也是連鎖總部建立管理體系的基礎和依據。

某汽車美容養護加盟經營企業就是採用這種方法快速、穩健地走上加盟經營道路的。該企業原來主要從事汽車潤滑油、保養品、汽保設備和汽車裝飾用品批發業務。1997 年初，公司看好汽車美容養護服務行業，決定開展加盟經營業務。由於公司以前沒有直接從事過汽車美容養護業務，既無從業經驗又無註冊商標等無形資產，而自己從頭開始摸索經驗，需要很長的時間，不符合公司的發展規劃。因此，公

司決定購買一家經營汽車美容養護業務的門店，利用其成功的從業經驗和成熟的品牌要素來開展加盟經營業務。通過多方調研和協調，終於和一家經營得十分成功的汽車美容養護店達成協議，公司將該店買下，承接了該店的所有業務和資產(包括有形資產和無形資產)。

在律師和管理顧問師的幫助下，購買和改造工作進行得十分順利，公司很快就建立了較規範的加盟經營體系。半年時間內，公司設立了適應加盟經營業務特點的管理職能部門(如培訓中心、配送中心、連鎖發展部、項目開發部、加盟支持服務部等等)，確立了公司 CIS 企業形象識別系統，制定了《單店營運手冊》、培訓教材和《VI 手冊》，擬定了加盟經營權文件組合(包括加盟店投資可行性報告、加盟經營合約等)。此舉解決了加盟經營企業的主體資格問題，使公司開展加盟經營合法化。公司將別人成功的經營管理經驗和成熟的品牌要素，嫁接到自己的加盟經營體系之中，在短時間建立起獨具特色的加盟經營體系，為公司的業務發展贏得了機遇，經過三年的發展，該公司的加盟經營業務取得了巨大的成功。目前，該公司已發展連鎖店八百餘家，迅速成長為汽車美容養護行業的排頭兵。

第七節　案例：7-11 便利店的成功

2004 年 1 月，世界最大的連鎖便利店企業 7-11 總部公佈了 2003 年的經營情況：在美國和加拿大擁有 5800 多家門店，同時在美國本土以外的 17 個國家和地區特許授權了大約 20000 家門店；全球的 7-11 門店的銷售額超過了 300 億美元，銷售收入增長 10.1%取得 109 億美元的銷售收入；商品銷售毛利總額達到 26 億美元，同比上升 5.5%，商品銷售毛利率達到 35.5%，與 2002 年持平。7-11 收入的主

要來源是商品和汽油銷售,這和其不斷增加門店也有著極大的關係。

　　7-11 始創於美國南方公司,成立於 1927 年,以最初的經營時間早上 7 點到晚上 11 點而得名,後改為 24 小時營業,但仍沿用先前的名字。該公司經過 70 多年的經營,已經成為了全球最大的便利店體系之一,其實體店遍及美國、日本、加拿大、澳犬利亞、中國等 20 多個國家和地區。總數已達 1.5 萬多家。日本 7-11 自 1974 年開設第一家店鋪,迄今已有 8000 多家店面,其中八成以上是特許加盟店。

　　7-11 在某地開店時,不會採取零散設店的方式,而是採取地毯式轟炸的集中開店策略,在地區內以密集開店的方式,形成壓倒性優勢,以達到規模效益。當總部決定在某地開店之後,徵募顧問就開始選點,並尋找合適的零售店,然後開展說服工作。總部要對商店的地理位置、房產狀況、資產、週圍人群構成、店主素質等多項要素進行考評,在綜合分析的基礎上預測加盟店的營業額和發展方向,保證 7-11 的便利店密集而又不相互殘殺,形成地毯式轟炸。所有的 7-11 便利店必須遵守四項管理原則:一是必需品齊全;二是實行鮮度管理,保證商品的新鮮性;三是店內保持清潔、明快;四是親切週到的服務。7-11 的細節管理優勢主要集中在以下方面:

1.在消費心理研究方面

　　7-11 的零售心理學和經營策略是被「全世界最難對付」的日本消費者鍛鍊出來的。因此,就算是美國的沃爾瑪與法國的家樂福等海外零售巨頭相繼進軍日本,也無法撼動 7-11 的地位。日本 7-11 便利連鎖集團的創始人鈴木敏文曾經指出,現在最需要的不是經濟學,而是心理學。在消費者心理研究方面,7-11 獨有心得。他們認為,7-11 便利店從來都不需要同競爭對手競爭,自己永遠是在和消費者的需求競爭。正基於此,7-11 便利店之所以能夠取得快速的全球擴張,與其在消費心理方面的持續性投入有著密不可分的關係。

2.在店鋪選址方面

穩居全球最大連鎖便利店寶座的 7-11，依靠自身積累起來的豐富的商圈選擇經驗和嚴謹而又科學的店址選擇方案，有效地為其店鋪的成功運營提供了堅實的保證。特別值得一提的是，7-11 的店鋪選址策略同肯德基選址策略一樣高明，在業內備受推崇，享譽零售界。

3.在商品管理方面

立足於全球化視野、本地化經營的前提，7-11 在商品品類管理、商品結構、鮮度管理、庫存管理和滯銷品管理等方面頗有建樹，透過對商品進行科學的分類管理，不斷優化商品結構，有序地提升了有限的空間資源和商品效率。

4.在店鋪品牌推廣方面

作為日本零售業界中首席企業的 7-11，以其「卡式管理」的標準化經營流程，不斷改寫著自己店鋪品牌商業孵化和自我超越的歷史記錄。

5.在團隊管理方面

在 7-11 系統，非常注重團隊的建設和幹部的培養，尤為關注對於店長和店助一級基層管理幹部的培養，從 7-11 的「並肩作戰日」到其自創的獨具特色的「人心增值」理論，都為其開放式的績效考核和升遷制度提昇了系統的支援作用。

6.在信息化管理方面

面對信息化的管理與升級挑戰，7-11 將傳統理念與現代技術做到了完美結合，從改革 POS 系統、實行單品化管理，到引進易於操作的雙向 POS 機提高商品訂貨效率，從利用 ISDN 線路提高數據傳輸效率和門店數據庫管理，到導入衛星通信系統強化進銷存的供應鏈平台管理，都是 7-11 在信息化技術運用模式的發展佐證。

7.在物流支持方面

7-11 在設置適應 JIT 物流中心的前提下，積極推進物流電子化的系統升級，在集約化物流提高配送效率的同時，以「螞蟻通路」的分銷管道策略有效推進了銷售旺季的商品供應效率。

8.在天氣管理方面

7-11 依照天氣變化因素組織商品訂單計劃，開展店鋪日常經營活動，已經為沃爾瑪、家樂福等眾多大型國際零售巨頭所效法和借鑑。

9.在非主營業務收入開發方面

首先，針對系統外部，7-11 推出了極為嚴格、相對苛刻的供應商准入門檻和管理制度，透過建立靈活高效的組織管理體系，有效地將商品間接收益和邊際貢獻放大到了生產力的極致規模水準；其次，針對系統內部，7-11 不斷利用電子商務平台向新興市場進行滲透和擴張，積極改進支付方式，擴展業務範圍，透過電子商務提供物流及結算支援。

心得欄 -
- -
- -
- -
- -
- -
- -

第 2 章

建立連鎖總部

◀)) 第一節　連鎖總部應具備的機能

一、連鎖經營體系的 3S 原則

企業連鎖經營成功的秘訣，就在於在運用 3S 原則。3S 原則的主要內容是：

1. 簡單化

現在的商業講究效率，因此人們希望能夠通過簡單的流程來完成。由於連鎖營銷系統體系龐大，因此在財務、貨源的控制上都需要通過一整套特殊的系統來運作。如果能將其中的一些程序精簡，使之更容易操作，就能收到事半功倍的效果，以最少的資源獲取最大的利潤。

企業將整個操作的流程製作成一個簡明扼要的操作手冊，讓職工一目了然。按照手冊規定各司其職，進行有序運作，這樣可使職工在

短時間內駕輕就熟，達到較好的效果。如肯德雞速食店的標準化手冊規定：所有採購的正宗「AA雞」必須經過品質部門認可；雞的胸肉每塊必須100克左右，誤差不得超過2%；每一批進貨都必須有時間卡，上面標明何時進貨，最後使用期限等；雞塊、辣雞翅炸出1小時，漢堡做好10分鐘後，若未銷售掉必須處理；餐桌上不能有油跡，顧客用過而未收拾的桌子不能超過3張。

2.專業化

隨著形勢的發展，現在許多工作的分工越來越細，連鎖體系的發展也是如此。

連鎖體系中劃分成了產品開發部門、市場調查部門等，根據這些部門提供的資料，再進行試驗、生產，而在產品推向市場之前，還有專人製作POP、廣告策劃、營銷策劃、加盟店的店鋪設計等。在與往來廠商之間已開始利用網路來操作，將存貨管理等製成流程報表和傳票，以利於整體的運作。

3.標準化

標準化的表現方式在於操作的標準。總部負責訂貨、採購，然後統一分配到各分店，並且各分店要按照總部擬訂的流程來進行。此外，企業整體形象的包裝設計，如各分店所使用的商品、商標、裝潢等都需要統一，甚至外觀、標準顏色、字體，還有員工的著裝、廣告宣傳等，也要協調一致。

總之，3S要達到的目標就「誰都會做」、「誰都能做」。根據這個原則，連鎖系統組織內的每一個部門，都需要明確分工，各司其職，圓滿完成任務。

二、連鎖總部的機能

連鎖業有句話「連鎖總部有多大，連鎖企業就有多大。」企業要開展連鎖企業版圖，必須先擁有一個指揮中心，也就是要先建立連鎖總部。

在架設連鎖總部前，必須先行確認總部應具備的機能，因為總部的機能越完整，則連鎖力將越強，本部基本上應具有的機能包括：

1.示範店的機能

連鎖店得以快速發展要依賴於「連鎖運作體制」的推行，如何將這套連鎖運作體制推銷出去，同時又能使連鎖店及總部雙方皆有獲利，是總部的首要任務，如此才能奠定此連鎖體系日後的發展基石。因此，總部必須設計出真正屬於自己的開店策略，包括全面示範店計劃、市場潛力分析與計算、商圈調查與評估、開店流程制訂與執行、開店投資與效益評估、賣場配置規劃……等，總而言之，要設法達到高而精準的「開店成功率」。

2.指導的機能

連鎖店一旦開始執行運作，許多運作問題將接踵而至，如果僅靠教育訓練單位的訓練課程來解決這些問題，將會緩不濟急，會應接不暇。因此，總部以指導人員輔導連鎖店運作是必要的，既可以作為總部與連鎖店之間的橋梁，避免其斷層；也可以快速地提供最好的經營技術給連鎖店，協助連鎖店運作。

3.行銷的機能

行銷是較廣義的說法，涵蓋了商品採購及引進、商店之促銷與活動、整體形象之塑造與建立、廣告媒體之運用等等，故行銷的任務在於如何透過各種工具、手法及種種可行的具體事項，來提升商店的營業額。

4.教育訓練的機能

連鎖店運作成敗的關鍵，在於如何將連鎖運作的精華傳承給加盟店，也就是如何將連鎖運作成功的經驗，有系統地讓加盟店接受並很快地運用。這其間，教育訓練扮演了內（本部人員）、外（加盟店）部傳承中介的角色，才能讓毫無經驗的加盟者，得以在最短的時間內進入該運作領域；也可讓已運作熟練的執行者，提升其經營管理的能力；讓管理者預見其描繪未來連鎖發展的藍圖。

5.研發的機能

研發機能對連鎖店而言，是非常關鍵性的機能之一。連鎖企業經歷了草創關卡後，要能繼續成長的話，只有不斷研究發展出適合顧客的商品及服務，研發機能是否能發揮，必須考慮兩項原則：⑴針對差異性商品（或服務）研究；⑵顧客可以接受的合理價格之內，除了考慮對商品及服務之研發外，如何使連鎖運作更加效率化，使連鎖規模不斷升級，亦是研發機能的範疇。

6.財務的機能

財務機能是發展連鎖的重要關鍵，財務健全方不致功敗垂成，所謂財務的機能包含了正確的賬務及會計系統、稅務處理、防弊與稽核、善用並調度資金……等等，通常財務扮演著較為被動而守勢的角色，但若能充分發揮其機能，則也可能避免營運危機的發生，甚至可以減少因其靈活調度而增加的非營業方面的收入。

7.情報搜集的機能

此機能常被忽視，因為繁雜的運作問題及行政作業，已使得作業人員焦頭爛額了，如果又缺乏較宏觀長遠的規劃，則往往會將此一機能視為無意義且浪費成本的工作。

情報搜集主要集中在經營環境的變化、經營相關資訊的整合、國際發展脈絡與趨勢、新觀念新技術及內部營運資訊的整合等方面，依據這些資訊可建立更規範、更宏觀、更長遠的經營觀。

第二節　連鎖總部的功能

一、連鎖總部的主要功能

連鎖總部承擔著維護本體系正常運轉和明確發展方向的重任，具有多種功能，主要包括：

⑴建立完善的經驗管理系統，促進各加盟店單店管理模式的不斷完善。

⑵開發和採購加盟店需要的各種物資，確保各受許人經營所需物資的穩定供給。

⑶對授權的品牌開展宣傳和推廣活動。

⑷組織開展形式多樣的促銷。

⑸資訊收集與處理，及時搜集、整理、傳播與本體系有關的國內外經濟、政治、文化等各種資訊，並制定相應的經營策略。

⑹融資及資金支持。

⑺提供培訓指導，增強培訓工作水準。

⑻對各加盟店進行督導與控制管理。

⑼對受許人遇到的各種經營管理問題進行診斷和咨詢。

二、連鎖總部的基礎功能

加盟體系的基礎功能之一是為各受許人(加盟店)提供各種支持和服務。只有不斷完善服務功能，才有可能實現總部的發展戰略。這種指導思想應貫穿於總部各部門、各層次的具體工作中。

連鎖總部應提供的服務內容，其中最重要的有以下幾個方面：

(1)前期經營指導功能的完善

(2)培訓功能的完善

(3)營運顧問功能的完善

(4)廣告功能的完善

(5)市場推廣功能的完善

(6)法律支持功能的完善

三、連鎖總部的權利

在連鎖體系內，連鎖總部與加盟店雙方的權利與義務，要加以明確的釐清：

1.加盟權利金收入

為加入本連鎖系統的加盟者所應支付的商譽金。此收入於合約到期不續約者不退還。

2.履約保證金代保管

指加盟者為確實履行與公司訂定的合約，所繳押之擔保金。本款項於合約到期，若加盟者依合約履行應盡之義務者，應全數歸還特許加盟者。

3.商譽的收入

為加盟店按月支付總公司之商譽使用金。此收入可分攤本部之固定行政費用。

4.營運現金的運用

特許加盟店每日營業額滙回本部，本部因店數的增加，總營業額相對亦增加，本部現金週轉的總額亦相對提升，使得本部營運資金週轉更為充裕。

5.促銷費用的分攤

由於加盟店的增加，使得每店的平均促銷費用降低或相對促銷預算總額得以提升，使連鎖系統之整體企業，達成更好的廣宣促銷造勢效果。

6.降低採購的成本

由於店數的提升，整體進貨量也相應增加，因一次採購量與總採購量的提升，使得本部採購的議價空間增加，進而降低採購成本，使加盟店與本部互得其利。

7.經濟效益的達成

由於商譽月費收入增加，而加盟店只分攤總部固定費用，總部可因加盟店之增加而提高經營運作績效。因店數的增加與連鎖總部人員成長並非成正成長，所以使總部運作可達經濟規模效益。

四、連鎖總部應盡的義務

1.人力資源系統規劃

有關加盟店經營所需的人員規劃運用，包括甄選、聘僱、工作時間調配、輪休、請假、服務態度、制服費用、管理監督、薪資或加給、福利保險、辭退、資遣、退休等，由本部統一規劃制定標準運作制度。

2.人員培訓的規劃與執行

為使加盟店員工能瞭解本連鎖系統的經營理念、經營技巧、經營秘訣與特殊的管理知識，店職員均須接受連鎖總部舉辦的新進人員職前訓練、在職技術訓練。

為使連鎖系統各店之服務及設備均處於良好的運作狀態，適時反應市場趨勢，塑造維護本連鎖店美好的形象，創造彼此共同利潤，總部需規劃相關課程，來培訓加盟店職員。

3.店內陳設規劃

有關加盟店營運設備擺置及陳設、商品陳列、海報、吊牌、旗幟、氣氛佈置，總部需完成規劃，制定平面配置圖與陳列配置，供特許加盟店使用。

4.服務與商品價目表

總部需訂定統一的服務與商品價格表，此價目表內之商品與服務項目、服務範圍及價格，本部需全面進行市場調查，以利加盟店營運銷售。

5.廣告促銷運作規劃

有關加盟店之開幕促銷及廣告運作，總部需提供加盟店年度運作規劃、協商、費用預算與執行細項，以利加盟店營運。

6.財會表報系統規劃與稽核

總部應將加盟店之財會報表與各類表單之管理事項，作一完整的規劃，確保加盟店之賬務明確與管理完善。總部應於每一會計終結期間，交付往來賬明細表給加盟主，加盟者如對會計或財務事項有所咨詢，總部會計或財務部門應明確解說之。

7.盤點作業規劃與協助

總部應建立「盤點稽核標準作業手冊」，並協助指導加盟店執行之。

8.加盟店經營與管理協助

總部須明訂加盟店的營業時間。店主管會議時間，店主管管理手冊與連鎖店作業的規定，並設立區主管來協助與指導加盟店之經營管理相關事務。

9.裝潢與設備規劃維護

有關加盟店之裝潢工程，如電力申請、水電工程、土木工程、冷氣機、照明、服務櫃檯、陳列架……等，由總部提供設計與設備後施工。

特許加盟店之設備使用，總部需提供有關設備使用須知、教育訓

練、操作保養手冊等,並由總部洽詢維修廠商,以維繫該店設備正常運作。

　　10.不斷創造更好的經營利基

　　連鎖加盟總部有義務不斷開發新技術、新商品、新管理模式,為各加盟店開創更好、更大的經營獲利空間。

第三節　連鎖總部的控制力

　　加盟合約對受許人的行為規範進行了全面限定,是總部與加盟人雙方權益的法律保證,詳盡完備的合約條款,是總部控制加盟店的基礎。加強總部控制力的要點,就是確保條款的實施。為了便於控制管理,應在以下幾個方面進行強化:

　　1.建立一套有效的監督管理制度。其中包括財務會計制度、統計報表制度、總結報告制度等。制定原則是符合加盟經營模式的基本規律,有充分的可操作性。

　　2.設置專門的部門與督導人員,設定工作職責與任務,對各受許人進行直接的管理。

　　3.強調加盟合約的嚴肅性,對有違規行為的受許人進行相應的處理。

　　4.與受許人進行充分溝通,建立順暢的溝通管道與溝通方式。

　　區域總部是在加盟體系發展到一定規模,管理幅度過大而建立的中間性的管理組織。它在總部統一領導下所設立的「區總部」,處理加盟店日常經營的有關事務,直接為本區域內的加盟店提供服務與支持。

　　其基本任務是貫徹連鎖總部的政策、規範、指導、監督,和支持受許人(加盟店)的業務運行。

1.營運指導與顧問

在加盟經營合約中，連鎖總部通常會承諾，在日常的營運過程中給加盟店提供相應的支持以及管理、營銷方面的咨詢服務，其中包括：營業指導、市場分析、單店管理、人事管理、競爭對手分析等具體工作。

對於分店出現的營運問題，要指導單店管理者找出原因，並協助制定解決方案。

2.維護公司營運標準

各加盟公司均有其相應的服務和品質標準，並通過培訓、《營運手冊》等形式傳遞給加盟公司。但與受許人之間的合作是長期的過程，因此加盟店要對營運水準進行監督，以維護公司的基本要求。同時要注意把握好尺度，不要讓受許人感到過分苛刻，使他們能夠接受。

3.資訊溝通

資訊溝通包括三方面的溝通：

首先是將總部的資訊傳遞給加盟店。雖然加盟總部都有一定的資訊傳遞管道向加盟店傳遞資訊，但督導員應當做到確保這些資訊均能接受和消化。

其次是將加盟店反饋的資訊傳遞給總部。督導人員應當有能力區分和鑑定加盟店所反映的資訊類型，經過處理後反饋給總部的相應部門。

第三是收集市場資訊，提供給總部或受許人，因為督導人員實際上是總部營運部門一線人員，直接接觸加盟店、商店員工和顧客。

(((第四節　案例：漢堡速食店總部的職能

　　麥當勞是世界上最成功的特許組織之一，它在全球的特許加盟店有 30000 多家，約佔其總店鋪數的 70%，並且仍在以每年約 2000 家的速度增長。

　　特許連鎖經營和傳統的單店經營相比具有店鋪眾多、網點分散、業務量大的特點，但其本身的運作規律又要求各個加盟店在經營中做到統一店名店貌、統一進貨、統一配送、統一價格、統一服務等，因此特許經營總部的管理應具有相應的水準。麥當勞連鎖體系為了有效管理分散在全世界各地的所有速食連鎖店，建立了一套有效的中心管制辦法，發展出一套作業程序。總部的訓練部門向每個加盟者傳授這套程序，並保證他們在實際運作中嚴格執行。

　　麥當勞總部的組織結構及職能主要分為兩大部門：加盟店開發與培育部、市場行銷和操作部。而這兩大部門又分別設立各個職能部門，具體領導各個加盟店。麥當勞總部的職能主要包括八個方面：

1.管理職能

　　除了加盟店的銷售和各種日常工作之外，總部要處理包括成本費用和利潤的計算與核算，以及福利與社會公共事務等。麥當勞總部統一處理加盟店的經營統計，對其經營業績進行比較和分析，並提供改進的意見與建議。

2.產品開發與服務改進職能

　　根據各連鎖店當地的市場變化與競爭，麥當勞總部需要及時地改變產品的品種、品質、外觀、促銷方法和服務辦法，開發出適合市場需求的新產品和更優質的服務方法，並以合適的價格和方式提

供給各個加盟店。

3.系統開發職能

遍佈全球的麥當勞餐廳都是麥當勞系統的一部份，由總部對各項職能進行有機整合，發揮其整體優勢。

餐廳並不是麥當勞這一世界品牌的全部，它只是冰山的一角，因為在它的後面有全面的、完善的、強大的支援系統全面配合，已達到質與量的有效保證，而這強大系統的支援當中包括：擁有先進技術和管理的食品加工製造供應商、包裝供應商及分銷商等採購網路、完善健全的人力資源管理和培訓系統、世界各地的管理層、運銷系統、開發建築、市場推廣、準確快速的財務統計及分析……

4.促銷職能

所有加盟店的促銷活動和廣告費用都由麥當勞總部統籌安排，不但可以提高麥當勞的整體形象，還能靠規模效應而降低相關費用。

5.教育和指導職能

麥當勞總部負責對所有加盟店的從業人員及管理人員提供定期的教育和培訓，直到加盟店的營運能有效貫徹麥當勞手冊。

6.財務與金融職能

麥當勞總部通過融資活動向加盟店提供資金援助。對於財力薄弱或資金有困難的加盟店，麥當勞總部以連帶擔保的方式，與融資機構協商，幫助加盟店獲得貸款。

7.信息收集職能

麥當勞總部及時向各加盟店提供世界各地的市場信息和消費動向等資料。同時麥當勞總部還收集麥當勞系統內各加盟店的各種信息，編成有重要參考價值的信息，及時提供給各個加盟店作為參考。

8.後勤支援職能

麥當勞總部統一採購商品以及生產商品所需要的原材料，為所有加盟店提供所需的各種物資。

第 3 章

連鎖體系的組織運作

第一節 連鎖業的組織結構

一、連鎖業組織機構的構成

連鎖店均包括「總部—分店」兩個層次,或「總部—地區總部—分店」三個層次。

1. 連鎖總部

連鎖總部是為門店提供服務的單位。總部通過標準化、專業化、集中化的管理使門店作業單純化、高效化。其基本職能主要有:政策制定、店鋪開發、商品管理、促銷管理、店鋪督導等。這些職能由不同的職能部門分別負責。

2. 地區總部

地區總部又叫區域管理部。地區總部是連鎖總部為加強對某一區域市場連鎖分店的組織管理,在該區域設立的二級組織機構。這樣就

使總部的部份職能轉移到地區管理部的相應部門中去，總部主要承擔對計劃的制訂、監督執行，協調各區域管理部同一職能活動，指導各區域管理部的對應活動。地區管理部實質上是總部派出的管理機構，不具備法人資格，僅有管理與執行功能，在大多數問題上決策仍由總部作出。

3.門(分)店

門店是總部政策的執行單位，是連鎖公司直接向顧客提供商品及服務的單位。其基本職能是：商品銷售、進貨及存貨管理、績效評估。

商品銷售是向顧客展示、供應商品並提供服務的活動，是門店的核心職能。進貨是指向總部要貨或自行向由總部統一規定的供應商要貨的活動。門店的存貨包括賣場的存貨(即陳列在貨架上的商品存量)和內倉的存貨。經營績效評估包括對影響經營業績的各項因素的觀察、調查與分析，也包括對各項經營指標完成情況的評估以及改善業績的對策。

二、連鎖業組織結構的選擇

1. 中小型連鎖經營組織

企業一般採取如下直線型組織結構，如圖 3-1-1 所示。

圖 3-1-1　中小型連鎖經營組織結構

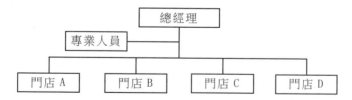

這種組織適用於門店數目不多、門店面積不大、經營商品較少、經營區域集中的連鎖企業，即處於初創期的企業。

　　總經理一人負責總部所有的業務，各分店經營直接對總經理負責。

　　直線型的優點是由於承擔責任的總經理往往就是連鎖企業的所有者，而且精通業務，承擔著中央管理業務，所以決策快、控制及時，並且人員少，效率高；其缺點則是組織分工較差，當門店不斷增加、業務增多時就需要增加專業職能，於是就應該增加相應專業人員，如採購員、會計人員。

2.中型連鎖經營組織

　　中型連鎖業在組織結構上一般分為兩層。上層是總部管理整體事業的組織系統，下層是各門店，如圖 3-1-2 所示。

　　該組織結構圖中，部門按照職能設置，科室也基本按照職能劃分，只有店面經營部按照營業區域設置分店，物流部按照商品類別設置採購室。

圖 3-1-2　中型連鎖經營組織結構

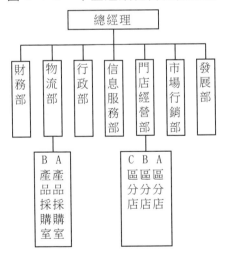

　　如果連鎖企業是複合型的，除設置直營連鎖門店外，還應設置相應的特許連鎖門店、自由連鎖門店等職能部門。科室的多少或是否設置取決於公司的經營規模。如果連鎖企業規模較大時，可以在總經理

和職能部門之間設置副總經理或總經理助理等崗位。在組織機構中，應當把相關程度高、交往頻繁的部門歸在同一上級協調的範圍之內。

3.大型連鎖經營組織

大型連鎖企業的特點是門店數量多，地域分佈廣，甚至是跨國經營，業務類型多元化。

連鎖總部的部份職能轉移到區域管理部的相應部門中去。總部主要承擔對企業政策和發展規劃的制定、監督執行，協調各區域管理部同一職能活動。區域管理部在總部的指導下，負責本區域經營發展規劃，處理本區域門店日常的經營管理。如果連鎖店發展為跨國經營，其組織結構也要相應變化。

圖 3-1-3 跨區大型連鎖經營組織結構

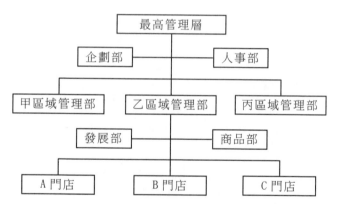

第二節　連鎖業的總部組織編制

　　組織結構直接決定著連鎖企業中的正式指揮系統和溝通網路，它不僅影響著企業的正常運作，而且也影響著整個企業中的社會心理氣氛。恰當的組織結構，對於有效地實現企業目標，是至關重要的。企業內部組織結構的合理與否，將直接關係到整個企業的成敗。

　　連鎖企業的總部結構，視其規模和類型有所不同，一般而言，組織結構如圖 3-2-1 所示。

　　總部的職能因連鎖形式不同而有所差別，但最基本的職能包括以下幾個方面的內容：

　　各個職能部門都是為了共同完成連鎖企業的發展目標而設立的，各部門主要實施的就是以上這些職能。各部門是連鎖企業經營發展中不可缺少的組織結構，每個部門應該各司其職，相互依存、相互監督、相互制約的。

圖 3-2-1　連鎖企業總部組織結構圖

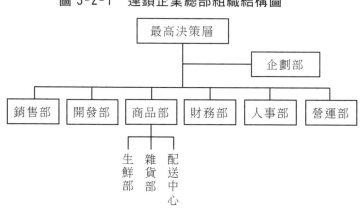

1.行銷企劃部

主要負責企業發展戰略和經營策略的研究、制定,包括產品開發、分店開發、營銷策略等重大問題,在整個部門中處於關鍵位置。要求部門人員觀念要不斷更新,扮演好總部決策的參謀和助手。

2.公關開發部

主要負責連鎖企業對外形象的塑造及店鋪的開發。要求部門人員必須有較強的口頭表達能力和應變能力,能夠敏銳地洞察市場變化。具體職能包括:運用多種公關手段,搞好公共關係,樹立良好的企業形象;負責開發商店或加盟店的立項、地址、商圈調查與分析;對新開店的投資效益評估或確定加盟金;新開店的店鋪形態、配置企劃;新開店所需經營設備的採購與維修等。

3.商品部

主要負責商品的採購、管理和開發,及滯銷商品的調換。需要部門人員具有洞悉消費者的喜好和市場潛力以及如何降低成本的能力,且具有相當的專業水準。其主要職能包括:採購商品方式和銷售計劃的制定;商品貨源的把握、新產品的開發與滯銷商品的淘汰;商品採購價格的談判與制定、商品銷價的制定;商品儲存、配置和管理以及作業流程與控制;特賣商品的計劃制定等。

4.銷售部

主要負責銷售活動的管理、指導和店鋪的營運。部門人員除應具備廣泛的專業外,重點要掌握消費行為學等知識。其具體職能包括:總部與各加盟店銷售計劃的制定與執行;各種銷售促銷計劃的制定與實施;觀察、研究競爭對手的銷售策略;培訓和指導各級銷售人員。

5.營運部

主要是輔助支援總部和加盟店的營運,為企業決策提供服務。這是一個特殊的部門,要求部門人員具有較強的收集信息的能力。其具體職能包括:制定總部和加盟店的營業目標,推動營業目標的實現;

加強總部與加盟店的資訊溝通，指導加盟店的經營；編寫連鎖企業的營業手冊，並檢查與監督其執行情況；調查搜集分析競爭對手的資訊，制定相應的對策。

6.財務部

主要負責整個企業資金的運作，同時具有控制與稽核功能。要求部門人員要非常細心，精通財務專業知識。其具體職能包括：融資、用資、資金調度；編制與分析各種財務報表、會計報表；各項費用的審核，發票管理；進貨憑證的審核，供應商貨款對賬與付款；稅金申報、繳納、年度預算；計算機管理，加盟店財會的作業輔導。

7.管理部(行政部)

負責企業人事管理，員工教育培訓，對外接待工作，同時兼有安全保衛的職能。部門人員要具有豐富的經驗與閱歷，廣泛的興趣與知識。其具體職能包括：日常對外接待工作，辦公用品的採購與管理；員工工資福利制度和獎懲制度的制定與執行；企業員工的招聘、培訓、教育及退休制度的制定與實施；保衛安全制度的制定與執行。

第三節　連鎖業工作職位規劃

連鎖店經營中各層級組織，到底需要設置那些職位，其職位的功能職掌如何，必須明確訂定。這樣才能有針對性的進行人員編制，否則職位設置目的不明確，易造成用人不當與人員控管不力。另外，須透過職位管理的進行，作為人力招募的參考工具及教育訓練發展的依據，使人力規劃更精準，並作為工作職掌與績效目標的檢核及規劃合理的薪資制度，故在進行職位規劃與管理時須有下列步驟：

一、工作分析

工作分析是人力資源管理的基礎，也是人力企劃的第一步。

工作分析(Job analysis)是指對特定工作的運作、責任研究與收集資料的過程。工作分析探討的內容包括：做什麼事？如何去做？為能順利完成工作所具備的知識、態度和技能如何？

工作分析的書面結果就是工作說明書(Job description)。在工作說明書完成後，還要編寫工作規範(Job specification)。工作規範記載的是某人為了完成某個工作，所需具備的背景、經驗及個人特質。透過工作分析，業者才知道目前整個作業流程所必須執行的工作任務有那些，以及各個作業流程節點上配置的人員情況。

工作分析是協助瞭解職位設置必要性的最佳方法，一般應在職位設置前就須先進行工作分析，設置後仍需定期進行檢視是否有修正的必要性，以下為主要考量點：

⑴該職位設置的目的為何？對其它職位的幫助與影響如何？

⑵該職位需要什麼層次的知識或技能？有那些學歷或體能方面要求條件？

⑶該職位要做的是什麼工作內容？

⑷該職位負擔的責任與影響度如何？在組織中的位置如何？

⑸該職位需要編制多少人？如何衡量？

二、職位說明書的建立

工作分析後，對於各職位的設置目的、基本要求、在組織中的關係、功能職掌等，均予以明確規定。這樣對於以後的人力編制、人員招募、異動與晉升、訓練、薪資給付、績效管理等，才能依照職位說

明書來實施，因此書面化的建立有其必要性，而每一個職位都必須有相對應的職位說明書，以利職位管理制度的推行。

表 3-3-1　門市銷售員的職位說明書

職位名稱	門市銷售員
學歷要求	高中以上
工作經驗	無特別要求
專長技能	熟悉收銀機操作及商品銷售包裝技巧
體能要求	能久站及搬動 5 公斤以上的商品
工作職掌	1.執行門市商品銷售及提供顧客最佳服務品質 2.維持門市商品及機器設備清潔 3.正確操作收銀機 4.提供顧客商品包裝服務 5.維持商品陳列整齊及標價正確 6.遵守公司各項上班規定及接受店長工作分派
從屬關係	直屬主管為店長

三、職系、職類與職級的建立

1.職系

職系是以公司內部現有的工作分析為依據，將職務相類似的工作職位歸類在相同的職系，以利未來工作輪調與晉升路徑規劃參考，因此必須依照公司現有的組織與職位做分類。

2.職類

職類的區分則可以根據工作所涵蓋的專業性與一般性做分類，專業性多以該項工作內容需具備認證資格或專業的技術與知識來判斷，而專業性職類的職位在考慮薪資給付時，會依其市場水準做調整，並對不同職類的職位調動作限制。

3.職級

一般職位的職級多採管理職種與幕僚職種兩種方式區分,主要是以其工作行為特性及人員管轄範圍來區分,而在不同職級間的職稱會因不同組織形態而不同,甚至在同一職級間亦可能再予以細分,因此,必須依據本身組織架構的特性做職級與職稱分類。

例如:職員——店長——區主任(區組長)——課長——部門經理——總經理,此一系統較常用於小型店面的連鎖店組織中,如便利商店、速食店等。

職員——組長——店長(店經理)——區經理——部門經理——總經理,則較常用於大型店面的連鎖店組織中,如超市、量販店、餐廳等。

四、職位的增刪與異動

當公司內部因需要而派生出新工作時,就可能會產生新的職位,相對地當需求消失或轉移時,亦會發生職位的刪除或異動。

第四節　案例:美國肯德基炸雞連鎖店

肯德基是美國 20 世紀 50 年代創立的一家主要經營炸雞的速食店,經過 40 多年的苦心經營,目前,它已成為世界上最大的炸雞連鎖集團,肯德基連鎖餐廳遍及全球 80 多個國家和地區,總數接近 10000 家。平均每一天會有一家肯德基餐廳在世界的某一個角落開業,而每一天光臨肯德基餐廳的顧客就高達 600 多萬人次。

肯德基炸雞店在美國的知名度與麥當勞相差無幾,它們幾乎同時創立,並同樣在短短的 40 多年裏獲得飛速的發展。肯德基的創立完全出於偶然。

　　20 世紀 50 年代初，在美國肯德基州有一位名叫山德士的小業主在芝加哥的一次食品業研究會上，認識了一位經營漢堡包餐廳的哈門先生，兩人立刻成為好友。一次偶然的機會，哈門獲得了山德士製作炸雞的秘方，便在自家餐廳窗外掛上「肯德基家鄉雞」的招牌。從此，炸雞成為哈門漢堡包的主力產品和招牌菜，甚至超出了原先經營的漢堡包。而哈門的營業額也由此節節上升，在一年之中連跳三級，並創下年營業額 45 萬美元的好成績。

　　肯德基家鄉雞如此受到大家的歡迎，哈門就萌發了開設連鎖店的念頭。1952 年，當哈門的新店開張時，他特地邀請山德士來主持開幕典禮，並宣稱山德士為「肯德基上校」。在哈門的鼓勵下，山德士於 1954 年開始肯德基家鄉雞的連鎖經營。他的經營計畫很簡單：他把食譜提供給區域連鎖店，而肯德基家鄉雞店每賣出一份炸雞，他便可取 5 分錢的權利金。這是肯德基最初涉及特許經營，儘管它很不完善，但它確實對肯德基後來的迅速發展起到了關鍵的作用。

　　特許計畫剛推出時，很多人還表示懷疑，不能接受這種方式，於是，哈門為了支持山德士，購買了其第一份特許權。隨後，人們逐漸對其有了信心，購買特許權的投資者多了起來。就連當初抄襲麥當勞兄弟開店的高林斯兄弟也開起了肯德基炸雞店，而今，這兩人已成了肯德基最大的連鎖店的擁有人。此後，肯德基發展一帆風順，短短幾十年，便一躍而成為速食業的巨人。

　　肯德基的「餐廳經理第一」，即餐廳經理被充分授權，公司在經理、主管層中提倡自主管理，也就是在營運中，要求他們主動地思考問題，然後再充分授權給員工組長及所有員工。他們「只有不忽視每一個人的能力，才可以將資源和效益極大化。」

　　自主管理才能產生聯盟，部門之間才可以主動地合作。餐廳經理和各部門主管的作用被視為維繫和捍衛公司完整體系的生命之源。在肯德基，企業文化被奉為是一種生命力的延續，被不斷豐富

的企業文化代代相傳，使得肯德基以其強大實力在全球迅猛擴張。

集團十分重視員工的培訓和發展，從餐廳服務員、餐廳經理到公司各職能部門的管理人員，公司都按照其工作性質安排嚴格的培訓計畫，這些培訓不僅幫助員工提高工作技能，同時還豐富和完善了員工自身的知識結構和個性發展。

1996 年，專為餐廳管理人員設立的教育發展中心成立後，每年為來自全中國各地的 2000 多名餐廳管理人員提供上千次的培訓課程，包括：品質管理、產品品質評估、服務溝通、有效管理時間、領導風格、人力成本管理、團隊精神等等。

從見習助理、二級助理、餐廳經理到區域經理，每一次職位的升遷都有不同的培訓發展課程。在學習中，學員們結合實踐經驗和理論知識，經常地提出新的建議，從而進一步修正和完善培訓教材。升遷和加薪並不是公司唯一的激勵機制，公司提倡的是要樹立遠景目標和團隊精神，並實現自我價值。

肯德基之所以取得如此優異的成績，主要是因為它有一套科學嚴密的管理系統。這套管理系統中以 QSCV 為四大管理要素：

Q 代表優質的產品。高品質的產品居四大要素之首，也是肯德基曆久不衰的基礎。肯德基速食店的每一塊炸雞都選用符合美國本土標準的 AA 級雞肉，整雞經過一系列加工後，均勻裹粉，然後放入特製的高壓鍋烹炸。為了保持雞塊的新鮮程度，炸好 90 分鐘後仍沒有售出的炸雞必須丟棄，決不允許廉價處理，從而保證每塊雞的品質及口味絕對讓顧客 101%的滿意。肯德基對消費者的承諾是在任何一家肯德基餐廳，消費者都可以享受到統一品質和口味的炸雞。

S 代表友善的服務。肯德基的目標是顧客 101%的滿意，即超越顧客的希望，讓顧客在肯德基所得到的服務要多於它原來希望得到的服務。這就要求每一個員工都具有高度的敬業精神，儘量滿足顧客的要求，對顧客的服務細緻入微、快捷友善，讓顧客感到親切、

舒適。速食服務強調的是速度，肯德基的工作人員需要在一分半鐘內完成對顧客的服務，包括從顧客點餐到顧客就座用餐。

C 代表清潔衛生的餐飲環境。肯德基餐廳有一套嚴格的、完整的清潔衛生制度，每一位餐廳工作人員都會負責一項特定的清潔工作。隨手清潔是肯德基的一種傳統，肯德基的每位員工都會用愛心給每位顧客創造一個美好的用餐環境。

V 代表物超所值。這不僅體現在品質優良的炸雞上，還在於提供給消費者合理的價格之上，每一位顧客到肯德基餐廳享受到的是值得信賴的品質、親切禮貌的服務和舒適衛生的用餐環境。

正是由於肯德基使用了先進的管理技術、嚴格的檢查制度，才使肯德基確保了產品的品質、服務、衛生及合理的價格能始終如一，滿足了顧客的需求並因此而贏得了眾多的消費者的青睞，從而創造了不同尋常的成績。

肯德基的企業宗旨是「回報社會」。肯德基一直很關心兒童教育事業的發展，為了能使少年兒童在一個健康的環境中成長，肯德基每年均以各種方式支援教育事業，大到捐資興學，小到免費邀請殘疾兒童就餐，無論投入大小，都體現了肯德基的一片愛心。

各地肯德基公司還結合當地的實際情況舉辦各種有益青少年身心健康發展、寓教育於娛樂的文體活動，形式多種多樣。

第 **4** 章

對外招募連鎖加盟商

 第一節　招募加盟店的流程

招募方式的採用只是最初的步驟，由對外訊息到加盟店實行簽約，企業可按以下的招募流程進行：

1. 媒體宣傳，傳遞資訊

這一階段以訊息傳達為主，把招募加盟店的開發地點及基本資訊傳給大眾，可由不同的媒體或方式來進行。

2. 電話詢問或傳真

連鎖加盟企業多半設有專線電話或傳真號碼，以供有興趣的人獲取資料。除此之外還備有書面或口述資料，由專人提供解答，但一般都是僅就初步加盟狀況做解說。因為這個步驟是為了回應有意加盟者，並且對加盟者作初步過濾。一般加盟廣告並不能很清楚說明細節，有些企業甚至提供 24 小時電話語音資料說明。

3.提供有興趣人士的基本加盟資料

如果加盟者符合基本要求，一般會給其提供較完整的書面資料以供參考，同時會要求與加盟者見面約談，或出席連鎖加盟企業的說明會。

4.遞交加盟申請表

投資者在確定特許經營總部後，可以直接向總部遞交一份書面的加盟申請。有些必須到總部領取專用的申請書，詳細清楚地填寫有關欄目，並按總部規定交納一定的申請費。

5.約談審核

由於很多加盟店主的特性，不容易從電話或傳真資訊中判斷，因此通過約談的方式去觀察加盟店主，是所有連鎖加盟企業不可缺少的步驟。

約談方式有個別約談、團體座談，甚至包括模範門店參觀。在約談時，對加盟店主本身的審核觀察，也會在這一步驟中進行，正式約談的重點，除了觀察、瞭解加盟者的理念及狀況外，最重要的就是使未來的加盟者認清相關的權利和義務。

6.簽約加盟預約

如果加盟申請者初步符合要求，在競爭激烈的加盟行業中，會有所謂「加盟預約」的簽定，以確保準加盟者不被同業搶奪。

7.審查加盟店地點評估

除了特許加盟外，欲加盟者還需要擁有店面，所以加盟店必要的審查條件會包括加盟店地點的評估。

開店的地點對營業成敗有決定性的影響。加盟店的成敗，會影響到整個加盟系統的形象。加盟店的營運成功與否，加盟店地點選擇也是關鍵因素，所以在正式簽約之前，一次或者多次到加盟店評估地點，是有必要的。

加盟店的門店大都由加盟主物色，企業則提供針對公司商品的市

場專業調查和獲利評估，其中包括專業的商圈評估、各時段人口流動的差異性、競爭對手狀況，消費者及人口分佈與結構、交通狀況、未來趨勢等等。

8.審查加盟店主財力及其他條件

一個優良的門店必須考慮門店本身條件、門店地點、資金、商品、人員等條件。除了加盟店地點及加盟店主本人外，加盟店主對財力及其他條件也必須一併考慮，但通常主要考慮財務狀況。加盟時自然須繳交一定金額的加盟金或權利金，有的企業則規定加盟主每月固定繳月費(也有按營業額抽成或直接供應原料或材料)，除了一般財務條件審核外，有時也包括貸款及財務週轉能力。

9.事業經營計劃的制定與溝通

根據所做的各項統計，為成立加盟店做經營計劃，經營計劃中以人力及資金的安排最為重要。

⑴人力安排及運用

加盟店人員安排與管理，除了個別公司的特殊關係外，大都由加盟店自行負責，加盟總部只負責招募的輔導、商店的輔導、加盟店人員的訓練。

一個店主，如果不能有效地僱聘、管理正職、兼職人員，就無法將加盟店經營得很出色，加盟總部多半會有一套完整的安排程度，提供給加盟店主參考，並定期給予輔導。

⑵資金的安排及應用

加盟店的財務與總部基本上是分開的，除了部份加盟店的收入必須先滙回公司，再由公司滙入加盟店賬戶中之外，加盟店大都是獨立的財務個體。

圖 4-1-1　作業流程圖

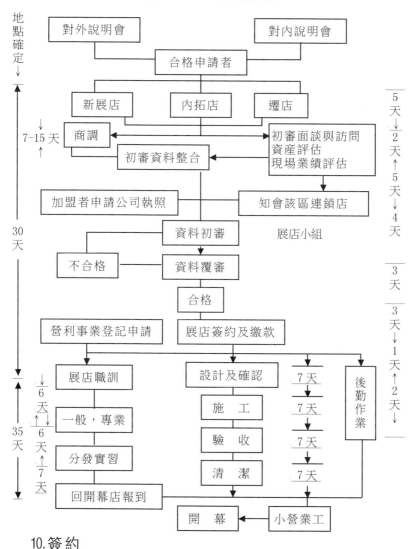

10.簽約

　　如果有意加盟者，都符合連鎖加盟企業的各項條件，接下來就是討論簽約的事宜，尤其對加盟店與連鎖加盟企業總部之間的權利與義

務問題，必須經過認定後簽署。

11.交納費用

合約簽完後，加盟者要交納一定數目的加盟費、附加費、保證金、違約金等。收費標準因加盟總部的不同而不同收費。

12.店鋪裝修

總部的建築設計傳達給部門後，由部門詳細設計商店裝修方案，然後介紹建築工程公司，並負責簽訂承包建築合約。商店裝修費用由加盟店承擔，有些總部也可能提供部份融資。

13.加盟店主對相關員工的培訓

連鎖加盟企業招募加盟店主，通常以具有相同或類似經驗背景的對象為主，但也可招募缺乏經驗但卻具潛力的加盟者施以訓練。一般可分為對加盟店所做的店主訓練，以及對加盟店員所做的員工訓練兩種。如果加盟店主無法或不願參加訓練，加盟總部將會拒絕加盟。

14.開店準備

裝修及培訓工作結束後，即將進入開店前的最後準備工作，內容包括：購置總部統一規格的貨櫃、貨架、收款機、電腦設備等；商品進貨，並按連鎖總部的統一要求進行陳列；招募店員，進行培訓；連鎖總部負責廣告宣傳及促銷活動。

第二節　招募加盟商的方式

加盟店主的資格限制可因加盟方式與企業形態的差異而有所不同，主要的招募方式和流程則大同小異。

加盟店主的招募可以粗略分為：「一般招募」和「由申請者主動尋求加入」兩種。

　　發展初期的連鎖加盟企業，由於知名度較小，大都選擇主動出擊；而較具規模的連鎖加盟企業，雖然會因為知名度較佳，而吸引有意加盟者的主動咨詢，但是仍有其依循的招募方式。以下以一般招募方式為例，作一說明。

1. 媒體招募

　　傳統的招募方式仍然是透過媒體招募，以媒體傳遞訊息為主，傳遞的訊息是以吸引有意加盟者為目的，包括基本的加盟優惠、加盟條件及聯絡資訊等內容。

　　媒體上的招募必須考慮傳播地區、傳播目標及接觸頻率等條件，以形成媒體組合功能。使用媒體之目的，除了容易建立知名度外，也有較強的引導效果。

　　一般所常用的媒體包括電視廣告、報紙廣告、雜誌廣告、車廂廣告等等。近年由於有線電視的迅速擴展，成為新興的傳播媒體，有部份連鎖加盟企業也把有線電視廣告作為招募的媒體之一。

　　如果連鎖企業本身擁有針對主顧客群或會員發行的刊物，能夠維持主顧客群對企業商品的質量和品牌的忠誠度，也可視為一個很好的傳播媒體，成為招募廣告的重點。

2. 招募說明會

　　對於發展初期的連鎖加盟企業，說明會是一個主動招募加盟店主的方式。由於一般大眾對新連鎖加盟企業的企業體系及商品都不瞭解，即使是知名的連鎖加盟企業，對於有意加盟者的疑問，也不容易經由書面或廣告的方式，使有意加盟者完整的瞭解，這時以面對面的立即溝通方式，就能收到較佳的說服效果，甚至可以配合實際商品作為說明，對於缺乏詳細書面資料的連鎖加盟企業來說，這是效果較好的招募方式。

　　定期或不定期的說明會或座談會，是經常使用的招募方法，而且多半在企業所在地舉辦，但也可針對特定加盟者，分區辦理座談會或

說明會。

3.開拓人員或其他類型的口傳招募

有的連鎖加盟企業，設有專職的開發拓展部門，這些專職部門的開發人員對於潛在加盟者或地段不錯的傳統店，採取主動約談方式，以說服對方加入連鎖加盟，對於零散的有意加盟者，也會由專職的開拓人員負責發展。

鼓勵員工及現有加盟店主介紹的方式也常被採用。由於內部員工及加盟店主對企業和加盟條件較熟悉，可以無形中為公司招募，而加盟店主更可以現身說法，客觀地回答申請者的問題。

4.店面 POP

連鎖加盟企業本身，通常擁有相當數量的通路及門店，所以以店面 POP 的方式傳遞招募加盟店的訊息，是慣用的招募方式，在店面明顯位置，張貼徵求加盟之海報。一方面是成本費用較低，另一方面是考慮有意加盟者在門店出現的可能性較高，配合門店的商品展示及實際各類經營狀況，通常更具參考價值及說服力。

5.加盟說明書或 DM

加盟說明書或 DM，是平面媒體的一種。加盟說明書或 DM，也可作為說明會開拓人員招募的輔助工具，或者用在門店通路中當成說明資料，部份的 DM 甚至直接附有加盟申請表格。

6.混合運用

大部份的連鎖加盟企業把以上的招募方法同時運用。

第三節 加盟店的資格條件

一、加盟者的本身條件

不同加盟種類的加盟方式，會有不同的要求條件：自願加盟只要求加盟店配合總公司集中採購或原料提供。特許加盟則會產生商標、促銷、廣告等多方面的要求，兩者雖然差異頗大，但綜合各類加盟條件，共同特點是要確認加盟店主是否適合擔任此職。

不適合擔任加盟店主的主要原因可能是：不願或無法僱用他人、年紀太大無法履行合約；急功近利，過分貪求；無法配合總部的要求。

合格加盟店主的基本條件，要有創業雄心，應包括以下四方面；加盟店主本身條件，加盟店的基本條件，資金及營運基本條件和其他輔助條件等。以下為一位合格加盟店主的基本要求：

1.工作經驗或學歷

具有相同行業的工作經驗，為第一優先考慮的加盟者。其次則尋找有類似工作經驗的申請者，也可以招收沒有工作經驗的申請者，但是相對會提高對學歷或潛力的要求。

2.身體健康狀況

加盟店成立初期事務繁忙，故加盟店主的身體狀況良好，是必要條件。雖然不一定會要求健康檢查證明，但是在審核的過程中，這將是考慮重點。

3.對加盟公司、市場及商品的瞭解

如果是要求專業技術的連鎖加盟，會要求申請者對企業、商品及加盟公司有一定的瞭解，但是對於可以靠培訓專業知識的連鎖企業而

言，這項條件則轉換成對申請者應提供什麼程度的培訓為考慮標準。

此外，必須考慮到有意加盟者是否能配合企業的做法，認同企業的經營理念，以達到企業的要求標準。

4.心理準備與參與的動機

申請者對設立初期可能發生的困難，如利潤風險、公司本身的經營狀況、公司文化及理念等，必須要有一定的心理準備，以接受營運的實際狀況。

5.人性潛力

加盟申請者的個性是否合適？是否有誠意加盟？加盟後能否有熱忱持續經營？是否具有潛力及可塑性？是否能履行約定等也是考慮的條件。

6.發展潛力

這是最難評斷的考核項目，目的是希望能借此發掘出具發展潛力的加盟店長。所謂的潛力是指現有水準、接受能力及未來發展等考核項目。

7.婚姻狀況

有些連鎖加盟企業偏好已婚者作為加盟店主，原因是已婚者可能更穩重、更具有責任觀念。

二、加盟店面的基本條件

有關加盟店的店面條件，可分為兩種情形，一為由總部尋點；二為加盟者自行覓點後，再經總部評估。說明如下：

1.總部尋點

由總部來開發評估，如此總部則需有專職的拓店人員，專司尋點展店，而所尋可展店之地點同時要能明確的區分為總部直營店或特許加盟後，再開放加盟者來申請；但通常極佳之地點，不一定會考慮加

盟，此為一般加盟主的心結。

2.由加盟者自行覓點

如此可使尋點之成本與時間縮短，想創業獲利的加盟者，可能透過其個人或家庭關係，獲得位置佳且租金低的地點，但總部亦應有一明確的立地評估與加盟主評核標準，以免產生準加盟主抱怨總部有私心——好地段總部不開放，壞地點不能開店——所以應能事前做好明確的佈點與開放加盟設店計劃，並能告知於前，以免加盟主徒勞無功。

由加盟者自行覓點時，店面條件要注意下列：

(1)店面地點

此點要注意所在地點的繁榮程度及其商圈類型和範圍等。

(2)營業面積

各類型的連鎖加盟企業都應有其合適的面積要求。

(3)交通條件

店面位置的交通狀況、交通路線、公共設施等。

(4)客源狀況

是否有基本客源、同業的競爭狀況等。

三、加盟店的資金狀況

1.有保證金或擔保金

一些連鎖加盟企業常要求加盟店必須以現金或非現金的方式作為擔保。

2.加盟金

加盟金的條件由「免交加盟金」到「繳交 100 萬元」不等，依照各連鎖加盟企業的差異而有所不同。

3.權利金及廣告促銷費

一般為按月付或按營業額一定比率支付。

4.貨款及週轉金

是否有貸款能力及備有初期週轉金。

5.員工僱用

對僱用員工的流程是否熟悉,尤其在勞工較為缺乏的速食、餐飲、服飾連鎖業中,這是一個較突出的問題。

6.評估計劃

事業經營計劃、評估利潤、最低毛利保證、風險、初期可能會遭遇的問題等。

四、加盟辦法的說明

表 4-3-1　加盟辦法的說明

項　　目	總　部	加盟主	備　註
加盟金		30 萬以上,視所選店鋪毛利而定	加盟契約期滿或終止不退還
履約擔保		現金 60 萬元或以價值 150 萬元之不動產設定抵押	現金擔保者,每半年計息予加盟主,契約期滿退還
投資項目	店鋪、裝潢、生財設備、商品、技術、廣告行銷等項目	公司設立開辦、店鋪營運零錢準備金等費用	
利潤分配	採累計式浮動比例額計算利潤分配		
費用歸屬	裝潢設備折舊、店鋪租金、權利金、廣告費、技術指導費、資訊處理費、店鋪保險費	店鋪費用(含店鋪銷管費用、員工薪資)公共意外與僱主責任意外險費用	
公司補助	發票紙卷費 50%		
毛利保證		全年最低毛利保證 100 萬元加(年營業額)4%	一年結算,不足部份由總部補足其差額
契約期間		5 年	
申　　請營業執照		須另設立公司,以受任經營本公司品牌便利店	
營業時間	24 小時營業,全年無休		

第四節　案例：漢堡店加盟者的申請流程

　　由 1994 年起，日本麥當勞就開始大規模開張特許連鎖店，目前在日本的東北、山陰和四國等地區已經沒有直營店，所有店鋪的經營都是以特許連鎖的形式委託給加盟者。特許連鎖制度的強化擴大了麥當勞的市場佔有率，減少了公司總部的經費開支，大大提高效益。

　　麥當勞店鋪的特許連鎖制度的申請具有非常嚴格的程序，對此進行詳細說明：

1. 不動產的提示和履歷書的提出

由麥當勞總部的店鋪開發部負責提供不動產的情況。

2. 適應性考試、面試、操作考試以及健康檢查

⑴適應性考試和面試的要領與麥當勞僱用普通員工時相同。

⑵操作考試在指定店鋪進行，大約需要一星期的時間。

⑶進行健康檢查，並提出診斷書。

3. 特許連鎖合約的說明

⑴特許連鎖合約的期限。

⑵特許連鎖合約的金額(加盟金、保證金)。

⑶特許連鎖合約的更新。

⑷廣告宣傳費。

⑸特許費。

⑹出租費。

⑺店主或經營者的培訓。

⑻資金(加盟金、保證金、內裝費用、出租費、開張雜費、小物品的買進、其他培訓費以及運轉資金)。

4.第二次面試

⑴社長的最終面試。

⑵社長面試合格後，可以提交特許連鎖合約的簽約申請書。

⑶向銀行匯申請保證費。

5.經理團隊(3～4名)的決定

⑴進行適應性試驗。

⑵進行健康檢查，並提出診斷書。

⑶進行 FC、統括經營監督管理員和店主的面試。

⑷進行培訓。

6.特許連鎖合約的簽約

⑴準備特許連鎖合約簽約的必需資料。

①印章證明書(法人、代表者個人、連帶保證人)。

②法人註冊登記副本。

③股東名冊(法人的場合)。

⑵在進行特許連鎖合約的簽約之前，向銀行匯加盟金、保證金的剩餘金額。

⑶準備兩份特許連鎖合約書。

⑷制定特許費的備忘錄。

⑸在店鋪開張以後簽訂出租合約。

7.開始店鋪實習
8.第二店長代理的檢查
9. BOC 講座(包括考試)
10.店長的檢查
11. AOC 講座(包括考試)

店主或經營者在店鋪開張以前必須接受 AOC 講座。

12.店鋪設計的第一次商談(約 4 個月前)

利用平面圖紙進行說明。

13.店鋪設計的最終商談(約 3 個月前)

⑴最終說明。

⑵辦理營業許可書的申請手續。

⑶開始進行預算書的製作。

14.店鋪正式開張的商談(約 2 個月前)

⑴決定擔當 FC。　　⑵進行各種物品的購買。

⑶進行店鋪正式開張的廣告宣傳。

⑷在店鋪正式開張以前制定日程表。

⑸對保險進行商談。

⑹對工程進行說明。　　⑺與防火管理責任者進行商談。

15.店鋪運行的商談

⑴店主的作業評價。　　⑵金融評價。

⑶店鋪的運行方針。　　⑷提出資料一覽表。

16.店鋪運行試驗

　　麥當勞在處理總部與加盟店鋪關係上始終堅持互惠互利、共同致富的原則，這一點在徵收特許費方面表現得尤為突出。所謂的特許費是指加盟店鋪支付的麥當勞特許連鎖制度的使用費以及在加盟期間接受麥當勞各種指導和服務的費用。麥當勞的特許費採用與店鋪銷售額掛鈎的徵收方法(基本料＋等級料)，首先由店鋪每月暫時向麥當勞總部支付一定金額，然後每年再進行一次清算。比如在麥當勞，年營業銷售額為 1.2 億日元的加盟店鋪的特許費為 5%，年營業銷售額為 5 億的加盟店鋪則為 10%，如此以各個店鋪的營業銷售額為基準規定特許費的徵收金額，而現實中的其他連鎖總部對特許費一般都是採取統一徵收的方法，但是只要仔細推敲一下就會發現麥當勞的特許費徵收制度是相當合理的，因為比起年銷售額 1.2 億日元的加盟店鋪來年銷售額 5 億日元的加盟店鋪需要層次更深、範圍更廣的指導。

第五節　案例：便利商店的加盟流程

加入「7-11」便利商店體系的程式介紹如下。

(1)公司接待希望加入的潛在特許連鎖加盟商。

負責接待的總部人員為了能使來訪者成為特許連鎖加盟商，要向他們仔細介紹公司特許權的情況，並與之認真協商。

(2)介紹「7-11」便利店的詳細情況。

(3)調查店址。

為確定能否作為分支店營業場所，總部要進行商圈、市場等方面的詳盡調查，並將收集的數據和信息認真加以分析、研究。

(4)說明特許合約的內容。

就連鎖特許權的各項內容和規定逐條解釋說明。

(5)簽訂特許合約。

在申請人充分研究了業務內容和合約內容並決定加入以後，正式簽訂合約。

(6)制訂商店計劃，設計商店。

特許人的建築設計部門詳細研究了顧客的活動線路、經營對策以後，設計商店裝修方案。

(7)簽訂建築承包合約。

商店設計完成後，總部負責介紹建築施工公司，並負責簽訂建築承包合約，同時協助進行融資。

(8)準備開業。

在施工的同時，訂購各種設備和櫃檯，並對店員進行業務培洲，發放操作手冊和進行促銷準備工作。

(9)店主培訓。

就開業所必需的準備事項、電腦系統的操作管理、商店運營技巧等，對店主進行培訓指導，使其達到真正掌握的程度。

(10)開業前的商品進貨和陳列。

此時總部有關人員親臨商店，選擇供應商，提供進貨信息，傳授陳列技巧。

(11)交鑰匙。

在開業前一天，將商店的鑰匙與竣工證書一同交給店主。

(12)開業。

將開業的廣告宣傳品通過各種途徑發放。

(13)開啟信息系統。

連通商店的電腦終端與總部的主機，指導和支援商店的運營。

(14)現場支持人員對各分店進行巡迴指導，及時發現分店經營中可能出現的問題並協助店主解決。

心得欄

第 **5** 章

連鎖店加盟合約的重點

第一節　雙方簽訂加盟合約

一、連鎖總部與加盟店的角色

連鎖總部徵求加盟店，彼此因為立場不同、功能不同而有所差異，在加盟合約上必須有所注意。

（一）連鎖總部的角色

連鎖總部應做好下列運作：

1. 商圈調查，提供資訊；
2. 做好公關，提高形象；
3. 督核各店，維持品質；
4. 協助覓店開店；
5. 開發商品，增加競爭力；

6. 議價採購，降低進貨成本；

7. 為客戶服務，處理投訴；

8. 舉辦銷售競賽，提高業績；

9. 強化人員訓練，提高素質；

10. 輔導加盟店，改善服務質量；

11. 中央物流配送，減少人力；

12. 報稅協助；

13. 商店績效分析、評比；

14. 與異業結盟，增加效益；

15. 危機處理。

（二）加盟店的角色

連鎖加盟店應執行下列之運作：

1. 根據連鎖總部要求，確實執行該加盟店的營業業務；

2. 提供競爭店的狀況（如促銷、新展店等活動）；

3. 新商品資訊（售價、銷售狀況等）；

4. 主動提供商品市價調查；

5. 商品銷售資訊（銷量、售價、顧客反應）；

6. 滯銷、暢銷商品的通報；

7. 每日銷售狀況的通報；

8. 主動提建議，提高公司整體經營水準；

9. 相關市場信息的收集與提供。

二、加盟合約的重點

　　連鎖店加盟的契約內容，三大重點是簽約、執行、解約，連鎖總部在草擬、簽約前，如何吸收加盟、如何解約，宜請教律師、會計師

審慎對各項做出評估。

圖 5-1-1　特許加盟合約的類型

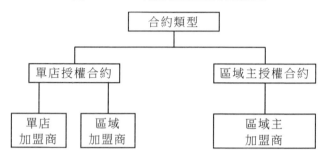

1.授權者提供的服務項目及其費用

· 應詳細列明授權者提供服務的項目；

· 有無隱藏和不可預見的費用？

2.合約期限

· 期限長短有無約定；

· 期限是否和租約配合。

3.合約延續

· 期滿後可否續約？

· 續約有無條件？若有，條件為何？是否詳細列明？

· 是否需要再付加盟金？

· 權利金是否增加？

4.加盟金、權利金及其他款項

· 加盟金到底包含那些項目？

· 其包括開張時的存貨或新貨嗎？

· 有多少自備款可開始營業？

· 是否須繳納定期權利金？如何計算？如何給付？

· 授權者是否提供記賬、報稅等服務？如有，是否須額外繳交費用？

- 是否必須加入合作廣告計劃？其費用的分攤如何計算？授權者提供那些產品或促銷服務？

5.商圈保護

- 合約有無授予區域獨佔權？
- 獨佔區域是否在達到某些目的或營業額達到某種標準即終止？

6.採購物料器具

- 是否所有的物料器具都必須向授權者購買？其價錢及條件是否合理？
- 授權者是否協助貸款？

7.選擇地點

- 授權者是否協助選擇地點？
- 誰對地點的選擇作最後決定？
- 裝修藍圖是否由授權者提供？
- 有無定期重新裝潢及翻新的要求？
- 如須申請更改建築使用執照，誰負責提出申請，費用由誰負擔？
- 有何限制性條款？

8.財務協助

- 授權者是否提供財務協助或協助尋找貸款？
- 如提供財務協助或貸款，其條件是否合理？
- 授權者是否提供緩期付款的優惠？
- 有無抵押？

9.教育訓練

- 授權者是否要求加盟主參加訓練課程？
- 有無繼續教育及協助？
- 是否持續性地提供加盟員工的培訓？
- 是否要付費用？費用是多少？

10. 採購對象限制

· 合約是否要求加盟者只能向授權者購買所需的貨品？或只能向授權者指定的廠商購買？

· 如有，其價格及條件是否合理？

11. 限制營業範圍及銷售之物品

· 合約是否對所銷售物品的項目有所限制？

· 限制是否合理？如經賣其他物品，是否需經授權者同意，申請步驟及流程如何？

12. 競爭禁止

· 合約是否限制加盟者在約滿後或轉讓後，不得從事同類型的商業行為？

· 如有，其期限及區域是否合理？

13. 會計作業要求

· 授權者是否提供簿記及會計服務？

· 如有，是否需額外收費？其收費是否合理？

14. 客戶限制

· 有無限制客戶對象？

· 如售出超越授權的地區，有無懲罰條款？

15. 廣告促銷計劃的配合

· 廣告是地區性的還是全國性的？其費用支付方法如何？

· 如地區性促銷由加盟主自理，授權者是否提供協助？

· 授權者是否提供各種推廣促銷的材料、室內展示海報及宣傳品等？是否另外收費？

· 加盟者是否可自行策劃區域的促銷？如何取得授權者的同意？

16. 違約條款

· 何種狀況視為違約？

· 違約項目是否屬加盟主能力範圍內所能控制的？

· 其訂立項目與核定標準是否合理？

17.通知條款

· 若違約，授權者是否有義務以書面通知加盟主限期更正？

· 其期間有多長？是否足夠？

18.違約後果

· 違約時，授權者可採取何種方式懲罰？

· 授權者是否可直接取消該連鎖加盟契約？

· 有無違約金條款？金額是多少？

19.合約終止的處理

· 授權者是否有義務購買加盟者的生財器具，承繼商店租約及其資產？

· 處理費用歸誰？

· 處理期間多長？是否足夠？

20.加盟者轉讓的權利

· 加盟者是否可根據契約轉賣商店資產？

· 加盟者可否在轉賣時，同時轉讓加盟合約？或授權者有義務與承買者簽訂新合約？

· 授權者是否有權核准或拒絕轉賣，其權利是否合理？

· 租約可否轉讓？

· 授權者是否有權核定承買者的資格？其資格如何認定？

· 是否須付給授權者部份轉讓費？

21.授權者的優先承購權

· 合約中有無明示何種情況下授權者可承購？

· 其承購價格如何確定？商譽及淨值是否考慮在內？

· 加盟者求售時是否有義務先向授權者求售？

22.加盟者生病或死亡

· 合約是否直接由繼承人承接？

· 合約是否由遺產管理人承接？

· 合約者如長期不能履約，是否必須轉讓？

23.仲裁、訴訟處理

· 是否由總部仲裁解決所有糾紛？

· 仲裁是否比訴訟省時、省錢？

24.訴訟管轄地

· 授權者指定的訴訟管轄地是否為其總部所在地？

· 是否考慮改為加盟店的所在地對加盟主較為有利？

25.加盟者親自經營的要求

· 合約是否要求加盟者親自經營？

· 合約是否禁止加盟者兼職？

第二節　如何結束加盟合約

一、加盟合約變動的方式

特許經營關係的結束，不外乎兩種可能性：中途結束和到期結束；而受許人退出特許經營的方式可能有：

1.關閉

徹底關閉，清盤出局。

2.合約期滿

合約期滿後，雙方不再續簽合約。

3.退出

受許人退出現有特許經營體系，在原址改行營業，或在原業務的基礎上擺脫特許人獨立營業。

圖 5-2-1 加盟合約變動方式

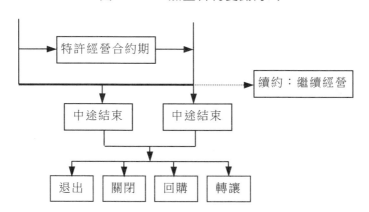

4.轉讓

把特許加盟店轉給新的受許人。

5.回購

特許總部從不願意繼續經營的受許人手中反向收購加盟店。

二、中途解約的原因

連鎖總部對於簽訂加盟店連鎖合約,必定相當努力,但對於連鎖店「解約」,也應當重視它。

當受許人(加盟店)的業務長期虧損或無盈利,而特許人(連鎖總部)又無法提出有效的解決方案時,加盟店很可能會考慮退出特許體系。在做出退出特許體系的決定前,加盟店應先對造成經營業績不佳的原因進行客觀、全面的分析,這些分析結果將是加盟店採用何種方式退出特許加盟體系的決策依據。

1.原因分析

導致特許經營業績不佳的原因綜合起來有以下幾個方面:

⑴受許人經營管理不善,造成業績下降乃至銷售下降,長期虧損。

⑵特許人所提供的支持不利或特許體系本身信譽降低,造成銷售下降,長期虧損。

⑶不現實的期望,導致日後不能全身心投入;

⑷特許人提供的關鍵產品供應出現問題;

⑸資金不足;

⑹有特許欺詐行為;

⑺競爭加劇,而自身或所加入的特許組織應變能力不够;

⑻將營運資金不合理地用於營業外投入,造成經營資金不足;

⑼對所從事的業務毫無興趣;

⑽家庭破裂等造成的壓力,包括離婚或合作夥伴關係破裂等。

⑾市場變化或其他不可抗力的影響。

2.責任劃分

在分析原因之後,受許人可以瞭解到造成虧損的原因,進而對合約進行仔細研究,找到合理的退出方案。一般來說,如果是因為特許人方面的原因導致提前解約,則特許人應承擔相應的責任,如果是因為受許人的原因導致提前解約,那麼受許人可能要承擔以下責任:

⑴承擔加盟費的損失;

⑵承擔設備投資的損失;

⑶承擔處理庫存貨品造成的損失;

⑷結清與總部、供貨商的財務往來關係;

⑸承擔客戶後續服務成本;

⑹承擔特許合約中約定的其他違約責任。

不同的特許合約其解除條款也不相同。需提醒受許人,在簽訂特許合約時,這部份條款要特別注意,一定要在合約中對違約條款及違約責任予以明確規定,以免在解約時出現不必要的糾紛。

第三節 連鎖加盟管理制度範文

第1章 目的

第1條 目的

確保連鎖店健康有序地發展，維護公司與加盟店雙方的合法權益。

第2章 連鎖加盟店加入資格與責權

第2條 連鎖加盟店的加入資格

1. 與已經加盟的會員的競爭關係

以在×米以上的相隔距離（或是人口每×萬人設一店鋪）為原則，至於有無競爭關係，由企業認定。

2. 要具備一定限度以上的店鋪規模

銷售場所面積及售貨金額的最低標準設定：面積××平方米以上；每月營業額××萬元以上。

3. 不得加入與本部實質上有競爭關係的其他連鎖組織。

4. 要誠實經營並接受本部的經營指導。

5. 參加本部為加盟店所舉辦的各種活動。

第3條 連鎖加盟店的權利與義務

1. 連鎖店的基本權利

⑴獲得總部所提供的商標、商號、標識的使用權。

⑵獲得總部所提供的培訓、業務指導及企業管理資料。

⑶參加總部召集的工作會議，並有權向總部提出合理化建議和意見。

⑷及時獲得總部配送的各項主要物資。

⑸接受本部對於經營計劃的制訂及指導。

2.連鎖店的義務

⑴嚴格按照合約規定的條款開展經營活動。

⑵按合約規定，按時交付加盟費、權益費、保證金及其他費用。

⑶連鎖店不得銷售或使用總部競爭對手的產品和服務，必須銷售和使用由總部提供的產品和服務，或由總部指定或同意的第三方生產的符合總部標準的商品和服務。

⑷加盟店要準確把握經營情況，對庫存、銷售款、收到的支票及消耗品等進行盤點，並將盤點結果及時報告總部。

第3章　連鎖加盟店的管理

第4條　企業體系

1.企業名稱：××連鎖體系（機構）或××店連鎖

2.企業、品牌標識（識別圖形）

3.企業商標

4.企業品牌標準字（中、英文）

5.企業標準色

6.企業及商標的組合

7.企業造型、象徵圖案

8.證章

第5條　廣告體系

1.宣傳口號、企業信條

2.標準店招牌含證章牌

3.標準店外觀（顏色、格局）

4.標準店內飾

5.統一制服

6.包裝用品、營業用品等

7.其他相關物品

第 6 條　商品計劃管理

連鎖店運營過程中，企業本部對其商品計劃進行統一管理。

1. 商品陳列計劃

2. 毛利計劃

3. 促銷計劃

4. 廣告宣傳計劃

5. 進貨補給計劃

6. 其他關於店鋪的管理計劃

第 7 條　商品供給管理

1. 加盟店經銷貨品中，至少有_____%以上貨品要向本部進貨，以達到進貨集中化。

2. 商品的供給原則上依本部所定的定期配送系統配給。

第 8 條　商品調換管理

1. 由本部所供給的商品及物品類，原則上不予退貨。

2. 有下列的情形時，可調換商品。

⑴本部承認的退貨期限內的特定品，但退貨所需的運費及其他損失，如本部無過失，其費用由加盟店負擔。

⑵本部擬訂銷售計劃指定商品的配額，在本部所承認的一定期間內不能售出時。

第 9 條　商標使用規定

1. 連鎖加盟店在使用商品商標的過程中，必須嚴格按照企業本部的相關要求進行店面裝修改造和正確應用各類標識標誌等，保證企業統一的品牌形象。

2. 連鎖店不得以任何形式和方式擴大商標的使用範圍，也不得以任何方式製作和使用與商標相似或變形標識。

第 10 條　服務品質管理制度

1. 營業人員應穿著整潔，統一著裝。

2.營業人員舉止端莊、接待客戶熱情，耐心回答客戶的問題。

3.店內設客戶意見簿，做好產品的售後服務工作。

第 11 條　其他說明

1.連鎖店應執行總部規定的管理制度和規範標準。

2.連鎖店應執行制訂的相關財務會計制度和總部有關記賬方式。

3.連鎖店應按月將《損益表》、《財務分析表》於次月＿＿日前報總部予以備案，不得少報、虛報、漏報。

4.未經總部書面同意，連鎖店不得在特許企業以外使用企業商標或進行有損於企業名譽的任何活動。

5.連鎖店發生重大變動時，如更換法人、改變經營場所或經營範圍等，應事先徵得企業書面同意。

6.連鎖店不得在企業之外使用企業提供的管理體系或將企業提供的管理體系轉讓或許可他人使用。

第 4 章　保密與禁止事項

第 12 條　保守機密

連鎖加盟店對於本組織的計劃、營運、活動等的實態及內容不得洩露於他人，特別對下列事項應保守機密，如違反時，其所發生的損害，應由當事人負責賠償。

1.經銷商品及物品的採購廠商、價格、進貨條件。

2.連鎖加盟店的詳細經營內容，特別是進貨、銷售、資金計劃的具體內容。

3.其他本部指定的事項。

第 13 條　禁止事項

本企業管轄範圍內的連鎖加盟店不得有下列行為。

1.從本部進貨商品，提供給非加盟店。

2.加入本組織以外的同業連鎖店。

3.毀損企業的名譽。

4.將本部所送的文件、情報提供給他人。

第 5 章　解除加盟

第 14 條　解除加盟契約

1.加盟店無正當理由不服從上述規定時。

2.加盟店的經營虧損，繼續虧損 6 個月以上，經企業本部判斷無法改善經營狀態時。

3.加盟店或加盟店的經營者申請破產，或受強制執行及其他相關情況時。

第 15 條　加盟契約解除後的相關事項說明

1.合約提前解除或合約期滿終止後，連鎖店應在＿＿＿＿日內支付所有應支付給企業本部的費用，同時註銷連鎖店的工商登記。

2.連鎖店應在＿＿＿＿日內歸還總部商業技術秘密資料，歸還帶有總部商業標誌、商標、經銷產品名錄、價格表及其他屬於企業本部的物品、文件送還。

3.自合約解除或終止之日起，連鎖店應立即停止其業務活動和任何形式的廣告宣傳、停止使用總部商標、商號、標誌。

第 6 章　附則

第 16 條　本制度由企業本部制訂並負責解釋。

第 17 條　連鎖店承諾合約期內受合約約束，接受企業本部的指導和監督，遵循合約中有關連鎖店的權利義務的規定。

第四節　加盟合約範例

表 5-4-1　範例(一)：餐飲連鎖店合約

立合約書人

甲方：　　　　　　　　以下簡稱甲方

乙方：　　　　　　　　以下簡稱乙方

茲因甲方經營銷售業務，乙方願提供店面成立連鎖店，雙方同意訂立本合約，以茲共同遵守。

第一條　加盟店名稱及營業所在地、時間、營業項目、商圈範圍。

一、基本資料

店名：＿＿＿＿＿＿＿＿＿＿＿＿＿(以下簡稱該店)

負責人：＿＿＿＿＿＿＿＿＿＿

地址：＿＿＿＿＿＿＿＿＿＿＿＿＿＿＿＿＿＿＿＿

電話：＿＿＿＿＿＿＿＿＿＿營業執照註冊號：

建築面積：＿＿＿＿＿平方米；

營業面積：＿＿＿＿＿平方米；

員工數：正職＿＿＿＿員；計時工：＿＿＿＿員

二、營業時間：當日上午＿＿＿點到下午＿＿＿點。

三、商圈範圍：

東：＿＿＿＿＿＿　　　　西：＿＿＿＿＿＿

南：＿＿＿＿＿＿　　　　北：＿＿＿＿＿＿

四、非經甲方書面同意，乙方無權變更加盟經營店的營業所在地。

但在授權期限內，若因租約終止致該店無法於該地繼續營運，乙方應於該租約終止前一個月另覓甲方認可的地點讓該店繼續營運。

五、商店內的營業天數、每日的營業時間及營業項目，依總公司規定辦理。除不可抗力外，非經甲方同意，乙方不得自行變更或暫停營業。

第二條　合約期限

自＿＿＿年＿＿＿月＿＿＿日起至＿＿＿年＿＿＿月＿＿＿日，共計五年。

第三條　合約繼續與延長期限

一、合約屆滿前六個月，如無任何一方書面通知他方終止合約，本合約期限自動延長壹年。

二、合約繼續延長期間屆滿前三個月，任何一方如無書面通知他方終止合約者，本合約再延長期限壹年，之後以此類推延長期限壹年。

三、所有自動延長期限內雙方的權利義務，遵守本合約的規定執行。

第四條　名詞定義

除本合約內另有規定外，本合約內的名詞或用語，以本公司加盟經營管理制度內所寫為準，如為上面規章所未定義的名詞或用語，雙方發生分歧時，則以甲方的解釋為準。

第五條　合約範圍

一、雙方同意由乙方提供資金，甲方提供商品服務、經營技術輔導等並由乙方提供管理及服務，以從事本業的經營。

二、雙方為執行前項合約事宜，乙方應於＿＿年＿＿月＿＿日之前，依有關法令的規定辦理公司設立登記並取得營業執照。

三、乙方應於簽訂本合約後一個月內提供坐落於＿＿＿＿＿＿＿＿＿＿＿＿＿＿＿＿＿＿＿＿＿＿＿的房屋作為加盟經營店店面及營業場所，非經甲方書面同意，乙方不得任意變更地址，如擅自變更地址，以違約論，

甲方有權中止本合約，並沒收簽約金，乙方不得有異議。

第六條　履約保證金

如乙方有積欠款項(包括貸款、違約性懲罰金時)甲方可從履約保證金中直接抵扣。

第七條　加盟經營權利金、管理費及廣告費

一、乙方應於簽合約當日交付甲方　　萬元整，作為加盟經營權利金，合約屆滿、終止或解除時，甲方無需退還。

二、乙方每月現金支付甲方＿＿＿元整為管理月費，及＿＿＿元整為整體廣告促銷費用。

三、乙方不得以任何理由要求返還上述費用。

第八條　授權使用

一、甲方授權乙方於本商圈內以甲方的商標、技術經營該店。

二、乙方取得甲方指定的經營權是基於甲方為委託人，乙方為受託人之法律關係。

三、乙方經甲方授權取得甲方商標的使用權，但如果本合約屆期，不再續約或乙方違反本合約規定，或被撤銷授權，或發生乙方擅自轉讓本合約規定事宜，乙方使用商標的權利立即終止。

四、乙方不得就甲方所授權使用的商標、服務標記、生財設備、器具轉授權他人使用。

五、乙方不得就甲方所授權使用的標的物與其他企業合併或延伸使用。

六、有關該店之經營及服務，乙方同意接受甲方的指導並遵照公司加盟經營店管理規章、附件及本合約的約束。

第九條　開店籌備事項

一、該店開店的一切裝潢、材質、水電工程的設計，均由甲方統一規劃、驗收。

二、乙方提供的店面應具備裝飾完整的招牌、天花板、牆壁、地板、安全玻璃門、棚、週邊設備等，費用由乙方負擔。

三、甲方應於營業處所設置招牌予乙方使用，所有權歸乙方，合約到期、終止時，乙方即不得繼續使用該招牌並自行拆除，若乙方不拆除時甲方可拆除，發生的費用由乙方支付，乙方不得有異議。

四、乙方應於該店開幕前到甲方所指定的銀行開設賬戶。

五、甲方需提供給乙方的協助包括：

1.完整的企業識別系統；

2.完整的管理經營經驗；

3.人員招收、訓練的協助；

4.店頭裝潢、設備、商品、陳設等營運技術的協助；

5.招牌、桌椅、冰箱、設備、電腦、電腦軟件、其他設備等的統一採購；

6.促銷、廣告的規劃、執行；商品採購事項的聯繫；營業管理事項的規劃、輔導。

六、乙方需要與甲方配合的事項：

1.營業賣場的地點；

2.商店裝潢硬件、設備的提供，招牌、天花板、地板（含走廊）、倉庫、桌椅、櫃式冰箱設備、電腦設備、電話機、其他設備等；

3.促銷、廣告的執行、費用分攤，遵照本合約相關條例的規定；

4.商品進貨、銷售、盤點事項的執行：依本合約第十條及相關條例的規定；

5.提供銷售的商品成本；

6.商店經營管理事項的執行，含人力資源運作、促銷、廣告、財務管理，遵照本合約相關條例的規定。

第十條　經營管理

一、有關乙方經營的一切規劃、管理、營銷、廣告等事項甲方全權負責，乙方不得干涉。甲方有權確定營業分店的名稱。

二、乙方開業後，應按甲方所訂立的價格作為收費標準（經甲方核准者不在此限），並配合甲方的季節性促銷運作。

三、乙方必須依照甲方所訂立的商店作業與後場調理標準處理業務。

四、雙方同意不因本合約的簽訂或執行而解釋成一方為他方的代理人或合夥人。乙方應自負其營業盈虧的責任。

五、乙方於開業前，應按甲方的規定，參加為期一週的職前訓練，由甲方安排課程。開業後，乙方應按甲方規定，參加其店長研習會議一次，如有違者，每次應交付甲方_____元作為懲罰性違約金，於每月結算時一併付清。

六、乙方商店作業必須依照甲方所訂立作業標準來處理，如有違者每項每次應交付甲方_____元作為懲罰性違約金，於每月結算時一併付清。

七、訂貨與退貨處理

1.乙方訂購貨品時，應在訂貨單上將所需商品、規格、數量與預定出貨日等填妥，傳真給甲方，甲方營業單位應斟酌實際情形配合出貨。

2.貨品寄發後，乙方非經甲方同意，不得任意拒收或退回。

3.已由乙方公司蓋章或由負責人蓋章簽字的送貨單，作為甲方日後收款的憑據。

4.退貨時必須以傳真通知總公司由配送單位統籌安排處理。

第十一條　權利轉讓

一、合約期間如因重大事故或不可抗力的原因，致無法經營，經甲方書面同意後，由乙方指定或法定繼承人繼承，繼承人除須至總公

司接受為期一週的職前訓練外，雙方必須重新訂立合約。

二、乙方不得私下轉移經營權給第三者，如擅自轉移，甲方將沒收履約保證金，並可不經乙方同意而終止合約，乙方不得有異議。

第十二條 費用支付

一、經營該商店所需的房租、商店人員薪資、退休金、年終獎金、稅金、水電費、管理費用、商店用品及消耗品、商品成本、運費、商譽月費和其他設備的維修費用、商店一切營銷費用均由乙方負擔。

二、單店的開業、個別促銷費用由乙方支付。

三、公司連鎖整體促銷廣告費用由甲方負擔，但乙方的要求超過甲方的配額時，超出部份由乙方自行負擔。

第十三條 合計結算

一、乙方應於每月月底結算往來賬，乙方憑往來賬單，於每月十五日前將該金額支付甲方。

二、雙方如逾期支付前述結算金予對方時，任一方應按該期金額加計月息百分之二十給另一方，作為違約金。

第十四條 危險負擔

因不可抗力的原因，包括天災、地震、人禍及政府法令變更或其他不可歸責於雙方的事由所產生的事故，其因此所造成的損害由乙方負擔。

第十五條 違約責任

一、因任何一方的責任造成合約事項無法執行(包括但不限於不及時結算金額及其他產生的應該付的款項，不執行合約中的規定，不提供收支明細表)，經他方定期 15 日的期限催告仍未改善或補正時，他方有權解除或終止本合約。

二、因前項情形而解除或終止本合約時，未違約的一方有權請求本合約事項的一切利益歸屬自己。如仍有損害，可以提出賠償。

三、乙方如拖欠款項（或違約金），甲方可以自履約保證金中扣除，且有權終止本合約。

第十六條　遵守國家法令、法規

一、乙方須取得執照並經甲方授權，方可以經營甲方所指定的店，並須遵守國家一切法令、法規；

二、乙方如因漏稅被查獲，造成連鎖經營困難及名譽影響時，乙方除應依第十五條約定負違約責任外，並應無條件地賠償甲方的一切損失。

第十七條　同行競爭的禁止及保密的義務

一、乙方及乙方受僱人及直系親屬、非直系親屬在本合約期間內，或合約期滿雙方同意終止、解除後三年內，不得在該商圈內投資、參與、教導、受僱、從事或合夥經營類似的商店，如有違反，乙方須將其（含投資人）所得的利益，交付或歸甲方所有，甲方並可要求乙方賠償　　元整。

二、乙方或乙方投資人不得洩露商業機密。否則甲方除可要求乙方賠償＿＿＿元整，還可根據所受的損害程度再要求乙方作出賠償，乙方不得有異議。

三、本條的規定，於本合約關係結束後三年內仍具約束乙方的法律效力。

第十八條　非代理關係

一、除本合約規定外，乙方或乙方受僱人不得以甲方代理人、甲方代表的名義或甲方的授權人、受僱人的身份對外發生任何法律行為，乙方不得以甲方的名義僱用職員或對外承擔、承諾債務或提供擔保等事宜。

二、乙方或乙方的受僱人對外的一切法律行為，除按照合約規定、運作或經甲方另以書面同意或授權外，都屬乙方的獨立作為，乙方應

自行負責，與甲方無關。

三、就本合約履行及各項義務的遵守，乙方的受僱人、使用人、履行輔助人如有故意或過失，均視為乙方的行為。

四、如若屬於乙方或乙方受僱人的故意或過失，違法或侵害他人權利者，乙方須自行負擔其法律責任，與甲方無關，如因此損害甲方的任何利益，乙方須對甲方負全部賠償責任。

第十九條　移交及結束處理

一、本合約期滿或經甲方解除或終止時，乙方應立即：

1. 無條件將該店所屬乙方授權的標的物交還甲方，包括屬甲方的生財設備、器具、商品、有關文件及手冊、規章及其他企業識別系統等，不得遲延。

2. 乙方須負擔停業處理過程中實際所發生費用，並以現金支付甲方。

3. 結算後甲乙雙方滙寄付清應付款項。

4. 自解約當月最後一天起 30 天內，甲方須交付乙方往來明細表。

5. 在交付報表給乙方時，乙方應付甲方的款項須一次以現金付清給甲方。

二、本條的約定，雖雙方合約關係結束，仍具有約束雙方的效力，不因合約終止或解除而受影響。

第二十條　重大違約事由

一、乙方如有下列情況之一者，視為重大違約：

1. 乙方未按本合約規定經營或擅售甲方未核准的商品或提供服務者。

2. 乙方未按本合約的規定，私自增設分店、店內設備或違反競業限制者。

3. 乙方未按本合約的規定，擅自將該店的服務技術、商品、設備

移往他處營業或使用者。

4.乙方有損甲方形象、商譽者。

5.乙方違反本合約第二十條的規定或未依規定營業時間營業者。

6.乙方未依本公司規定使用公司的企業識別系統、制作物等。

7.乙方的會計記錄不實或妨礙甲方的盤點、財務監查、稽核或怠於依約給付債務、交付文件、財務記錄者。

8.乙方依法進行重整，清算，依破產法和解、宣告破產，受強制執行或其他任何司法上、行政上的處分，停止營業；買方的負責人隱匿、逃逸或買方所簽或背書、承兌、保證的票據等發生停止支付者。

9.乙方擅自以甲方代理人或代表名義與第三人訂約，或從事私人行為致甲方權益受損者。

二、乙方如有上述重大違約事由之一，甲方可以不通知乙方，立即解除或終止本合約，並追究乙方的損害賠償責任。

三、乙方有其他違背本合約約定的行為，經甲方認為重大違約，經甲方通告限期改正仍不改正者。

四、乙方解除或終止合約的效力並不影響解約前及按本合約第十九條及本合約其他規定屬乙方所應負義務的履行。

第二十一條　通知條款

一、一方向他方通知時，依下列規定地址及負責人通知：

甲　方：

乙　方：以該店為通知地址。

負責人：

二、如一方向他方送達書面通知，而他方拒收者，視為已送達（以遞送收據為憑）。

第二十二條　連帶保證人

乙方連帶保證人承認上述所有條款的法律效力，並願擔負所有乙

方違約時的連帶保證責任。

第二十三條　合意管轄

甲乙雙方均同意如本合約涉訟時，以甲方公司所在地的地方法院為第一審管轄法院。

表 5-4-2　範例(二)：醫藥科技開發公司合約

甲方：醫藥科技開發有限公司

乙方：

甲乙雙方本著相互協作和信任的原則，就乙方使用由甲方主開發和完善成型的○○○連鎖大藥房系統和品牌形象，發展藥品連鎖零售事業，特簽訂本合約。

乙方確認已對甲方開發的以○○○連鎖大藥房為標誌的統一形象、設置及藥店製作形式等統一的特定經營管理系統、○○○商標和服務標誌已有明確認識，並確認○○○連鎖大藥房的形象、招牌、標識等一系列的營業象徵的統一性已被消費者和社會廣泛認識。

乙方同意甲方確定的○○○連鎖大藥房系統的形象設計和企業理念及九個統一要求，並願意按照以下各條規定，經營由○○○商標統一表示的連鎖零售藥房的經營活動，甲方以此為條件同意給予乙方這種經營資格。為此，雙方經協商訂立如下條款。

第一條　區域範圍

1.甲方同意乙方在＿＿＿＿＿＿開辦、經營○○○連鎖大藥房。

2.為規範經營，甲方不在距乙方加盟店半徑 100 米範圍內或甲方給予乙方開店的區域範圍內另設○○○連鎖藥店。

第二條　規模

甲方同意乙方在本合約約定區域範圍內開辦＿＿＿＿＿個○○○連鎖大藥房零售店。

第三條　獨立的經營者

1. 本合約雙方為各自獨立的經營者，雙方之間不具有投資、代理、僱用承包關係。

2. 乙方獨立核算、自負盈虧，獨立承擔一切費用和責任。但須依本合約的約定，接受甲方的連鎖規範管理。

第四條　加盟金

1. 乙方於簽訂合約的同時按每個加盟店＿＿＿元的標準向甲方支付加盟金，合計＿＿＿元。

2. 加盟金主要為乙方支付其使用甲方經營技術資產、商標、商譽、加盟期間的廣告宣傳等藥品加盟零售連鎖無形資產的費用。

3. 不論本合約期滿，還是中途解約或其他理由，都不退還加盟金。

第五條　保證金

1. 作為合約簽訂後，甲方與乙方加盟店之間發生債務及對加盟店在經營期間的合約的擔保，及對「○○○」信譽的維護，乙方須在本合約簽約時按每個加盟店＿＿＿元的標準向甲方繳納保證金共計＿＿＿元。

2. 甲方可以用此保證金的全部或一部份，抵扣乙方加盟店拖欠甲方的債務。

3. 加盟店在接到甲方的抵扣通知後，須立即向甲方支付與被充抵數額相同的現金，補充保證金。

4. 保證金不計息。

5. 如乙方退出合約等行為，導致事實上本合約無法繼續執行時，保證金不退還。

6. 本合約期滿後，在乙方拆除表示○○○大藥房的全部招牌、工作物品等其他營業標誌一個月內，甲方歸還乙方全部保證金。

第六條　管理費及納稅

1.截止 2001 年 12 月 30 日前，免收管理費，2001 年 12 月 30 日後，根據加盟店的選址、規模等情況，由乙方每月向甲方交納管理費＿＿＿元。

2.管理費主要為在本合約執行期間，乙方接受甲方經營指導、幫助及培訓員工等費用，其經營中所發生的費用由乙方自行承擔。

3.乙方每月的 10 號前向甲方交納當月管理費。

4.乙方按規定在加盟店所在地稅務機關申報納稅。

第七條　店鋪開發的相關事項

1.乙方加盟店的地址、經營面積的確定必須事先徵得甲方的同意。

2.為維護○○○連鎖大藥房形象的統一性，乙方加盟店店鋪內外裝修的風格和標識、招牌等須符合甲方規定的標準。

3.乙方加盟店營業所必需的工作服、包裝袋、商標、單據、標籤及所有的消耗品，必須使用甲方提供的統一規範的產品。

4.乙方加盟店開店準備就緒後，須經甲方驗收，並經書面認可合格後方能開業。

5.本條所列各項費用由乙方加盟店負擔。

第八條　經營指導及幫助

1.為使乙方加盟店能正常經營，在開業前及合約履行期間，甲方應向乙方傳授必要的經營知識和技術。

2.乙方加盟店開業前三天甲方應派遣管理人員給予開業的經營指導。

3.甲方有義務向乙方推薦營業員和店長，並代為培訓。

4.甲方可根據經營情況派員對乙方加盟店進行經營指導，乙方加盟店應允許甲方派遣人員進入店內檢查商品及經營狀況。

5.甲方根據經營需要對○○○連鎖大藥房進行統一宣傳，發佈廣

告,開展營銷、促銷等活動,提升○○○品牌形象。乙方應積極參與、配合。

6.乙方有義務向甲方提供有利於營銷的榮譽證書、資格證書、媒體評價等資料的複印件。

7.為了統一管理,完善終端服務體系,甲方專職督察員有權嚴格按公司有關規定隨時對乙方進行日常店面、服務等檢查,凡有違規,可按制度規定處罰。

第九條 商品的購進、配送

1.為確保商品質量,乙方加盟店的商品購進必須在甲方供應中心統一購買,不得在其他任何管道購進商品。

2.乙方加盟店每月按經營需要向甲方上報兩次藥品需求計劃,並按其計劃向甲方配送中心按甲方進價購貨。關於甲方供藥的價格標準,以甲方進藥發票作為參照標準。

3.甲方按藥品進價的　　%收取倉儲、採購費。

4.乙方從甲方配送中心購進的藥品如出現質量問題,甲方有責任與乙方及時處理。乙方不承擔責任。

5.乙方從甲方配送中心購進的藥品如外包裝完成而內裝實物出現短缺,一經查實,甲方應及時為乙方換貨或補貨。

6.乙方從甲方配送中心購進的藥品如出現滯銷、有效期臨近等,甲方有義務協助乙方處理。但甲方不承擔責任和損失。

7.甲方可以隨時對乙方的庫存藥品進行抽查,協助乙方進行藥品的管理。

8.乙方有義務為甲方配送中心的完善提出意見和建議,若乙方有更好的進貨管道,應向甲方配送中心及時提供準確資訊,以便甲方不斷優化品種結構和進貨管道,但乙方不得以此為理由拒絕在甲方統一購貨。

第十條　零售價格的設定

1.乙方加盟店必須執行甲方制定的藥品統一零售價格，以避免無序競爭。

2.如甲方制定的統一零售價與乙方加盟店所在地區差異較大，乙方加盟店可向甲方書面說明情況，並提供合乎本地區實際的價格建議，甲方根據公司的統一性要求和加盟店所處地區的實際情況綜合考慮，雙方共同制定出與實際相符合的零售價格（廠家對統一零售價格有特殊要求的除外）。

第十一條　賬簿的製作

1.為使甲方準確把握加盟店的經營狀況，乙方加盟店必須按甲方指定的格式製作和保存以下文本：

⑴傳票；

⑵銷售日報表；

⑶進貨單據。

2.乙方加盟店每月 26 日向甲方上報一次真實的全月銷售報表。

第十二條　商品盤存

1.乙方加盟店要定期進行商品庫存、消耗品等的盤點清查，準確把握經營狀況，於每月 30 日前上報甲方，以便甲方進行經營協助、指導和商品協助管理。

2.如甲方經檢查後發現乙方加盟店的盤存結果和銷售日報表等不準確，要隨時通知乙方加盟店，並提出改正意見，同時甲方可以同乙方一起共同進行盤存清點，以保證結果的準確性。

第十三條　糾紛、事故報告義務

乙方加盟店在營運中發生質量投訴，由此引起的相應訴訟及其他糾紛，應儘快妥善處理，避免和減少對○○○品牌的負面影響，並及時報告甲方，以獲得甲方的支持和協助。

第十四條　合約期限

1.本合約的期限自本合約簽訂之日起算，自開業後三年止，即從
年＿＿月＿＿日起至＿＿＿年＿＿月＿＿日止。本合約期滿前三個月，經雙
方同意，可以更新或續簽合約。

2.若原乙方需繼續經營，本合約期滿終止時重新簽定的合約，管
理費不得低於1000元/月，本合約的保證金可充作更新或續簽合約的
保證金。

第十五條　合約的解除

1.乙方如發生如下各項中的任何一項行為，甲方以書面形式要求
乙方加盟店在規定的期限糾正，超過規定期限仍無改善時，甲方可單
方面解除本合約。

⑴乙方加盟店向甲方上報的銷售日報表、決算書等其他文件嚴重
失實或連續三個月不上報；

⑵乙方加盟店拖欠須交甲方的管理費超過二個月；

⑶乙方加盟店的其他嚴重不履行本合約規定的義務的行為；

⑷不按本合約規定的方式購進藥品，擅自從其他管道進藥；

⑸因乙方原因造成重大質量事故或投訴的情況。

2.乙方加盟店發生以下各項中的任何一項行為，甲方可向乙方提
出警告，並協商處理辦法，若無法達成一致，則甲方可以單方面解除
合約。

⑴乙方加盟店未得到甲方事先的書面同意，私自出讓經營權；

⑵乙方加盟店未得到甲方的事先書面同意，私自出讓本合約規定
的全部或部份權利，或對外設立擔保或對加盟店進行其他處置；

⑶乙方加盟店向他人洩露甲方的經營秘密，或讓他人使用或向他
人提供甲方的資料文件。

⑷乙方加盟店損害甲方的名譽、信譽，妨礙甲方及其他加盟店的

工作及經營。

⑸未經甲方同意，乙方加盟店將經營委託他人，從全部經營或實際重要部份退出或放棄店鋪經營超過 10 天以上。

⑹法令、政令要求乙方加盟店終止經營。

⑺乙方加盟店違背本合約第十條第 1、2、3、4 款。

3.如甲方發生違反合約或不履行合約規定的義務，乙方可以以書面形式敦促甲方停止該行為，履行規定義務，如甲方在規定期限內仍不履行義務，乙方可單方面終止合約。

第十六條　協商解約、中途解約

1.甲乙雙方協商達成書面協議，可隨時中止本合約，此時甲方退還乙方一半的保證金，剩餘一半的保證金在乙方拆除所有表示○○○連鎖大藥店的招牌、物品和其他營業象徵一個月後歸還。

2.乙方提前三個月通知甲方解約，並付清管理費和其他由甲方代為負擔的一切債務，同時明確放棄保證金，並拆除所有表示○○○連鎖大藥店的招牌、特品和其他營業象徵後，本合約便告終止，但乙方不能用保證金充抵由甲方代為負擔的債務。

3.如因不可抗拒因素導致經營終止，甲方按剩餘年限退還乙方加盟費。

4.如甲方在乙方無過錯情況下單方面終止合約，甲方按剩餘年限退還乙方加盟費、保證金，並按乙方進價收回剩餘藥品。裝修費經雙方確認後，扣除已使用年數，剩餘部份由甲方向乙方補償，對於可能發生的租金損失也進行酌情補償。

第十七條　營業的讓渡和承續

如乙方希望出讓或出租藥店時，甲方有權優先接替、承租。

第十八條　遇不可抗力的免責

本合約的任何一方均不要向對方承擔因勞資糾紛、天災人禍、行

政機關的強制措施及其他超越合理控制的原因造成的損失。

第十九條　違約責任及賠償

1. 乙方違反本合約第九條第 1 款，甲方因此而解除合約時，甲方不退還乙方保證金，若仍有損失，由乙方另行賠償。

2. 乙方違反本合約第九條第 4 款，或因從其他管道購進商品而導致商品質量糾紛、媒體曝光或政府主管部門查處等，另賠償甲方商譽損失金兩萬元。若另有損失，甲方保留繼續追償的權利。

3. 甲、乙雙方任何一方違反本合約的其他任何一款，均須向對方賠償 1000～10000 元的違約金。

第二十條　連帶保證人的義務

乙方連帶保證人與乙方連帶承擔乙方在本合約中承擔的一切債務。

第二十一條　受理法院

本合約發生糾紛引起訴訟時，由甲方所在地法院受理。

第二十二條　其他

1. 在本合約簽訂前，甲方向乙方詳細說明開展經營事業成功的可能性及合約內容，獲得了乙方的充分理解。

2. 乙方理解並同意以下事實：在甲方說明中所展示的各種資料只是說明成功的可能性，並不是對乙方經營事業的獲利承諾。

3. 甲方上市時，乙方所交保證金可以優先以公司內部認購價轉為股金。

第二十三條　協商

未盡事宜，甲乙雙方本著發展事業的願望，坦誠地協商解決。

本合約一式二份，甲乙雙方各執一份，具有同等法律效力。

本合約由甲乙雙方簽字蓋章且乙方加盟金、加盟保證金到達甲方指定賬戶後生效。

🔊))) 第五節　案例：加盟商失誤的應對預案

　　在特許經營關係中，難免遇到加盟商投訴。遇到加盟商合理的投訴，特許方可以經過徹底調查給予解決，而遇到加盟商的欺詐該如何解決呢？

　　首先，必須瞭解常見的加盟商對於特許人的欺詐手法都有哪些。在中國大陸的連鎖招商，有過下列這些案例，一般而言，加盟商常採取如下手段對特許人實施欺詐：

(1)加盟商在特許人規定的區域、店數之外私自開店。

　　2003 年，河南商丘市的兩名餐飲老闆，從河南趕到重慶，要求成為重慶武陵山珍經濟技術開發公司在河南的加盟商。雙方約定，受許方只能在河南商丘市梁園區域內開設加盟店，不得擅自開辦另外的分店和連鎖店。

　　但是，由於商店生意火爆，這兩名加盟商遂決定盜用「武陵山珍」的名義在河南開分店。兩人通過制假證者，刻制了在重慶根本不存在的「重慶武陵源山珍經濟技術開發公司」(與重慶武陵山珍僅一字之差)的印章，將武陵山珍所有的工商、稅務執照和各種獲獎證書等全部複製。隨後，兩人打著「武陵山珍」的旗號，在商丘、夏邑、鞏義、鄭州、永城等地尋找加盟商，收取高額加盟費，並為加盟店提供貨源。這兩位加盟商在接受記者採訪時也承認，他們確實在沒有重慶武陵山珍授權的情況下，私自開設了 5 家分店。在制止無效的情況下，重慶武陵山珍經濟技術開發公司決定訴諸法律，向加盟商索賠 300 萬元(人民幣)，中央電視臺經濟頻道還決定對這個侵權案進行全面跟蹤採訪。

應對加盟商的這種問題的關鍵在於兩點：一是在其加盟之前，特許人企業應反復、鄭重地交代清楚其有權開設的店的地址和數量，並在與其的特許經營合約中明確規定這樣的權利、義務以及違反後的相關責任；二是特許人企業應加強對市場、對所有受許人的督導，一旦發現有違規現象，應立即制止和處理。

(2)把加盟作為偷藝，然後自己單幹的跳板。

這樣的例子多得數不勝數。如果稍微留心，人們就會發現，許多同行業中的不同品牌企業其實都有一個共同的「源頭」，某品牌的許多競爭者本來就是該品牌的一個加盟商。

作為特許人企業，要想完全杜絕這種現象幾乎是不可能的，但特許人企業可以採取一些有效的措施來最大化地減少這種單幹現象的出現，以及減少單幹後對自己造成的損失。

為了減少這種現象的出現，特許人企業應加強自己的吸引力，比如和加盟商多溝通，使其堅定大家一起幹的團隊與合作思想；把某些關鍵的資源，比如核心資源控制為特許人企業獨有，以使加盟商即便單幹，也無法超越自己或形成對自己的強大威脅性競爭；在利益分配上堅持雙贏原則，不讓加盟商感到心理不平衡而背叛……

為了減少這種現象對自己造成的損失，特許人企業要早做準備，不能害怕模仿和競爭，一些手段必須要及早實施，比如塑造強大的品牌，建立不斷提高的競爭壁壘，不斷創新，增強自己的競爭力，等等，只要特許人企業在市場上永遠處於強勢地位，永遠保持市場領導者的狀態，就自然不怕來自各個方面的競爭和挑戰了。

(3)洩露特許人的商業秘密。

加盟商洩露的特許人的商業秘密可能並不是一般性的商業秘密，極有可能是特許人賴以發展甚至生存的要害。

比如，饞嘴鴨、土掉渣燒餅的秘方都曾在網上賤賣到只有幾百元錢，這樣的驚人「批發價」顯然有一些加盟商的「貢獻」成分在

內。這樣的行為對特許人的打擊幾乎是致命的。

　　作為特許人企業，要有高度的保密意識，並採取一系列的措施，比如把核心秘密分解為幾個不同的人所掌握；關鍵性的技術不傳授給加盟商；就技術或產品申請專利；給加盟商最終產品或半成品，而不是讓他們自己掌握從零開始生產或製造的方法；給加盟商結果而不給過程；總部為加盟商派遣關鍵技術人員；建立嚴格的公司保密制度，等等。要嚴格把好人員關，比如認真篩選、考核與監督受許人，加強對總部員工、股東、關鍵人物、加盟商、加盟商員工等所有可能接觸商業秘密的人群的保密教育，等等。

(4)逃避繳費義務。

　　對於按銷售額或利潤等的一定比例而非固定值來收取權益金或廣告基金的特許人而言，欺詐的加盟商常常會做假賬，以減少應向特許人繳納的相應的特許經營費用。

　　應對這種現象的方法其實有很多，特許人企業除了依靠法律或合約來嚴格約束與懲罰之外，還可以採取其他一些有效的措施，比如特許人企業可以改變特許經營費用的組合(比如把按比例收取的費用改成按定額收取，把後期收取的費用提前收取，建立保證金、押金制度等)，對按時繳費的進行獎勵(可以是物質、資金等獎勵，也可以是精神獎勵，還可以是回饋一些好的建議，加強或增加對加盟店的扶持力度等)，健全或改變財務管理機制(比如營業額統一由總部或區域分部收取)，等等。

(5)加盟終止後，仍繼續使用具有特許人標誌的品牌、物品或技術等。

　　小肥羊火鍋於 2001 年開始在中國推廣特許加盟模式，由於急於擴張，「小肥羊」的連鎖店數量最高時曾急速膨脹到了 721 家，但這些加盟商的品質良莠不齊，小肥羊總部管理卻漸漸力不從心，體系開始出現問題，於是「小肥羊」總部開始收縮加盟，重點做直營。

等到 2004 年小肥羊拿到註冊商標並開始在全中國範圍內打假維權時,才發現相當數量的「假羊」都曾是「小肥羊」散落在全中國各地的加盟商,這些加盟店在與「小肥羊」解除加盟關係之後,仍繼續在招牌上打出「小肥羊」字樣,並沿用「小肥羊」的配方底料。

對於看得見的東西,特許人易於發現和制止,並維護自己的權益,但像技術之類看不見的東西,加盟商即使使用,特許人有時也很無奈,因為沒有明顯的「贓物」或證據。所以這種對於隱陸資源的欺詐,常常是防不勝防的。

但這並不意味著特許人企業就沒有有效的招數來對付這類加盟商,特許人企業可以採取的措施包括申請系列專利保護、押金或保證金制度、健全退盟程式等系列制度。

(6)違反特許人的統一規定。

有的加盟商私自提供非特許人體系內規定的產品或服務,私自改變價格,私自改變提供的產品或服務的品質,私自從非指定供應商處進貨等,這些都會對特許人的品牌和利益造成巨大的損害。

解決這種問題的關鍵除了加強或明或暗、直接或間接的各種督導之外,還應配合強大的獎勵和懲罰措施,以嚴格限制加盟商的自作主張的行為。同時,作為特許人企業,也應設身處地地從加盟商的角度考慮,分析他們之所以會甘冒被懲罰的風險而違反統一規定的根本原因,然後對症下藥地從本源上解決問題。

(7)特許人為加盟商的過錯埋單。

由於目前中國尚無明確的法律規定加盟店與盟主企業間是否存在連帶責任以及存在多少連帶責任,所以盟主企業在遇到加盟店發生事故時,並不能明確地、肯定地逃避一定的責任。

作為盟主來講,加強對於加盟商的日常監控,在合約上明確雙方的權利責任,建立保證金和押金制度等都會有助於防止這種事件的發生,或減少事件發生後的損失。

第 6 章

連鎖店商圈的開發與評估

 第一節　新連鎖店的開發要求

　　展店布點是開店計劃的具體執行，應提出明確的要求。年度開店數、再開店範圍界定、設店條件制定、商業區選擇、立地選擇及零售網路聯結等方面，都是主要的布點戰術要求。

　　1. 年度開店數量

　　根據公司的各項資源及市場的需求分析，可以訂出年度展店目標。由展店目標的多少，可以看出本企業開店策略是保守還是開放，要考慮一下實際開店數減去關閉店數而形成的淨開店數。

　　2. 範圍選擇戰術

　　開店範圍的選擇有兩大類，一種是全面性選擇，一種是部份性選擇。全面性選擇是面向全部市場空間，隨著顧客群的發展而發展。部份性選擇有三類：第一類是選擇城市繁華區；第二類選擇城鄉結合部；第三類是選擇在交通要道處。

3.開店條件的設計

連鎖店鋪的發展，必須對所開的店鋪的面積、交通、招牌、內外賣場、裝潢設計有一定的標準規格，不同的店鋪規格會影響到展店各項策略的選擇。為了應對不同的建築形式、規格，有的公司具有 3~5 種不同面積的店鋪設計，進行菜單式選擇。除了面積外開店還要考慮樓層、建築材料、店寬、水電等需要。

4.商業區選擇

依店鋪、商品、服務內容、客戶層來找有特定功能或屬性的商業區。如美容沙龍應選擇在商住混合區，位於次幹道或交通方便、立地標誌明顯、停車方便的地方。如超市應選擇在有一定商業功能的居民區，以中下收入階層為主，交通相對方便。

5.立地布點戰術

店鋪立地指確定設立店鋪的理想開店場所。這裏會牽扯到立地條件和布點順序。

立地條件指店鋪所在地週圍的環境條件，如交通狀況、公共設施、停車空間、商店密集度、辦公室、住宅密集度、社會穩定狀況等。連鎖企業必須確定店鋪的最佳立地條件。開店布點順序指各項立地條件的優先順序，主要有 3 種順序：全面布點、中心放射及包圍布點。全面布點多半在強攻據點或各類立地條件差異不大時使用；中心放射布點是以一個特定區域為範圍，先佔中心點後再分別擴展到邊區，進駐城市繁華地段就是代表方式；包圍型布點的典型做法就是以「鄉鎮包圍城市」，如大城市先沿著邊緣環形公路進行新城(衛星城)布點，然後根據情況向中間滲透，如沃爾瑪的初期布點就是這樣。

這裏有一特殊情況，就是「政策性布點」。政策性布點指具有宣傳或形象塑造作用的店鋪，雖然持平或略為虧損，但也會考慮經營。另外就是「卡位」開店，為了避免其他同行進駐好的經營地點，雖然有商業區重疊的缺陷，但連鎖企業也會在商品結構上進行區別經營的前

提下，採取具有一定壟斷色彩的布點策略。

6.零售網聯結戰術

優良的零售網聯結戰術(指連鎖企業開發新的零售網點時使網點之間相互呼應，聯結成一張無形的大網的戰術)有宣傳效果增強、形成網路及 Image 建立(提高曝光率)的效果。

零售網聯結戰術主要考慮，單一業態店鋪通路還是多業態店鋪通路。對於多業態店鋪連鎖經營者，不但要考慮每個單店的經營，更要考慮到整體銷售網互相支援呼應的效果。所以對同一商業區中，客源重疊的店鋪或政策性布點都要有一定的規律，以避免造成互相制約失去連鎖的優勢及產生布點不均的現象。這種現象經常在連鎖店開到一定數量時出現。

◀))) 第二節　評估新連鎖店的商圈

連鎖店籌建時，做好商圈分析是必不可少的，但最終目的還是為了選定適當的設址地點。在西方國家，連鎖店的開設地點被視為開業前所需的三大主要資源之一，因為特定的開設地點決定了連鎖店可以吸引有限距離或地區內潛在顧客的多少，也決定了可以獲得銷售收入的高低，從而反映出開設地點作為一種資源的價值大小。

一、評估連鎖店商圈

對於商圈的評估，不是只限於開店時才調查。由於在設店地點的週圍，面對著同業競爭，業績將會有被瓜分的危險。即使已經開業了，在店鋪實際操作時，也要時常對商店進行評估，瞭解不同的商圈分佈。

如何做商圈評估，可從下列幾方面思考：

1.分析時間與距離

這是在做商圈評估時最基本的因素。

如果消費者到店消費的距離太遠或時間太長，會影響他們前往消費的意願。另外，不同的商店形態，消費者對於時間、距離的敏感度不同。因此業者可根據自己商店的形態與顧客到店的時間、距離，找出所設定之商店形態的第一商圈、第二商圈和第三商圈。

⑴第一商圈為主要商圈，來店的顧客主要是為了方便而消費，顧客的消費力佔店營業額 60%～70%。

⑵第二商圈為次要商圈，顧客會來店消費的原因是由於商店提供了顧客所需要的、且具有差異性的商品或服務，顧客消費力佔店營業額 20%～32%。

⑶第三商圈為流動商圈，此商圈內的顧客是被商店的行銷手法或週遭的設施環境吸引過來的，屬流動性顧客，其消費力佔店營業額 5%～8%。

2.把握商圈特性

立地環境大致可區分為住宅區、文教區、商業區、娛樂區和綜合區等，不同商圈的特性適合不同的商店業種、業態。例如文教區近鄰學術、文化性機關，其消費群以學生居多，適合設立書店、漫畫店等；商業區的流動人多、熱鬧，各種類型的商店會聚集在一起。業者可根據商圈的特性與商店業種、業態，找出適合的商圈。

3.考量商圈大小

由於商店的經營與都會機能的發展息息相關，對業者而言，可根據顧客來店時間、距離，地區的人口密集程度、消費力高低與人潮流量，將商圈依序分成：近鄰中心型的徒步商圈、地區中心型的生活商圈、大地區中心型的地域商圈、副都會中心型的都市部份商圈與都會中心型的都市全域商圈。

業者可以再依據商圈的性質與大小，進行商店的營運規劃與業種、業態的開發。

表 6-2-1　商圈的分類方法

近鄰中心型（徒步商圈）	大約在半徑 250～500 公尺左右
地區中心型（地域商圈）	大約在半徑一公里左右
大地區中心型（生活商圈）	公車路線可以延伸到達的地區
副都會型（都市部份商圈）	公車路線集結的地區，可以轉換車，為交通輻軸地區
都會型（都市全域商圈）	包括整個都市四週，其交通流量或人潮流量層面可能來自四面八方

二、分析客流量大小是影響連鎖店成功的關鍵因素

客流包括現有客流和潛在客流，連鎖店選擇開設地點總是力圖處在潛在客流最多、最集中的地點，以使多數人就近購買商品，但客流規模大並不總是帶來相應的優勢，應作具體分析。

1. 分析客流類型。

(1)自身的客流

是指那些專門為購買某商品的來店顧客所形成的客流，這是連鎖店客流的基礎，是連鎖店銷售收入的主要來源。因此，新設連鎖店在選址時，應著眼評估本身客流的大小及發展規模。

(2)分享客流

指一家店與鄰近店形成客流的分流，這種分享客流往往產生於經營相互補充商品種類的商店之間，或大店與小店之間。如經營某類商品的補充商品的商店，在顧客購買了這類主力商品後，就會附帶到鄰近補充商品商店去購買供日後進一步消費的補充商品；例如鄰近大型店的小店，會吸引一部份專程到大店購物的顧客順便到毗鄰的小店

來。不少小店依大店而設，就是利用這種分享客流。

(3)派生客流

是指那些順路進店的顧客所形成的客流，這些顧客並非專門來店購物。在一些旅遊點、交通樞紐、公共場所附近設立的商店，利用的就是派生客流。

2.分析客流目的、速度和滯留時間

不同地區客流規模雖可能相同，但其目的、速度、滯留時間各不相同，要做具體分析，再作最佳位址選擇。如在一些公共場所附近，車輛通行幹道，客流規模很大，雖然也順便或臨時購買一些商品，但客流目的不是為了購物，同時客流速度快，滯留時間較短。

3.分析街道兩側的客流規模

同樣一條街道，兩側的客流規模在很多情況下，由於交通條件、光照條件、公共場所設施等影響，而有所差異。另外，人們騎車、步行或駕駛汽車都是靠右行，往往習慣光顧行駛方向右側的商店連鎖店開設地點應盡可能選擇在客流較多的街道一側。

4.分析街道特點

選擇連鎖店開設地點還要分析街道特點與客流規模的關係。交叉路口客流集中，能見度高，是最佳開設地點；有些街道由於兩端的交通條件不同或通向地區不同，客流主要來自街道一端，表現為一端客流集中，縱深處逐漸減少的特徵，這時候店址宜設在客流集中的一端，還有些街道，中間地段客流規模大於兩端，相應地，店址設置中間地段就更能招募潛在顧客。

第三節　12 個開店地點評估重點

連鎖體系的連鎖總部，其編制有許多部門，「商店開發部門」就屬於其中重要部門，該部門人員工作最重要之任務，是尋找並評估各種適當的商店地點，來源有加盟者提供或連鎖總部自行尋找。

商店開發人員的主要工作，包括了中長期的環境預測和一些相關的文件資料研究，對不動產進行各種評估，包括財經分析、成本分析……等等，以期能使新地點的選擇立於較佳的條件。

市場評估可劃分為十二個步驟，這套作業邏輯將有助於房產開發人員，能以合理而有系統的方式，累積市場重要資訊，為思考模式中極重要的一環。說明如下：

⑴在商圈所在區域內，以開車方式繞行至少 2 次。

⑵搜集各項統計資料。

⑶搜集有關產權持有者及目前使用者的資料。

⑷進行商圈內的訪談，尤其是相鄰店面的觀察。

⑸標示出近期可能到期的店面所在位置。

⑹擬訂開發計劃及準備進行流程。

⑺對可能設立地點進行分析。

⑻在道路圖上加註商圈的實際範圍。

⑼瞭解並得到人口普查、交通流量、住宅都市發展計劃資料等。

⑽進行地區遊覽模式與影響評估分析。

⑾營業額與投資成本預測。

⑿研判是否適合在此地開設新點。

上述各作法，說明如下：

1.開車繞行

準備完整的街廓全圖,並多預留備份,若能拍攝圖面更佳,攜帶如攝影機、相機、錄音機、筆記本等工具,以開車繞行方式,在地圖上按一條街、一條街的緊接方式觀察及標註各種狀況;口述錄音所看到的街廓形態、人潮、生態、店號名稱、營業項目、外觀、道路方向性、紅綠燈位置、建物種類、天然障礙(如橋梁、平交道或河川等)及附近住家情形。在此還必須熟記的四大原則為用眼睛觀察、用錄音機記錄陳述內容、反覆細聽錄音內容、在道路圖上標註屬性資料。

2.搜集各項資料

以開車繞行商圈區域前,最好能先行取得統計資料,如各出版資料對該區域市場動態的報導,包括所在地的對外交通、人口數、零售業家數、住房人口、銀行數、車輛數、主要商業行為、平均消費額、氣候、報紙發行量、無線電視及有線電視的佔有率等,其次為各協會的統計資料;此外,收集面對此區的市場佔有率、銷售比率、對企業商品的接受程度及同行的佔有率等數據,都將為決策者提供更有力的資料背景。

3.各建築物資料

有助於我們瞭解顧客群所產生的業務容量有多大,並可進而建立客層的消費水準及額度。

4.區域訪談對象

應包括既有店面的營業人員、學校單位、警察單位、水電瓦斯公司、百貨及超市、都市計劃單位、相關協會等等。充分瞭解各種資料的準確性及各方面的反應程度,也同時增加自己本身對區域的洞察能力,這種多半以聊天方式來進行的訪談模式,必須在專業檔案裏詳實記錄其對象、時間及內容,是很好的樣本調查資料。譬如詢問學校單位目前的入學人數、學校上下課時段、供餐狀況、學生是住校或通勤,及每年的學生成長量等等,而對交通警察單位,則可詢問最近交通流

量程度、車行方向等問題。

5.對既有店面狀況加以確認

瞭解在該商圈或鄰近區域的既有店面獲利情形、合約的到期日，及重新整修前後的營業差異等。

6.可能據點的開發計劃

無論是否已經擁有可設地點的交易資料，還是可先行圈選出適宜開店的最佳位置，分出一、二、三級的選用程度，一旦已決定要在該商圈內設點，則必須考慮地點的能見度、外露面、通路及顧客容量。對於建物本身如結構、採光、顏色、造型、材質等等，也需一併考量，當然這就是為什麼三角窗或道路交叉口最具設店價值的原因，因為四方顧客所滙聚而來的機會較大，加上路口紅綠色燈變換時，駕駛人在等候的同時將優先看到路口的店面而可能前往消費，因此具有多項利基的要件。

7.找出人口統計資料及人口密度及聚集區

除了找出人口統計資料外，最重要的還有人口密度及聚集區，尤其是區域愈小、人口愈密的地方，這才是發展連鎖店面的絕佳區域，也才能確實發展連鎖的功能。

8.對於進行第二次遊覽模式後，即可開始預估營業額

除了利用房產資料及顧客輪廓，來模擬營業額大小之外，也必須對建物本身所能提供的實際產能做一檢測。一般來說，假如附近已有大型的人口產生實體（如大型辦公大樓），則已約略能猜測八成左右的預估準確值，瞭解消費的平均額度，並採用類似地點、類似店面形態的市場比較法，將有助於營業額的預測，經驗的累積是能夠預測準確的不二法門。

最後經由簡報會議，會同企劃、財務、營業工程等相關單位與管理部門，共同商議投入該據點的可行性。其次，時間的掌握是簽約的要件，若不是十分合宜的開店地點則不宜貿然決定，應多些時日考慮

與觀察。

各種較合適的地點，可歸類為下列 15 點，說明如下：

1. 獨立式

在都市中較為少見，但在郊區及小城鎮最多，其特色為可放置較大而醒目的招牌，可設停車位和較具彈性的活動空間，但是必須具備獨立吸引客源的能力。

2. 街道連棟式

此類商店大部份位於商業區的街道上，有可能承租或承購整棟大樓，或某商業大樓的一、二樓層，也可以與其他相關行業共同承租店面分擔使用，其特色為缺乏停車空間且顧客多半以騎車及徒步方式光臨。

3. 百貨公司

譬如較具規模的開放式購物中心，其缺點是無法設立明顯的獨立招牌，但可擁有較為固定的客源，例假日的人潮也較多，因此交易次數較高，營業額也會相對隨之提升。

4. 學校

這類連鎖店大部份均設於學校活動中心內，主要顧客亦均來自於學生及教職員，營業時間和學校上課時間也多半雷同。

5. 商店街

形態上可能會與許多其他品種商店一起營業，如餐飲、精品店、服飾品……等，店與店之間以隔間牆加以分隔，公車停靠站較多，是下班及例假日人潮尖峰聚集的地點之一。

6. 休息站

為服務長途旅行的顧客，除了以遊覽方式為主的顧客群外，初步可研判以中、老年客層居多，而且淡旺季分明。

7. 商業大樓

多半設立於其一樓的服務業，吸引大樓本身及過往行人為主，必

須配合大樓外觀及管理委員會規定來規劃店面，因屬商業行為區域，故店面側重要求適當面寬。

8.醫院

速度、質量、衛生等，是醫院內店面形態的常規。因擁有固定客源，較不易產生同業競爭的情形，但要考慮產品配合顧客導向的需求問題。

9.軍區

由於軍人無法常常擅離營區，生活上較為枯燥乏味，此類商店對設施的品質保養及水準定位較難控制，另外在產品的運送方面，也應列為考量重點。

10.捷運站

捷運系統及轉運站是新人潮聚集場所，人潮及商圈形態將隨之而改變，但由於站內面積狹小、地點取得不易，宜謹慎選擇經營之。

11.火車站

交通運轉中心會有固定的客源，但就像前述捷運站一樣，必須考慮到店面面積較少、客源流量大、停留時間短……等因素。

12.公園及動物園

由於此地點屬非常封閉式的商圈形態，驅車前往者佔大多數，僅例假日呈現巔峰營業狀況，因此淡旺季區別很大，而且多半以兒童市場為主，強調家庭組合的產品較符合此特定情形。

13.博物紀念館、遊樂區

14.機場

除了國際機場外，國內機場必須提升服務水準及設施質量後，才有進入經營的價值。

15.特殊地點

此項尚待開拓的市場形態包括加油站、購物區、多功能休閒綜合區等。

第四節　連鎖分店的開幕運作

連鎖分店有直營店與加盟店的分別。經營連鎖企業，需要具備統一協調控制各連鎖分店的經營能力，這種控制和自主的關係當中存在著一些相互制約的因素，但並不是矛盾的關係。只要掌握關鍵部分，減少總部和門店之間的不協調因素，總部和門店就會有機地結合為一個整體。

1. 開業籌備

連鎖分店的開店籌備主要有以下要點：

(1)經營方針設定

· 分店定位，例如是屬於何種類型的百貨公司或專門店等；
· 顧客對象設定，是針對何種年齡層、收入層或顧客的類型等；
· 商圈範圍，以分店為中心約多少距離為半徑或是車程的時間要多久等；
· 競爭概況，對於同業、同地域的競爭情況分析；
· 商品類，以那些商品為內容組成；
· 今後擴建或發展計劃的動向及可能性；
· 商品展示陳列方式，是採用開放式還是封閉式陳列。

(2)經營全盤計劃及體系

· 分店長期計劃的設定；
· 分店中期計劃的設定；
· 分店年間預算體系的檢討與確立；
· 其他計劃體系(如資金計劃、技術合作計劃等)的確立。

(3)門店管理

・門店行動指引路線平面圖製作；

・各種設備、廚房、桌椅、廣告物、標語的放置；

・各區位檢查和標示；

・服務行動路線調整。

(4)門店裝潢

・租店簽約：儘量提早簽約，確定交屋日期；

・面積丈量：事先取得同意，前往測量；

・門店設計改良：儘快繪製草圖；

・估價發包：廣告物、地面、水電、壁面、廚房、櫃吧台、桌椅、營業設備、冷氣機、音響；

・監工：施工過程中的督導、協調、日程控制、品質管制；

・驗收：逐項試用及驗收。

(5)政府機構

・門店使用執照核備申請；

・水電通訊的申請；

・街委會、居委會、公安消防的聯繫。

(6)商品策略

・國內商品的調查與資料收集；

・顧客層、對象重點掌握；

・分店重點部門、次要部門的分析與決定；

・進口商品與國產商品構成的概括把握；

・自營商品與專櫃商品的組成比例及構成內容；

・供應商的接洽、分析與決定。

(7)商品採購

・應考慮供貨的時間性與貨源的配合性；

・自製商品或自行開發品牌商品的對策，有關業務的交涉、分析、

決定與執行；

· 進口商品以何種方式購入(如自行採購或委託第三方)；

· 國產商品以何種方式購入；

· 購入數量、時間、追加訂貨量等問題的決定；

· 商品的選擇、決定、進行採購及保管等作業。

⑻營運體系及組織系統

· 分店管理體系及營業活動方向的決定；

· 組織系統的分析與決定，各部門工作責權劃分及制度的建立；

· 分店管理目標的確立(預算實績管理)。

⑼商品管理、營業管理體系化

· 分店自商品購入至銷售的管理方法：如購入方法、品檢、庫存管理、入賬，銷售統計、定價、降價、商品分析、盤點等各方面的體系化；

· 傳票作業系統的建立。

⑽銷售計劃

· 分店年度計劃概要及年間區分(依季節劃分)；

· 每月(週)營業計劃(依商品類別劃分)的決定；

· 預算制度的建立。

⑾採購計劃

· 應與銷售計劃充分配合；

· 購入商品的時機、品質、數量的把握；

· 進貨方向的確立與廠商的配合；

· 採購金額的決定及預算制度的調整。

⑿促銷廣告

· 促銷廣告案的規劃和核准；

· 廣告物的製作(海報、傳單、賣場飾物旗幟、邀請函)；

· 贈品訂購進貨；

- 廣告媒體的執行；
- 廣告預算的決定及預算制度的反應；
- 廣告策略運用的分析決定（包括廣告代理商的選定、媒體種類的選定）；
- 各時期廣告表現及運用的重點，以系列化推出。

(13)開業時的活動
- 開業時間選定：配合地理風水及民間習俗；
- 邀請貴賓和剪綵人的通知；
- 剪綵和開幕的道具；
- 祝賀物的擺設；
- 開店的預演和預營業；
- 開店的安全措施。

(14)開店公關事項
- 新聞傳播界的說明會及宴請；
- 同業的說明會及邀請；
- 供應商的說明會及邀請；
- 政府相關機構（主管單位，公安消防，居、街委會）說明會；
- 消費者團體說明會；
- 媒體消息的發佈。

(15)人員招聘培訓
- 人事費用預算的決定；
- 各職能人員構成分析與決定；
- 應聘人員應具備的經驗及條件，人員的招募及任用；
- 招聘廣告的擬定及核准；
- 勞動計劃、招工簡章的準備及人事主管機關的核備；
- 通知報到；
- 職前訓練（公司簡介、遠景、規定辦法）；

· 客戶接待禮儀訓練；

· 作業技巧演練；

· 開業工作分配和活動說明。

⒃開業進度控制

· 每一細項列表；

· 分配每一工作的負責人和監督人；

· 逐項控制作業進度；

· 即時顯示進度達成報告；

· 差異時的補救。

⒄短期預算的決定

· 短期預算的決定(包括營業預算、經費預算等)；

· 開店籌備各有關費用的最後決定。

⒅開業準備

· 開業和一切必要事項的分析、決定、執行、工作分配(如展示、
模擬銷售、紀念品、廣告、客戶訪問等)；

· 開業當日的所有活動計劃；

· 總體逐項檢討；

· 最後的清潔管理；

· 人員精神講話。

⒆其他事項

· 各項管理規則、辦法及報告傳票制度的建立；

· 包裝器材及員工制服等的訂購；

· 其他行政工作上應準備的事項。

2.開店作業事項

⑴政府申請作業。有關公司名稱、商標的登記、設立、請領執照、
申請用電等。

⑵大硬體規劃執行。有關招牌、門店裝潢、陳列架、附屬道具等

的規劃、設計、簽約、施工等。

⑶小硬體規劃執行。有關店內的營業器具、辦公設備的估價、簽約、採購或定制。

⑷水電規劃執行。店內外所需的照明設備、線路、插座、開關、水管、冷氣、冷氣機配線等設施的規劃、議價、施工安裝等工作。

⑸驗收作業執行。請專業人員負責對大硬體、小硬體、水電等工程做品質驗收及位置驗收(開幕一週內)。

⑹清理作業。裝潢施工完畢、商品進店前，及開幕前一天，均應對門店內外環境、桌椅、營業器具、商品物料、做全盤性的整理、清潔。

⑺物品整理。物品進店後清點數量品項、品名及檢驗品質並依物品的儲區存放好。

⑻促銷廣告作業：開業的促銷銷案申請核准；贈品的備妥；海報的製作張貼；POP 的製作張貼；促銷道具的備妥；廣告媒體的執行。

⑼人員招聘：招聘廣告；甄選、核定；錄用通知；報到。

⑽人員訓練。各項職前訓練的執行，促銷活動說明，實地演練。

⑾整體控制。由分店部門主管針對上述項目，編制「開店進度總表」，以便全盤掌握，整體控制。

3.各部門工作

通過籌備工作項目內容的設定及時間進度的排定，為了適時地完成開業籌備工作，下面以實際必須展開的業務事項，依各部門的工作性質類別加以說明。

⑴營業採購工作

①營業經營規劃。包括商品組成、營業構成比例、樓面規劃及採購通路的確定等，以作為商品戰略、採購作業及樓面裝潢設計的依據。

②廠商徵求及專櫃條件設定。依據制定的樓面規劃及商品組成，進行廠商的接洽與拜訪，若是自營部分則考慮採購的商品情況及數

值，如是專櫃經營則考慮提供的銷售空間及設櫃條件的洽商。

③營業預算計劃。根據設定的樓面商品的內容及比例，加以類比營業額預算，以作為商品的採購及商品比例的作業基準。

④商品採購。配合所設定的營業預算，計算所欲採購的商品類別及安排進貨的時間。

⑤宣傳推廣計劃。依據所擬定的營業方針，擬定開業前、開業間、開業後的廣告宣傳策略運用，促銷活動重點及各項廣告媒體費用的計劃等。諸如，開業前的市場調查及行銷資料收集、住宅訪問、開業贈品、開業引導活動、媒體安排與運用、展示促銷活動等，均需依次加計劃。

⑥美工展示陳列作業。有關海報、函件、DM、POP 等美工設計、樓面商品的擺設、櫥窗及展示區的陳列、營業場所的美聯社化等，均是開業籌備所不容忽視的工作。

⑦其他事項。與營業採購具有相關的其他業務，也必須隨時加以聯繫，以利整體作業的推動。

(2)財務會計工作

①資金運用規劃。配合整個開業籌備業務，對於各項資金的運用要確實地加以掌握，諸如，開辦費、內裝費、工程設施費、商品採購費等，均應予以規劃。

②商品管理業務。諸如，存貨計價基礎的設定、商品的盤點、貨號系統的編制、商品檢驗基準的設立、存量管理體系以及開業前商品進貨日程的排定等，都是商品管理中必須著手準備的事項。

③會計賬務管理。凡是與會計作業和賬務處理有關的事項，均應事前妥善地規劃，諸如，會計制度的擬定發票的使用與管理、賬務處理作業、固定資產的分類以及籌備期間有關的會計賬務整理等，都要建立一套管理制度。

④現金出納管理。有收銀機的使用與管理、現金與週轉金管理、

信用卡銷售業務、付款日期的設定等業務，均是應予準備的事項。

⑤其他事項。凡是與會計、賬務、現金管理等有關的業務，也應隨時與相關部門協調與配合，以推動業務的進行。

(3)人事教育工作

①人員招募。依據公司的組織系統及設定的人員編制數，配合籌備業務的工作進度，分批招募各有關人員，由於籌備期間，公司尚未正式營業因此對於人員報到的不同級別和時間，均應事前作有效的安排，一般招募的時間先後順序安排是主管級人員、基層管理人員、一般職員、收銀員及營業員等。

②教育訓練實施。針對教育訓練的對象，安排共同性與專業性的培訓課程，並考慮人數的多少、訓練的特性、進行場地、時間及講師的安排。同時配合開店的實際需要，對於現場實習及模擬銷售，也是員工教育培訓方面在業務執行展開中的主要工作。

③人事管理制度。有關從業人員的任免、考勤、升遷、考績、獎懲、核薪、出差、擔保等各項規定，均應加以考慮，以便人事管理作業能有一定準則。

④員工福利措施。對於員工的退休制度、膳食管理、互助辦法、撫恤措施等必須著手制定。

⑤其他事項。諸如員工服務手冊、教育培訓材料編印以及與人事管理具有相關性的業務，都要全盤加以規劃。

(4)總務行政工作

①工程發包與財產購置。有關門店的內部裝潢、公共設施、安全設備、營業用品(模特兒台、櫥櫃、展示台、吊架、裝飾品、陳列用具等)、音響設備、電話設備、事務用品(收銀機、影印機、電腦、打卡機等)、辦公室設備與器材，以及營業有關的器材設備(收銀台、包裝台、檢驗台等)必須配合業務需要進行發包與採購。

②開業前行政物品採購。如包裝用材料(包裝紙、包裝袋、紙盒)、

標價用品(標籤機、吊卡、標籤紙等)、報表交易所印刷、員工制服承制以及開業時使用的物品(剪綵用具、請柬印製、酒會場地佈置及準備等),總之,凡是開業前所必須使用的物品均應加以準備。

③登記申請事項。開業所應登記申請的事項,如營業登記、電話申請、專賣品的申請、公司商標登記等,都應事前加以辦理,以配合開幕時使用。

④總務行政管理制度。有關文書管理、財產管理、安全防護組織等總務行政管理的體系,也要加以設定,以便於各項行政業務的推動。

⑤其他事項。由於總務行政類工作是推動各部門展開有關業務,所以必須與相關部門充分聯繫與配合,才能順利地推行各項業務。

(5)企業稽核工作

①工作時間進度規劃。針對籌備業務展開時,各項工作先後次序的排定以及部門間有關業務的協調與聯繫,並且對於進度延誤部分,謀求妥善處理措施。

②經營預算策劃。將公司營運上長短期發展計劃及經營方針與目標作全盤的規劃,並且匯總各部門提供的預測資料,進行預算的測定,同時將公司業務流程系統加以確立,藉以完成整體的策劃體制。

③其他事項。有關籌備期間各部門展開的業務,對於突發事件或異常現象,進行協調與聯繫,必要時擬定處理對策,以求籌備工作的推進。

第五節 案例：開心湯姆連鎖店選址規程

開拓市場，是開心湯姆全球市場發展戰略的一部分，也是開心湯姆未來十年的全球規劃戰略的重點。開心湯姆的每一家餐廳的店鋪選址、租賃都必須符合開心湯姆的發展戰略要求，因此必須通過嚴謹的程序進行。開心湯姆必須考慮經營發展的長期性與穩定性，要求店鋪租賃期一般為八年。開心湯姆一貫視其店鋪的租賃為長期的商業行為，開心湯姆在考慮自身發展利益的同時，考慮了店鋪所在物業業主的商業利益，事實上這也是互惠互利的商業關係。

開心湯姆由於其出色的食品口味與首屈一指的服務品質，以及別具一格的市場定位，每當開心湯姆餐廳開業，當地人們都會爭相蜂擁，一嘗為快的「開心」好去處，其轟動性的效應是不難想像的。因此，每一家開心湯姆餐廳都是該商業區吸引顧客、集中人流的閃光點，使該商業區人氣急升，知名度大大提高，更顯繁榮之景。

開心湯姆在進軍中國境內各大中城市的同時，積極尋找店鋪租賃的合作夥伴，歡迎您與我們接洽，攜手並進，並創光輝煌。

一、開心湯姆餐廳租賃店鋪的要求

⑴開心湯姆餐廳店鋪一般要求地處商業區中心繁華地帶。

⑵面積要求 300～450 平方米；結構佈局合理，有利於店鋪的設計與裝修。

⑶店鋪週圍應該毗鄰大型的購物中心、娛樂中心或政治文化中心，交通要便利。

⑷店鋪要有明確的產權所屬關係。開心湯姆或其加盟商只與店

鋪所在物業產權擁有者簽署租賃合約。

(5)店鋪所在建築物符合有關部門的規定，不在當地市政改造地區範圍之內，不用拆遷房。

(6)店鋪水電、暖通等方面必須符合有關規定。

二、開心湯姆美式連鎖店的建立

在接受投資者申請並簽訂意向書後，總部將協助投資者就其選定之店鋪位址進行調查，以作為連鎖店開發成功與否作個評估。

商業區域調查項目包括：

1.商業區域概念

指店鋪坐落點為圓心，向外延伸某一距離(一般以方圓 500 米為判斷的基準主商業區域)，以此距離為半徑，形成的一圓消費圈。

2.商業區域形態

(1)商業區。其消費者習性具有快速、流行、娛樂、衝動購買及消費金額不低等特點。

(2)住宅區。至少應在兩千戶以上，此區消費習性為消費群穩定性、便利性、親切性、家庭購買能力高。

(3)文教區。

(4)辦公區。

(5)綜合區。

3.商業區域調查的重點

(1)該商圈內人口數、職業、年齡層調查。

(2)該商圈內消費習性、生活習性調查。

(3)流動人潮之調查。

(4)該商圈利基店設施及競爭店調查，相對於速食業的利基點為：百貨公司、學校、大超市、車站等等。競爭店調查較重要。

(5)商圈未來發展性之調查。

4.市場評估

(1)消費行為分析：

分析消費者行為，其主要目的為發掘主要消費者群，掌握其消費趨勢，進而建立目標市場，而規劃產品區隔市場，掌握 5W1H 原則，即 WHAT，WHY，WHO，WHEN，WHERE，HAO。

(2)市場調查。

(3)市場評估。

(4)市場的大小

(5)市場需求情形

(6)市場佔有率

🔊))) 第六節　案例：屈臣氏的選址標準

屈臣氏針對的往往是具有衝動型消費特性的目標客戶，所以屈臣氏對店鋪的要求必須是位置醒目、能見度高，且就商場整體佈局、客流動線來說，店鋪最好處於人流必經之地。

可以說，屈臣氏最終將選址標準定位於商圈的中心商務區內，租賃大型高檔商場的店面，不但由於中心商務區內客流量大，信息傳遞較快，便於屈臣氏面向消費者進行宣傳，並對消費者起到引領作用，同時賦予了屈臣氏強大的生命力。屈臣氏選址標準如下：

1.人流彙集點，即店鋪區域的流動人口量在 4000～8000 人次/天。

2.臨交通主動線，可視性好，一般要求在 50 米以外易看見，有較好的招牌廣告位，且無進店障礙。

3.繁華的區域型、社區型的商業街市上，商業、商務密集、商圈成熟區域，以及市商業中心或區域商業中心。

4.使用面積 200～300 平方米，地上一層佈局方正為佳，有獨立的進、出口，淨高不低於 3.2 米，形象展示好。

5.租賃年限一般在 10 年以上，具備清晰的產權證明等相關法律文件。

心得欄

第 **7** 章

對連鎖加盟店的督導

連鎖體系要經營成功，連鎖總部是否能確實掌控各連鎖店營運，才是關鍵所在。

各地的連鎖店代表著整個連鎖體系與消費者接觸，為維持經營品質一致性、建立良好企業形象與連鎖聲譽，連鎖總部對於分店的營運須加以輔導協助，以利盡迅速進入穩定經營。

第一節　連鎖業的分店管理

店務的營運以人事管理及商店管理為執行核心，結合作業流程、商品管理與銷售管理的運作績效，依據會計管理或利潤中心制的數據評估，以達成顧客消費的具體成效。

1. 把分店辦成「標準的店鋪」

所謂標準的店鋪，就是能完整體現連鎖總部的設想、計劃和要求

的店鋪。從顧客立場出發，分店應當具備如下幾方面的特徵。有充足的商品；完美無缺的商品；便利購買的狀態；感覺良好；不需要太多花費。

表 7-1-1　連鎖加盟體系輔導項目

經營性輔導管理	促銷補助性輔導	財務性輔導
1.商品知識訓練	1.廣告活動協助	1.會計制度建立
2.修配知識訓練	2.促銷活動補助	2.記賬方式協訓
3.市場概況說明	3.展示櫥窗提供	3.稅務講習說明
4.商情分析提供	4.促銷技術訓練	4.資金借貸支援
5.裝潢設計提供	5.贈送活動贊助	
6.招牌裝潢補助	6.企業形象建立	
7.提供運輸工具	7.包裝帶、目錄價目表提供	
8.經營企業保障		
9.災害防治訓練		
10.庫存管理協助		

2.有較高的數量管理和品質管理水準

數量管理和品質管理是從商品管理角度講的。數量管理要求達到「單品」管理程度，即具體到顧客無法再分辨但店鋪電腦可分辨的品種的那種程度。品質管理主要的要求是按照不同種類商品的理化性質，給予相應的溫度、濕度控制，保證商品在保鮮期、保質期內提供給顧客。這兩方面一來可以提高店鋪商品管理和品質管理水準，降低經營費用，提高贏利水準；二來可以提高為顧客服務的質和量，把店鋪辦成更受顧客歡迎的分店。

3.提供高品質服務

這裏的高品質服務，不僅指純粹意義上通常所謂的服務，而且包括分店從商品提供、店鋪設計佈局、商品陳列直到最終服務的所有方面、所有環節的內容在內，是連鎖經營整體狀況的綜合反映。毫無疑

問，這樣的服務主要不取決於分店本身，相當程度上要依賴於連鎖戰略經營手段的開發和實施。但如果最終執行環節不能切實貫徹落實，此前各階段開發的戰略體系也無法發揮作用。

4.提供良好的購物環境

良好的購物環境也是一個綜合要求。包括分店選址、建築設計、店鋪外觀、內部裝潢、通道與升降設施設置、照明、色彩、色調、商品分區配置和陳列安排、員工服務態度和商店氣氛等多方面因素。其中有些方面有賴於總部安排和提供，有些則要靠分店自己努力才能做好。

5.低費用

低費用是另一方面的要求，指在連鎖店運營的各方面都要盡可能降低成本，節省費用。一來是為了獲取更多的贏利；二來只有低成本、低費用經營，才有可能降低商品銷售價格，把連鎖店辦成真正意義上的大眾化店鋪，奠定企業發展的堅實基礎。

6.造就大批連鎖店經營管理人才

對分店經營管理的一項非常重要的要求，是在日常經營管理過程中培養大批優秀人才。連鎖經營步入正軌後的企業通常都以每年幾百家分店的速度擴張，需要大量從事分店經營管理的人才。而這些人才無法靠學校直接培養，也無法從社會上直接獲得，只有經過在本連鎖體系內的實踐和培養鍛鍊，才能勝任工作。因此，培養人才的任務自然而然落到了分店的身上。

🔊 第二節　連鎖加盟店的區督導任務

　　區督導主要負責督導、協助轄區內的連鎖店開展工作。他應達成的工作任務，是必須不斷給予連鎖店指導，使其職責能最大限度的發揮，其要點包括正確地傳達本部的經營理念、方針、決策事項；明確地做好計劃，致力於各加盟店營業額、利益目標之達成與增長；對於各項目、活動，能保持一貫性持續、具體的指導與落實執行；能正確收集競爭者、商圈動態、顧客情報加以分析、檢討並報告；能對加盟店有效查核，以維持契約的遵守及手冊的運作；能輔導加盟店完成繳交定期的報表以盡其義務；依照本部規定，定期、持續巡訪加盟店；時常發揮其具有自信的領導統禦能力；促成相互信賴的人際關係；能以公平、客觀的立場對待加盟店；對加盟店的抱怨、糾紛原因能傾聽，即早下對策解決；對所約定及承諾事項皆必實現；對其問題點甚至個人煩惱，能盡「顧問」的功能來協助建議處理；一再的自我啟發，以具備所需的專門知識與技術；不斷地磨練自己的心志、毅力，投以旺盛的精神與熱誠的展現。

　　區督導是連鎖總部與連鎖店營運之間的橋樑。他主要是協助總部管理與控制業務，落實總部的決策規劃，並監督、指導連鎖店的運作。一般來說，區督導會隨不同性質的店鋪而在工作職責上有所不同。如對直營連鎖店，區督導主要是以輔導者的立場來傳達總部的訊息與政策；對於加盟店，區督導則兼任輔導與顧問的角色。

　　區督導的管理職務主要還有下列幾項：

1.作為總部與連鎖店的溝通橋樑，貫徹總部工作

　　由於連鎖經營常會有區域差異性的問題存在，為了能使總部的規

劃因地制宜的推行，將制式化的營業手冊，轉為符合實地操作的運作；總部受限於時間空間的距離，無法直接掌控各連鎖店的經營狀況，及應付連鎖店作業的即時需求，而可能造成商機的流失。因此，區督導作為總部與連鎖店間的溝通橋梁，其作用顯得至關重要，它能使總部能掌握各地的經營實況與趨勢，並推動總部的工作。

2.全力支援連鎖店

區督導對連鎖店發展過程中出現的問題要及時予以解決，當連鎖店在遇到經營危機時，區督導可權宜性的根據實際狀況，以其擁有的資源，給予連鎖店具有時效性的支援，以提升業務及競爭力。

3.維護所屬範圍的連鎖店形象

區督導對於所屬分店、連鎖店的執行業務，具有控制監督權。區督導可視情況需要，每隔幾天便到所屬的門市進行巡察，主要的工作除可做報表分析外，還針對商品結構、店運作的管理，及調查其是否對不足之處加以檢討並進行改善，以此提升門市的形象。

若遇有顧客抱怨或提出建議，區督導仍需滙整資料做出分析，並提出改善方案給相關人員，監督所執行的成果。

4.控制與檢查

區督導可以對所提供的產品或服務的品質進行把關。

在巡視各分店時，區督導對滯銷品的清除、產品新鮮度的管理，及缺貨的及時補足等工作進行監督。還需督促所屬門市負責人對倉庫存貨、賣場商品進行檢查。

第三節　區督導的輔導項目

　　區督導對連鎖體系內加盟店的督導與協助，主要可區分為：店長溝通、協調；店的內部管理；店的賣場狀態；店的商品管理；店商圈的溝通等。說明如下：

一、與店長溝通、協調

　　其主要目的是與店長、幹部等，就營運現況或問題進行溝通探討。並依實際需要給予店員說明工作的意義、目的。透過彼此的交流，對輔導改善工作取得共識，助益工作的推展，主要工作要點有：

　　1.就工作方式與時間提出說明。

　　2.就準備的店資料與店人員探討並提出問題徵詢。

　　3.店長說明。包括：店現今營運及作業說明、店需要及計劃展望說明、店人員應用及管理原則、店商圈環境及消費特性說明。

　　4.利用時間(如早會)向店人員說明工作的目的與意義，並予其鼓勵。

二、店的內部管理——會計作業方面

　　內部管理的瞭解，主要著重兩大部份。一是會計作業方面，二是內部作業方面。會計作業方面，小組應針對賬項管理、原始憑證、現金管理、預算控制及收銀作業等五項基本會計作業進行瞭解，其中要項茲列舉如下：

1. 賬項管理

⑴當日應計之賬，是否於當日記載完畢？有無積壓，補制等延誤的情形？現銷、賒銷及現金之收付是否按日記載？

⑵所製作之傳票是否依各會計科目性質，分別登記入賬？傳票是否有會計及主管的簽章？

⑶每月過賬後，是否將各科目賬之借貸雙方各作一計，並將差額數登記在餘額欄內？

⑷各項科目之運用是否適當並符合規定？科目別之分類是否歸列正確？

⑸金額重大異動之科目，察明是否使用合理？

2. 原始憑證(計賬憑證)

⑴原始憑證是否齊全完整？除調整、沖轉、轉賬或結轉入次期賬目者外，其餘皆應將憑證釘附於傳票後或另依序轉釘成冊。

⑵原始憑證是否正確有效？內容是否正確，以公司為擡頭，且仍屬有效期間？是否經有關人員或主管簽章？已報銷之憑證是否依規定加蓋戳記或編號。

3. 現金管理

⑴營業收入是否每日確實點收？並核對盤損，盤盈金額是否符合？

⑵是否每星期一次確實實施現金(零用金)盤點？

⑶每日營收額是否隔天辦理銀行存款，並滙入總公司的收款專戶？

⑷銀行存摺餘額是否與分類賬中之銀行存款餘額相符？

⑸現金賬的餘額是否與零用金相符？

⑹每月留置店內之現金是否有效控制或超額的現象？

4. 預算控制

⑴各項費用的使用是否編列科目及預算？

⑵費用的使用情形？有否異常處？

5.收銀作業

⑴每日收銀工作是否由被指派人負責？其操作熟練度如何？

⑵收銀員的待客、接客、送客等工作態度如何？

⑶收銀員的結賬，包裝等動作是否熟練迅速？

⑷每筆交易是否正確輸入？金錢收授是否清楚？是否將每筆交易發票交給顧客？

⑸較大金額之盤損或盤盈時的處理方式？

三、店的內部管理——內部作業方面

內部管理的第二部份——內部作業方面，主要是針對店內各項作業的傳達與執行，分類與歸檔的情形，茲列舉評核要點如下：

⑴各項作業的分類歸檔工作是否完整清楚？(以示對作業的負責與重視)

⑵各項作業執行後是否有各相關人員或主管的簽署，以示負責並利於將來追蹤。

⑶店內作業傳達及執行情形如何？執行後的成果驗收如何？

⑷店內的電腦作業(廠商進貨、互撥、退廠、退倉、調整)是否由專人負責？是否落實櫃檯化的操作？

⑸各項輸出及輸入的單據，有無專人驗收及主管的簽章並收集歸檔？

四、店的賣場狀態

在賣場方面，我們主要以人員的作業情形，顧客入店的行動路線，及整體商品的規劃狀況作為評估檢核的要點，其內容主要分為三大部

份：

1. 人員作業方面

⑴營業員的服務態度如何？是否親切熱忱？

⑵營業員服務儀容？是否符合規定？是否整齊乾淨？

⑶營業員在賣場上的言談舉止如何？

⑷營業員的商品陳列技巧如何？

⑸營業員在賣場上是否能夠互相支援照應？動作是否簡捷迅速？

⑹營業員是否經常面帶微笑，神情愉快，使顧客產生易於親近與信賴的感覺？

⑺營業員能否善用各種基本接待用語？以愉悅的語調、態度與顧客應對？

⑻營業員對商品知識的瞭解與應用的情形如何？（如商品特色、使用方法、價值性的介紹及相關品或替代品解說等）

⑼營業員對區域內的商品掌握與工作流程的熟悉度如何？

⑽店面尖峰時間人員調度配置的情形如何？

⑾各項職務代理人設置的瞭解？（包括店長、組長、會計及休假的營業員等）

⑿人員組織氣候的瞭解？

⒀打烊時間工作情形的瞭解？（包括打烊送賓、清潔整理工作、補貨、安全檢視、及收銀機的結賬情形等。）

2. 顧客動線方面

⑴通道的寬度，是否方便顧客挑選商品或通行瀏覽？

⑵貨架的高低與商品陳列擺置的情形，是否影響了顧客的通行與視線？

⑶通道地板情形如何？有否商品阻礙或地板破損的情況？

⑷通道的指引及 POP 海報等美工佈置，是否達到對顧客的誘導性及在區域內的巡迴性？

⑸動線的規劃是否造成人潮不易進入的不妥情形？

⑹有否善加利用動線的規劃以活絡賣場的人潮氣氛？

3.賣場規劃

⑴相關性的各種商品，是否作好系列的分類陳列？

⑵入店顧客的視野是否良好？能否馬上看清楚各販賣商品的擺置位置？

⑶商品的陳列能否配合賣場區域狀態，做適當的規劃，以方便顧客的選購與拿放？

⑷陳列架的形狀，大小及排列方式上與商品的配置效果如何？

⑸賣場的背景音樂，音量播放的效果如何？

⑹賣場上的燈光照明效果如何？

⑺賣場上的美工物製作，POP 佈置在整體氣氛的塑造上的效果如何？

⑻商品的展示陳列效果，能否激發顧客的購買欲？

⑼賣場上的商品分隔及標示，其效果如何？

⑽展示櫥窗的利用與生活演示，能否將樓面的商品對顧客作一提示與吸引的目的？

⑾賣場上的走道與樓梯是否適宜？

⑿收銀台的位置是否適宜？

五、店的商品管理

針對店的商品管理瞭解，我們由店的倉儲作業及商品控制兩方面進行檢核評估。

1.倉儲作業

⑴商品庫存整理度的瞭解？（上架是否歸類整齊？倉庫是否清潔整齊？）

(2)後方管理與前方賣場配合度的瞭解？（如人員取貨是否方便迅速？庫存商品是否充分展售？）

(3)進、撥貨及退廠、退倉等實際作業情形的瞭解？（是否確實點收？單據的輸入查核是否確實詳細？工作的進行是否爭取時效？負責人員是否確實簽署以備追蹤？）

(4)不良品、送修品處理作業的瞭解？（能否以公司的利潤為前提，做最完善的處理？送修過程中能否主動追蹤，以給顧客滿意的服務？）

(5)商管員工作態度與技能的瞭解？（對工作的投入，與店長的配合度？作業方式的熟悉度？）

(6)倉儲空間的利用度如何？

(7)暢銷品、滯銷品訊息的提供與配合如何？

2.商品力方面

(1)商品結構比率的瞭解？何為暢銷品、滯銷品？

(2)對商品控制實施情形如何？暢銷品如何處理？

(3)商品與商圈內之消費形態及競爭力的瞭解？該加強或取捨的研判？

(4)門市樓別商品配置的瞭解？（是否適合當地消費習性？能吸引消費者而提高銷售力？）

六、店的商圈

(1)人潮的流動方向如何？通行量的情形如何？

(2)人潮中，年齡及性別之人口結構如何？

(3)入店客人的年齡層及職業別的大致分類？

(4)店與鄰近主要商店街地理位置的關係？

(5)店鄰近交通狀況如何？來店是否方便？

(6)商圈內競爭店的情形如何？對店的營運影響如何？

⑺商圈內特殊的人文、風俗與消費習性的瞭解？

⑻入店客層的特性與銷售商品的結構評估？

⑼商圈環境的變遷對店營運的影響評估？

⑽商圈未來的發展展望或重要演變？

表 7-3-1　輔導工作時間編配表

要項	內容	時間	工　作　要　點
溝通 管理	店長 溝通		1.就工作方式、時間與目的說明
			2.就準備之店資料與店研討及徵詢
			3.店長報告說明： 　a.店現今營運及作業狀況 　b.店長之經營理念及管理原則 　c.店現今營運問題點的說明 　d.店商圈環境及消費特性的說明 　e.店之未來計劃與展望
內部 管理	會計 作業		1.賬項管理　　　　2.原始憑證
			3.現金管理　　　　4.預算控制
			5.收銀作業
	內部 作業		1.作業布達執行及歸檔作業的瞭解
			2.各項電腦作業及責任歸屬的瞭解
賣場 管理	人員 作業		1.人員工作作業的瞭解： 　①銷售技巧 　②工作動線及銷售動線的瞭解 　③人員賣場活動狀況的瞭解
	顧客 動線		1.入店顧客消費動線的瞭解
			2.動線引導及死角產生的狀況瞭解
			3.動線規劃對顧客選購方便性的瞭解
			4.入店顧客消費形態與動線規劃的比較

續表

賣場 管理	賣場 現況		1.整體或局部燈光照明效果的瞭解
			2.賣場區隔、走道與樓梯等狀況
			3.貨架與商品配置及標示等效果的瞭解
			4.賣場背景音樂效果的瞭解
			5.整體氣氛及 POP，美工效果的瞭解
			6.門面櫥窗與收銀台位置效果的瞭解
	入店		1.人員入店狀況的瞭解
			2.店早會實施瞭解及工作簡報
商品 管理	倉儲 作業		1.倉庫商品整理情況的瞭解
			2.各項進貨，互撥，不良品處理等作業的瞭解及其單據歸檔的 　情形
			3.與前方賣場配合度的瞭解
			4.商管員問題的提出與工作態度的瞭解
	商品 力		1.對商品控制取捨實施情形的瞭解
			2.銷售商品、主力商品與商圈的消費形態，競爭力的瞭解
			3.樓別商品配置相關性及適宜性的瞭解
			4.商品陳列與展示技巧的瞭解
			5.暢銷品的網羅與滯銷品處理的瞭解
整理	工作 整理		1.當日工作情形報告與問題溝通
			2.店營業結束作業的情形瞭解
	入店		1.早會實施概況的瞭解
			2.「人員組織協調」調查表的填寫
立地 特性	商圈 探討		1.店立地點的評估
			2.商圈內人口結構、職業狀況、收入所得、消費能力等概況的 　瞭解
			3.商圈內特殊的人文、風氣或消費習性的瞭解
			4.店附近商圈人潮動向及流量對店的影響評估
			5.商圈未來發展趨勢，及可能對店營運的影響評估
工作整理			1.駐店結束，工作總整理與檢討報告

第四節　區督導的督導頻率

1.督導員要巡店——機動性勘察作業

要與店隨時保持聯系，掌握店狀況及瞭解店問題，因而設立巡店作業。其目的包括對編列對象的改善運作進行觀察或協助，同時亦對一般對象觀察瞭解。

(1)編列改善對象——包括改善後的店及計劃中的對象

改善建議執行一段落之後，得針對店實施的情形或效益進行評估或輔助工作，以便協助其克服在實施過程中所遇到的困難。

(2)一般對象——指未編入改善計劃內的店

此類別的店，則視實際情形或需要，機動性的至店勘察。一方面瞭解店目前的營運情形、人員管理、賣場規劃動態或異常迹象。另一方面則作為下年度選定對象的可借鑑資料。

2.督導員要確認改善——二次輔導工作

「再檢核」工作的安排，時間大約為輔導店長改善的半年後。其目的是瞭解加盟店於一定期間內所獲得的改善績效與成果，主要針對首次的「改善點」進行評估，並把改善前後的同期各項營運績效的數據作比較。如增長金額或增長比率等，作為具體的參考標準。

除此之外，部份屬於組織內部或管理方面的問題，其改善狀況則由人員的工作表態、異動情形或賣場的整體陳列展示、清潔整理、氣氛表現及人員訪談所得，作為瞭解組織改善後的現狀。

再檢查工作，時間或次數的安排是依實際需要而定的，亦即由店的改善狀況來取捨。其成果的表現，不僅代表了店的進步，亦可作為輔導工作績效的考核，同時也是工作方式的修正與經驗的累積。

表 7-4-1　督導頻率一覽表

連鎖別	人數	督導頻率	工作內容
7-ELEVEN	－	2～3 次/週	1.訂貨的技巧 2.顧客服務 3.商品結構 4.情報分析 5.資訊的收集 6.人力資源 7.商店形象 8.經營規範
統一麵包加盟店	－	1～2 次/週	1.協助店業務提升及競爭應對 2.改善商品結構以提升商品力 3.店運作之管理及檢查改善 4.公司政策之推動及指導 5.店主家庭之 PR 關係建立
全家便利商店	－	2 次/週以上	－
萊爾富便利商店	－	2 次/月	店鋪輔導
OK 便利商店	－	1～3 次/週	輔導
翁財記便利商店	－	2 次/週以上	1.與加盟店之溝通 2.店鋪經營輔導 3.按月結賬
福客多商店	－	2 次/週以上	協助及輔導門市營運及管理
新東陽便利店	－	1 次/週	1.輔導 2.溝通
司邁特便利商店	－	1 次/週	溝通
掬水軒便利店	－	A 級店： 2 次/週 B 級店： 1 次/週	1.總部宣達執行 2.加盟店業務輔導問題解決 3.加盟店各項反應訊息回報

註：上述資料因為作者收集資料時間緣故，已有改變，此處僅供各讀者參考。

區督導在收到總部所發下的命令及業務政策後，將其推選到各店並給各分店指示與輔導，然後滙集各分店門市所反應的問題進行溝通與協調，接著再將各分店所作的反應與訊息，滙報於總部相關單位，以利於總部進行修正檢討工作。這一切工作的完成，需要區督導以定期的訪問各分店，並做到確實溝通。

第五節　區督導的輔導模式

1. 工作計劃的排定說明

經由開會研討決議，以發生持續虧損或績效異常退步的店，作為訂定輔導改善對象的依據，再配合年度中重要活動的實施，依店情況的輕重排定順序並安排改善的輔導時間。

2. 內容

「工作計劃表」中，排定的包括五大項目：

⑴輔導的資料準備時間；

⑵實際輔導時間；

⑶輔導後資料整理及改善建議研擬時間；

⑷輔導改善工作報告的提呈時間；

⑸改善後檢核及再輔導時間。

3. 輔導前資料收集準備

在對一家店進行評估與輔導改善之前，需事前就有關的店基本資料加以收集準備，以便對店的營運績效及結構有一初步的認識與瞭解，並作為檢核的依據與店溝通的資料。

資料收集準備方面，大致分為兩大部份：

‧店的營運數字資料。

‧店的人事組織資料。

茲說明如下：

店的營運數字資料方面，乃泛指店歷年來的營業績效及商品部門績效而言，包括：

⑴年度營業績效實況。

⑵商品部門績效排行榜。

⑶年度各樓層銷售績效及坪效。

⑷同期各樓層銷售績效及坪效。

⑸店立地商圈平面圖。

⑹商品配置平面圖。

店的人事組織資料，則包括有：

⑴人員組織配置表。（現今狀況）

⑵各月份人員異動概況。

⑶人員組織情況調查表。

4.與店主溝通協調

⑴瞭解經營者的經營理念、方針、想法、心態

⑵瞭解經營者的真正需求

⑶瞭解經營者講的和想的是否相同

5.整理資料

⑴企業組織圖及各單位功能、職掌

⑵作業流程

⑶使用單據與報表

6.現狀分析

⑴現況把握的分析與診斷工作之準備

⑵觀察、發掘、整理、條列問題點

⑶以魚骨圖為分析工具，作問題點之要因分析

⑷提出改善點

⑸檢計與評估

⑹提出建議方案

7.區督導的輔導範圍與項目

區督導對加盟店的輔導項目繁多，如下表：

表 7-5-1　輔導項目表

◎基本經營概念	◎財務會計
・經營者	・會計制度
・經營戰略	・財務教理
・經營計劃	・利益及費用收益管理
・企業文化	・財務結構
・地理位置條件	・資金調度及應用
◎商品政策	・利益計劃及損益平衡點
・商品計劃	・設備投資
・商品開發	◎人事組織
◎進貨採購	・人事方針及組織
・進貨基本方針	・僱用
・進貨管理制度	・升遷、調動
・進貨實務	・薪津
・商品管理	・人才培育
◎銷售營業	・安全衛生
・行銷計劃	・福利
・銷售管理	◎資訊電腦

第六節　督導員巡視店鋪評核標準

1.銷售服務

⑴售貨員是否跟顧客打招呼。對每一個經過身邊的客人，他們也應該跟他打招呼，不論他是否購買貨品。

⑵他們打招呼的態度是否友善及主動。笑容是否很勉強，站在店內是否像沈思，是否聊天……

⑶售貨員有沒有在適當的時間向客人介紹貨品，或是客人選購了貨品後，有沒有嘗試再向其推銷其他貨品。

⑷收銀員接待客人是否禮貌。必須雙手接過客人的錢，找回零錢或送上商品時，必須雙手送上及道謝。

⑸收銀員完成交易的速度是否表現出專業的態度，對店內的電腦操作是否熟練。

2.售貨員儀容、店鋪整潔

⑴所有店鋪職員是否根據公司的規定穿上指定的服飾，他們的衣服、頭飾是否整潔，有沒有塗上口紅，長頭髮的應把它束起來。

⑵店內各處是否整潔(包括貨場、收銀櫃檯、試衣間等，有沒有按時清理店鋪)？

⑶店內陳列的貨品是否開始出現污漬或破損。

⑷貨場內燈飾、裝修是否損壞，是否需要馬上修理。

3.貨品陳列

⑴貨場內各項擺設是否按照公司的要求？層板貨物數量是否足夠，疊得整齊嗎？掛裝衣服是否已經扣上所有的鈕扣，衣架及貨物的方向是否一致？

⑵櫥窗以及鋪內陳設貨品是否定期更換？

⑶貨品擺設陳列方面是否按照公司的要求做的？

⑷顏色是否根據規定由淺到深的方式排列(按個別情況來定，應先查詢店長擺設時的概念)？

⑸有沒有做足夠的宣傳？

⑹檢查是否所有顏色貨品已擺出貨場，有沒有遺漏？

4.店鋪運作

⑴店鋪員工是否按照工作時間表工作，有沒有私下更改而沒有通知或申請批准的？

⑵個別員工上班情況如何，是否經常遲到，或缺席？

⑶每天銷售金額是否存到銀行，有異常必須報告。

⑷銷售金額跟人手編制有沒有問題，是否出現人手太多或不夠人手的情況。

⑸公司最新的指示，店鋪各員工是否已經清楚明白。

5.防止損失

⑴員工離開貨場時，有否知會其他的同事，貨場人手編配是否足夠，每個地方是否有足夠人手。

⑵員工離開貨場時，所有帶出物品均須經過查驗。

⑶轉到其他店鋪的貨品，單據副本是否已經簽回來，數量有沒有問題，貨倉來貨數量或款式有出入時是否已經通知貨倉修改。

⑷除了正門外，店內其他門口，在營業時間內有沒有公司人員進出。

第七節 案例：速食業總部的督導後援

　　麥當勞公司總部在各方面對店鋪進行無微不至的援助，總部OM(Operation Manager)的店鋪巡迴主要是為了對店鋪的 Q・S・C 水準進行客觀評價，然後根據這個評價找出店鋪的問題點，與店鋪的店長和經理進行詳細商談，共同探討改善方案。麥當勞總部每年都要對店鋪進行一次年度等級評判，OM 的這個評價就是等級評判的依據。

　　OM 一般以一位普通顧客的身份在店裏一邊用餐，一邊進行檢查，其巡迴的具體方法為：

　　1.由店鋪的店長和經理準備店鋪用的工作表，利用 2 個月時間對店堂和「導拉依布絲露」(汽車餐廳)的服務水準進行檢查，比如測定商品的提供時間等。

　　2.完成以上工作後，為了讓 OM 做出評價再進行連續三天的測定。在麥當勞稱此測定為「摘要(sommary)」，必須由 OM 或店長親自操作。

　　3.根據以上檢查結果找出店鋪存在的問題點，然後為了解決問題點設定「跟蹤」期限。此期限為 1～2 個月，在此期間店鋪邊接受OM 的指導邊進行教育訓練。

　　4. OM 在店鋪坐陣一天，再次進行檢查，並對改善事項進行重申。

　　5.再次開展為期 2 星期的第二次「摘要(summary)」測定。

　　6.最終，OM 再次在店鋪坐陣一天，從各個角度對店鋪進行檢查。主要評價方法為：

⑴店鋪的最終等級評判由第二次的「摘要(summary)」決定,但是總體等級評判則還要將「跟蹤」期限店鋪方面的努力狀況作為考慮因素進行綜合衡量,一般的比例為:

第一次「摘要(summary)」的評價結果(20%)

「跟蹤」期限店鋪方面的努力狀況(50%)

OM 的兩次檢查評價(30%)

⑵對各個部門的有關 Q‧S‧C 項目的內容是否達到規定標準,由 OM 在表格的要領一欄中進行記錄,再將因此得出的總計分與各部門的評價基準進行對照,做出各部門的評價。

⑶至於服務水準的評價,也要在檢查店鋪水準的同時將其與其他店鋪進行比較,做出客觀的判斷。

心得欄 _____

_____

_____

_____

_____

_____

第 **8** 章

連鎖業的培訓工作

🔊 第一節　建立完整的培訓體系

　　對連鎖企業來講，追求「標準化」就要求有高質量的培訓。離開了培訓，營業手冊所規定的作業標準就難以為員工所理解和執行。因此，建立完整的培訓系統，對連鎖企業各級員工的有效選拔、任用、教育、開發，是連鎖企業穩步發展、持續進步的關鍵所在。

　　國外規模較大的連鎖企業，在新員工進入或任務交替時，都會按照營業手冊的規定，先給予職前培訓或在職培訓，其目的是為了使員工瞭解其工作內容，由此可見，建立完整的培訓系統相當重要。完整的培訓系統分為下列：

1.職前培訓

　　職前培訓是指新員工進店後的基礎培訓。其偏重於觀念教育與專業知識的理解，讓新員工首先明確連鎖企業門店的規章制度、職業道德規範，以及相應工作崗位的專業知識。其基本內容如下：

(1)服務規範

讓每個員工樹立依法經營、維護消費者合法利益的思想。同時，把服務儀表、服務態度、服務紀律、服務秩序等作為培訓的基本內容，讓員工樹立「顧客是上帝」、員工代表企業的思想。

(2)專業知識培訓

在幫助員工樹立正確工作觀念的基礎上，理解各自工作崗位的有關專業知識，一般可分為售前、售中、售後三個階段的專業知識。

①售前，即開店準備。具體包括店內的清掃、商品配置及補充準備品的確認等所必須掌握的專業知識。

②售中，即營業中與銷售有關的事項。具體包括待客銷售技巧、維護商品陳列狀態、收銀等事項。

③售後。具體包括門店營業結束後的工作事宜。建立良好的顧客利益保障制度、商品盤點制度等工作。

2.在職培訓

在職培訓偏重於在職前培訓基礎上的操作實務性培訓。培訓內容主要按各類人員的職位、工作時段、工作內容、發展規劃進行培訓。主要涉及人員為店長(值班長)、理貨員、收銀員等工作人員，按其職級展開和實施，略介紹事下：

(1)店長的培訓主要包括以下內容

店長的工作職責、作業流程、對員工的現場指導、員工問題的診斷與處理、商品管理、如何開好會議、顧客投訴處理、管理報表分析、資訊資料管理等。

(2)理貨員的培訓主要包括以下內容

理貨員的工作職責、作業流程、領貨、標價機、收銀機或 POS 機的使用、商品陳列技巧、補貨要領、清潔管理等。

(3)收銀員的培訓主要包括以下內容

收銀員工作職責、收銀操作、顧客應對技巧、簡易包裝技巧等。

第二節　落實連鎖店培訓工作

　　有遠見的企業和企業主管，在人員招聘錄用之後，都要執行不定期的培訓。

　　培訓包括新員工的培訓和企業在職培訓兩部份。通過培訓，無論是對「新人」還是員工都有很大的益處，特別是能夠給企業的發展帶來生機和活力。因為無論是那一種類型的員工，都具有一定的素質和潛力，經過有效的培訓，就能發揮巨大的作用。

　　培訓包括新員工的培訓和企業在職培訓兩部份。通過培訓，無論是對「新人」還是員工都有很大的益處，特別是能夠給企業的發展帶來生機和活力。因為無論是那一種類型的員工，都具有一定的素質和潛力，經過有效的培訓，就能發揮巨大的作用。

1. 要有明確的培訓目標

　　培訓目標有許多，每次培訓至少要確定一個主要目標。包括：

　　⑴發掘每一名員工的潛能；

　　⑵增加員工對企業的信任；

　　⑶訓練人員的工作方法；

　　⑷改善人員的工作態度；

　　⑸提高員工的工作情緒；

　　⑹奠定員工合作的基礎；

　　培訓的最終目的在於提高員工的綜合素質，從而提高生產率，提高贏利水準。

2. 培訓時間可根據需要確定

　　培訓時間可長可短，主要是根據需要來確定。但要考慮以下因素。

產品性質：產品性質越複雜，培訓時間應越長。

市場狀況：市場競爭越激烈，訓練時間應越長。

人員素質：人員素質越低，培訓時間應越長。

銷售技巧：如果要求的銷售技巧越高，需要的培訓時間也越長。

管理要求：管理要求越嚴，則培訓時間越長。

3.培訓內容要充實

連鎖企業的人員培訓，大多注重應用性。在培訓中，要堅持區分層次和職位。

對新進的員工應該注重企業精神、企業文化、企業發展歷史、管理方法等內容的培訓。要求他們熟悉連鎖企業和各項營銷政策，特別是那些與顧客直接有關的政策，熟悉與本店經營的有關商品知識、商店特性，如何接待不同類型的顧客等，進而達到一個經營操作人員應具備的基本素質的要求。

在這裏需要引起注意到的是，無論是對那一類人員的培訓，從目前情況來看，都必須對以下兩個方面的內容加以重視：一是加強對員工的商業道德教育，培訓他們樹立一切為消費者著想、嚴格遵守紀律的意識，以樹立企業良好的形象為自己的職責；二是能夠熟練運用現代化的資訊管理和操作，如電腦的使用等。

4.選擇適宜的培訓方法

常用的培訓方法主要有以下幾種：

(1)課堂培訓法

這是一種正規的課堂教學培訓方法。一般由連鎖營銷的專家或有豐富管理、經營經驗的人採取講授的形式將知識傳授給受訓人員。

這是應用最廣泛的培訓方法，其主要原因在於費用低，並能增加受訓人員的實用知識。其缺點是這種方法一般都是單向溝通，受訓人獲得討論的機會較少，講授者也無法顧及受訓人的個別差異。

(2)以會代訓法

也就是說，可以以會議的形式出現，就某一專題進行研討。會議由主講老師或營銷專家組織。這一方法為雙向溝通，受訓人有表示意見及交換思想、學識、經驗的機會。

(3)模擬培訓法

這是一種專門訓練營銷人員的培訓方法，是由受訓人員親自參與並具有一定實戰感的培訓方法，為越來越多的企業所採用。其具體做法可分以下三種：

①實例研究法。這是一種由受訓人分析所給的營銷實例材料，並說明如何處理實例中遇到的問題的模擬培訓法。

②角色扮演法。這是一種由受訓人扮演營銷人員，由有經驗的營銷人員扮演顧客，受訓人向「顧客」進行促銷的模擬培訓法。

③業務模擬法。是一種模仿多種業務情況，讓受訓人在一定時間內作出一系列決定，觀察受訓人如何適用新情況的模擬培訓法。

(4)在職進修

企業應該鼓勵員工利用業餘時間接受函授或進修夜大、職業技術學校課程等，系統地學習連鎖營銷等理論知識，以及與此相關的專業課程，提高自己的專業理論水準。作為企業可以對員工給予適當補貼，但必須是以員工的學習成績為依據。這樣可能會在更大程度上調動員工積極參加學習進行自我教育的自覺性。

當然，員工培訓的方法遠不止這些，企業可以創造適合於本企業的有效方法。

不能忽視的是要加強對加盟店員工的培訓。加盟店雖然不直屬於企業，但是加盟店使用的是企業商譽。因此，對加盟店的員工也要正規培訓，具有培訓合格證者才能工作。對加盟店員工的要求應與直營店員工完全一致，這是連鎖企業的標準之一。加盟店員工的培訓主要有兩種方法：一是在加盟店開張前，把員工送到企業的培訓中心接受

一系列的培訓。這主要對管理層的員工比較合適。二是總部派人或督導人員到加盟店對員工進行培訓，並進行現場指導。

　　5.培訓評估。

　　可以依據四個評估層次進行：

　　(1)學員反映

　　可利用觀察法、面談、意見調查法等，瞭解學員對課程、教學及環境的滿意度。

　　(2)學習效果

　　可利用筆試、座談體會等，瞭解知識。

　　(3)行為改善

　　可對受訓者的主管、同事進行訪問或行為觀察，以瞭解行為調整的結果。

　　(4)績效評估

　　從個人或組織績效提升加以測定，但因此法牽涉其他變數影響，是比較複雜而且困難的。

第三節　培訓店長、店員

一、確認店長的教育訓練

　　店長並非一朝一夕就能培訓出來的，培養一位優秀的店長必須「戒急戒燥」，要循序漸進地加以培訓。為了徹底實施經營理念及基本方針，在對店長施行教育訓練時，最重要的就是，平時在執行工作時，要讓店長自覺自己就是經營者，讓他在工作上具有自主性，提高店長對工作的熱心度。

日本的麥當勞公司對新進計時人員，讓其從新生講習到進漢堡大學系統學習。進入公司之後，職員從見習員、服務員、訓練員、接待員、組長到經理，循序漸進，一層層向上挑戰。入店的基本訓練過程完成後接受實地考核，如果通過了測驗，就算完成了訓練程序。如果還想追求更高的職位，上面還有更高的分職訓練課程。

凡是正式加入麥當勞公司職員行列，就要開始三個月的在職訓練。在店裏呆滿三個月以後，再接受漢堡大學初級班進修 10 天，畢業後到店裏，這時公司會準備管理發展計劃手冊，內容是以具體的活動內容和行動目標為中心構成一個訓練手冊，包括人才管理、設備維修、能源管理、財務管理等內容，從這些活動中消化麥當勞的教材，精通這些內容以後，就可以升任中心經理了。

針對店長的培訓工作，相當重要，必須重視，而且也應要求培訓學員（即店長），應簽下「承諾書」。培訓店長的重點有以下四點：

1.培訓經營者的精神

如果店長只認為自己是一個被僱用者，那麼整家店將很難有大的起色。因此，首先就必須培養店長有「我就是這家店的經營者」的氣勢，讓他在心理上就把自己當成一位店領導者。訓練內容包括人生觀、工作觀等。

2.向店長說明工作的意義

經營一家店要做的事，從收銀機作業到打掃衛生，工作的範圍極為廣泛。但其實只要照著工作手冊去做，久了就會熟能生巧。

但要弄清為什麼要做這些工作。在瞭解其意義、理由之下做事和茫茫然機械地照規定做事，兩者所呈現的工作效果就會有很大差別。再者，身為一店之長，若其本身不瞭解工作的意義，就沒有信心教導下屬員工。因此，培訓一個成功的店長，與其說是指導他工作的方法，倒不如說更主要的是向其說明「工作的意義」來得恰當。

3.教導人、物、錢方面的管理

在人的方面，要教導店長對店員的管理，包括如何管理店員的出勤狀況、服務狀況。此外，教導店長有關商品管理的知識，如此，店長才能完全地運作店裏的一切事物，如區分那些是滯銷品，那些是暢銷品，最後，讓店長學會確實地執行現金管理。

4.電腦資訊的傳授

店長必須能熟悉各項資訊工具，其中又以學會 POS 的操作方法為必要條件。更重要的是，取得 POS 資料後，該如何從資料中分析出有用的資訊，這些分析方法是用怎樣的標準去衡量的呢？這些都是店長培訓時必須學習的。

表 8-3-1　培訓承諾書

培訓承諾書
「公司名」（下稱甲方）和被公司資助參加課程名為：「＿＿＿＿＿＿」培訓的本公司員工(下稱乙方)，擬定合約如下：
⑴甲方資助乙方參加赴＿＿的＿＿(課程名)培訓，為期　。始於＿＿年＿＿月＿＿日，結束於＿＿年＿＿月＿＿日。乙方同意接受該項目的培訓及有關資助。
⑵乙方培訓結束，必須為公司服務＿年，即自＿＿年＿＿月　日至＿＿年＿＿月＿＿日，並鑑定相應的僱聘合約。
⑶乙方若不經甲方同意，提前終止該合約，甲方有權按下列標準向乙方索回有關費用：
①國內培訓：
按實際報銷的金額索回。
若為公司與其他公司的合作培訓計劃(如相互交換培訓)則按下列標準索回：
三個月　　　　　　　　　　　2000 美元

| 三個月至六個月 | 4000 美元 |
| 七個月至十二個月 | 6000 美元 |

②國外培訓：

三個月	10000 美元
三個月至六個月	15000 美元
七個月至十二個月	20000 美元

⑷乙方在培訓期間若因違反培訓方的紀律而被終止或自願終止其培訓，即按甲方為乙方已付的實際費用進行賠償。

⑸乙方培訓結束後，在工作中因嚴重違紀被甲方辭退或開除，按下列條款賠償甲方的損失：

①乙方培訓結束後在公司服務的時間不到本培訓合約中規定的服務期限的一半的，按甲方已經報銷金額或以上標準[即⑶之①、②所規定的標準，下同]的三分之二賠償；

②乙方服務時間已滿本培訓合約規定期限的三分之二的，賠償甲方已經報銷金額或以上標準的三分之一。

③乙方服務時間超過本培訓合約規定期限一半的，賠償甲方已經報銷金額或以上標準的二分之一。

⑹若乙方違反本合約拒不賠償甲方的損失，甲方有權向所在地勞動仲裁部門提出仲裁請求。甲、乙雙方均須執行仲裁部門的裁決。

甲方：　　　　　乙方：　　　　　鑑證部門：

　　　　　　　　　　　　　　　年　　月　　日

二、培訓基層服務人員——店員

店員是最直接和顧客接觸的人，站在連鎖業第一線的這些人，可以說是連鎖企業的對外形象，其服務品質的好壞，對店鋪的業績影響很大，甚而影響整個企業的聲譽。為了提升店員服務品質及工作效率，並且維持所有分店服務品質的一致性，落實標準化、簡單化，與專業化 3S 原則，必須針對服務人員的工作性質，加強其教育訓練，以達到顧客滿意，創造業績的目標。

1.確認店員的職務與工作

雖然店員是整個連鎖企業組織中最小的一份子，卻也是組織中最龐大的一群人。每間店的基層工作，全有賴於這群身負重責大任的小兵來執行，看似不起眼的基本工作內容，卻深深影響分店的業績。

店員的工作內容包括下列幾項：

(1)整潔工作

整家店鋪給顧客的第一印象就是其週圍與店內的環境。這最基層也最重要的工作，全有賴店員來完成，每日有始有終徹底搞好清潔。環境整潔工作包括店外與店內，店外包含週圍環境、招牌、店面玻璃等；店內則包括走道、櫃檯、壁面與 POP、照明、冷氣機、廁所、倉庫、其它設施等等。

(2)收銀作業

主要是幫客戶結賬，在這方面店員要注意賬款的處理、表單作業、零用金收支處理等。店員在做收銀作業時，是直接和顧客接觸的，其一舉一動、言行舉止都落入顧客眼裏。除了賬款要正確、作業快速外，在拿取物品、包裝時切勿輕率，以免讓顧客覺得店員的服務態度差。

(3)商品整理

店員要常巡視賣場商品，將商品擺放整齊，並且貨架上缺貨時，

要適時補充商品。在商品擺放方面，要注意商品與價格卡同步陳列，商品前進陳列。還要注意商品的豐富化、新鮮度以及靈活有彈性的陳列作業等。

(4)商品的訂貨作業

店員發現商品缺貨時，就要進行叫貨。依照規定的作業程序進行叫貨、進貨、存放。在進行過程中，務必仔細清點款項與貨項都無誤。

(5)顧客服務

提供顧客該店專業技能的服務及商品服務的解說。在進行此項工作時，店員的言行舉止特別重要，店員必須面帶微笑，真誠耐心地提供服務，讓顧客有賓至如歸的感覺。

2.確認店員應具備的條件

確認店員是否具備端莊的儀容、樂觀開朗的個性、親和力。

(1)端莊的儀容

所謂端莊的儀容，指的是「整齊清潔」的裝扮。外表是店員給顧客的第一印象，整齊清潔的儀容可以讓顧客留下好的印象。

(2)樂觀開朗的個性

店員如果始終保持愉快的心情，不但有助於服務品質——用積極的態度主動與客戶接近，而且可笑對任何挑戰與挫折，這對顧客滿意度影響很大。

(3)親和力

一位具有親和力的店員很容易取得消費者的信任，拉攏他與顧客之間的距離，將賣場創造成一個和諧、溫暖的環境，讓顧客感覺舒適、自在，有助業績的達成。

3.確認店員的教育訓練

根據連鎖業業態、業種的不同，及店員的工作內容與性質，其必須接受下列幾項教育訓練，以增進其工作績效及服務品質：

(1)基礎事項

每一位店員都要對公司的一些基礎事項有所瞭解，包括公司的概要、經營方針、就業的各項規定、公司內的用語、銷售用語、打招呼的方法、規定的服裝、職場的禮節等。

(2)銷售業務的相關事項

主要是讓店員瞭解下列三項事情：

①販賣活動意義：商品與服務的交融、販賣的成立、需求的滿足。

②販賣員方式：和顧客的關係、顧客至上的道理、上司與部屬的合作。

③以此出發的販賣：詢問販賣、有所接觸的販賣。

(3)有關處理業務方法的事項

①收集報告及表單的方法；報告的方法，表彰的書寫方式及流程、數字的書寫方法。

②收集器具資產的方法：器具的名稱、收集方法。

(4)顧客優先，商品有關事項

①存貨的商品內容：商品的分類、主力商品、對商品整理的注意、各商品的季節性、廠牌種類等。

②廠商和商品：主要廠商的各商品名稱、各廠商的市場佔有率。

③顧客和商品：主要客戶名稱及其所要商品，廠商、客戶和自己店長的關係。

(5)開店準備

①店內的清掃：賣場、店面、櫥窗、倉庫、洗手間、辦公室等。

②商品配置與補充：確認銷路、代替商品、區位的分配、商品的補給。

③陳列的方法：POP 廣告、廣告招牌的確認、裝飾、照明的變更、海報、櫥窗模特兒的擺設。

④責任擔當者：確認擔任者，如有缺席者時的調配。

⑤準備品的盤點：要找的零錢、傳票、包裝紙、袋子、其他準備

品數量的確認及補充。

(6)營業中與業務有關的事項

①待客銷售技巧：接近的方法、購買心理、商品提示的方法、標準應對語法、敬語的使用。

②商品說明：商品特徵、使用方法、品質、組合方法等。

③金錢收受與包裝：拿錢時的方法、確認的方法、找錢方式、包裝方法等。

④送貨方法：郵寄時登錄傳票的方法、貴重物品的注意事項等。

⑤販賣事項：客戶卡的整理。

(7)打烊前的業務

①打烊：器具、商品的整理、鐵門的關鎖。

②計算業務：現金出納的合計、現金的確認、做成當　日買賣的計算報表。

三、新進人員必須加以培訓

新進人員往往因進入一個新環境，而感到不安、焦慮甚至有挫折感，以致於新進人員流動率、失誤率都偏高。因此，連鎖企業對新進人員的培訓，教學目標應著重增強新進人員的適應力，以降低流動率、失誤率。

1. 教學目標

①認識環境：讓新進人員熟悉工作場所、工具設備所在位置，以降低初到陌生環境的焦慮。

②規章介紹：瞭解公司規章經營理念、工作守則及應有之權利義務，以培養符合公司規範的工作習慣及態度。

③認識同事：增加工作場所人際關係支持網路，以降低疏離感。

④學習新技能：發揮生產力、避免職業傷害，以降低工作挫折感。

2.課程內容

①環境內容

· 介紹附近交通工具、站牌位置、班次時刻表、郵局、醫院等公共場所。

· 介紹賣場、倉庫、盥洗室、休息室、私人儲物櫃、工具放置地方、急救箱、緊急出口等。

②規章介紹

· 公司經營理念簡介。　　　· 人事、薪資、福利規章簡介。

· 上班規定及作業規定說明。

③人際關係技能

· 認識夥伴，由店長或學長（或師傅）引見。

· 學習組織中人際關係的建立、維繫與增進。

④作業技能

· 收銀機、標價機之操作、維護及簡易故障排除。如更換發票、紙卷、收銀機按鍵功能介紹及操作指法等。

· 生財設備之操作、維護及清潔，如汽水機、咖啡機、烤箱、冷凍冷藏冰箱、微波爐、熱狗機等之正確使用及保養方法。

· 清潔工作，如掃地、拖地、刷地，貨架、玻璃、櫃檯之清潔，以盥洗室清潔與垃圾處理等尤需注意。

· 商品陳列與補貨技巧，如何使商品陳列具有豐富感，如何有效率地補貨，並熟悉各項商品的陳列位置。

· 基本報表填寫，各類報表的填寫說明，如現金日報表、誤打、銷退記錄表、交班簿等。

· 顧客服務技巧，包括如何運用認人術、適時提供顧客協助、顧客抱怨處理、簡易包裝技巧、包裝原則。

· 安全防範與緊急事件處理，如防火、防需求、防偷、防搶、防騙、防止職業傷害等。

表 8-3-2　「教育訓練」準備事項檢查表

一、教育訓練名稱：＿＿＿＿＿＿＿＿＿＿＿＿＿

二、上課時間：＿＿＿年＿月＿日－＿＿＿年＿月＿日

編號	檢查事項	負責人	完成日	檢查結果
	訓練需求分析			
1	組織需求分析			
2	員工需求分析			
3	學員背景分析			
4	職務分析			
5	目標設定			
	訓練規劃及課程設計			
1	訓練課程企劃案			
2	訓練計劃研擬			
3	套裝課程評估或課程開發			
4	課程確認			
5	講師評估			
6	講師確認			
7	與講師聯絡/詢問授課意願			
8	安排講師訪談學員(1～2 次)瞭解學員背景			
9	根據訪談結果與講師進行教案編寫溝通			
10	向講師索取教案初稿/學員講義資料進行審查			
11	再與講師溝通教案及學員講義，無誤後定稿			
12	詢問講師可否錄影/錄音			
13	講師住宿安排			
14	講師交通安排			
15	告知講師為其備妥之事項，完成課前溝通			

表 8-3-3　「教育訓練」上課檢查表

編號	檢查事項			負責人	完成日	檢查結果
	訓練執行					
·　需預先準備事項						
1	邀請開訓主管，主管姓名					
2	受訓學員名單、分班					
3	課表製作					
4	場地登記、住宿安排					
5	訓練費用申請					
6	上課通知的製作、發放					
7	講師鐘點費申請、收據準備/交通費準備					
8	海報(訓練名稱、流程、講師姓名)					
·　可預先向廠商大批訂購之事物						
9	學員講義準備					
10	筆					
11	筆記(橫格紙)					
12	海報紙/白報紙					
13	麥克風					
14	投影片、投影筆					
15	咖啡、茶包、攪拌棒					
·　課前備妥之事物						
16	三餐預訂	早餐：	午餐：　　晚餐：			
17	紙盤、叉子					
18	點心、水果					
19	學員名牌					
20	課程評估表					

續表

21	錄音機、攝影機、錄音(影)帶、電池			
22	教室桌椅安排			

· 需向訓練中心確認之事物

23	投影機/燈泡/電池			
24	指揮棒			
25	麥克風/電池			
26	錄影機/電視			
27	車位預留(講師/開訓主管)			
	訓練評估及改善			
1	進行訓練評鑑			
2	統計及分析評鑑結果			
3	根據評鑑結果調整授課內容或方法			
4	課程結束後針對課程實施結果回饋講師			

心得欄 --------------------------------

第四節　屈臣氏營業人員規範化服務的培訓項目

屈臣氏＜店鋪營業人員＞的培訓重點項目：

1. 店鋪架構、顧客服務、拉排面、促銷陳列標準。
2. 陳列圖陳列標準、物價牌、打價槍、標籤、禮品包裝
3. 整理貨倉、收倉貨、收街貨
4. 收銀相關技巧，收銀機系統介紹
5. 基本客戶服務
6. 基礎產品知識及自有品牌產品瞭解
7. 收銀機系統培訓加強
8. 店鋪陳列標準加強
9. 產品分類和位置介紹
10. 物流管理(收貨、轉貨、退貨)
11. 訂貨系統和庫存管理：

· 物流管理——訂貨程序(倉貨、街貨)
· 手持電腦的應用
· 後台訂貨功能的介紹：訂貨、收貨、退貨、轉貨、報廢
· 後台電腦的應用：POP、物價標籤的列印、公告的查看列印、調價
· 倉庫的標準、貨品的分類存放與管理、倉管員的職責

12. 現金管理：

收銀機現金和保險櫃現金的管理、現金送行及憑證處理，送款和

換零鈔/黃薄的填寫、保證金處理、保險箱內長短款的處理、現金使用審批報銷程序、紙皮錢處理、員工押金處理、備用金處理、後台電腦的相應操作

13. 陳列圖的管理：

收發、存放、更新、使用

14. 貨場的日常管理

· 貨場標準的維持及日常管理——貨品(促銷貨品/貨架貨品)、人員(促銷人員/保安/清潔工)

· 後方區域的標準及日常管理——收貨區、員工休息室、辦公室

15. 促銷管理：

促銷前準備工作、促銷當天工作、促銷主題的陳列要求、促銷貨品的管理(訂貨、退貨)

16. 盤點管理：

盤點前的準備工作、盤點文件、盤點時的工作程序、盤點期間員工的工作安排，盤點結束前工作、審計部入機流程

17. 文件管理：

· 文件處理——店鋪常用表格的使用(訂貨單/LOG 簿/黃簿/收貨差額統計表/每月店鋪清潔內容/過期貨品檢查表/化妝賬簿/獎金申請表，簽到表/等)

· 店鋪具備的各種證件明細及擺放

18. 如何提高店鋪銷售

19. 如何開班前會：

會議前的準備、主持會議的技巧、會議後的跟進落實

20. 店鋪員工的人事管理：

員工管理(員工儀容儀表/考勤/超時工作/補鐘安排/每天工作安排/培訓指導)、新員工培訓期後到店鋪的指引、制服與銘牌管理、員工離職處理程序、店鋪經理調鋪或離職交接程序、各種人事報表的使

用

21.化妝專櫃的管理：

專櫃及促銷小姐新到店鋪、退場處理程序、化妝單簿，賬簿登記、化妝報表、專櫃訂貨，每月盤點

22.店鋪保安安全管理：

高買處理、保安員管理、拾獲顧客財物的處理、垃圾的處理、店鋪防盜系統、店鋪的開啟和關閉

23.溝通和處理投訴

24.應急處理：

· 店鋪各種設備的報修

· 店鋪防盜系統不能啟動、停電、收銀機不能操作、電子刷卡機故障、火警、緊急聯絡電話

25.店鋪廣播管理

26.政府人員、傳媒到訪店鋪的處理

27.全面操作店鋪日常營運業務

第五節　連鎖店的商品流動作業

以藥妝品連鎖經營的屈臣氏店為例，各連鎖店如何配合商品流動的配合作業。屈臣氏商店的物流管理流程與執行標準：

1.訂貨員在統計完店鋪所需的所有商品後開始下訂單，但根據屈臣氏的規定，訂貨員必須採用貨架訂貨、促銷訂貨、供應商訂貨以及貨號訂貨方式。

2.收貨員根據訂貨員提供的商品訂單，收集與採購相關的商品，但每次收貨都必須安排三個人以上同時進行操作，有記錄商品編號

的,有開箱檢查商品的,有覆核數量的。

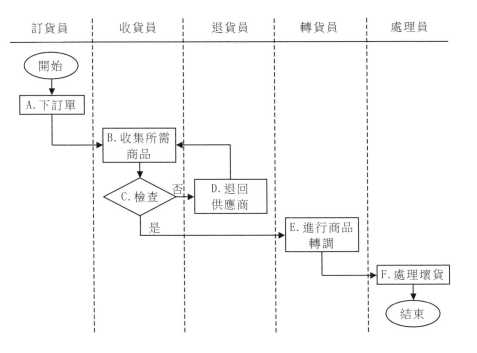

3.收貨員在收集與採購商品的同時,還要第一時間開箱檢查數量是否準確、是否完整、是否在保質期內,尤其是貴重物品。如果存在品質等問題,則應及時交到退貨員那裏;如果不存在相關問題,也要及時交到轉貨員那裏。

4.退貨員在收到收貨員檢查出來的有缺陷的商品後,還必須在收到總部採購部門的通知後才可以退回供應商,而且退貨規定紙箱外應貼有箱頭紙,並清楚地填寫箱頭紙、箱數。

5.轉貨員負責將合格的商品快速、安全地送達到各個店鋪內,以保障商品靈活調換。

6.處理員對於物流過程中的過期或者損壞不能銷售也無法退還給

供應商的商品，必須定期進行處理。

📢)) 第六節　案例：連鎖速食店培訓法

　　麥當勞連鎖店在極其快速的發展中，成為覆蓋全世界 50 多個國家和地區，擁有 1400 多家分店，每天為 2200 萬人提供服務的連鎖快餐店的。如何在快速發展中使公司維持一支高素質、富於生產力的員工隊伍，是企業經營中的一大難題。

　　麥當勞的培訓，舉世聞名，為多家連鎖店學習對象。在經營上的一大秘訣是大量採用兼職人員，提倡所謂「年輕人才短期戰鬥力」和「持續的人才活性化」系統，新員工主要從應屆高中和大學畢業生中招聘。

　　在一家麥當勞分店裏，一般只有三、四名正式員工，包括店長和副店長，主要從事管理工作；而其餘的約六七十名員工都是兼職人員，採用輪班制並計鐘點工資。

　　我們來看麥當勞的晉升及培訓制度，從中可以窺見其組織發展和人才發展策略：

1.新員工入職培訓

　　新員工一經錄用，即成為麥當勞的戴白色船帽的水手，(取名「水手」，象徵每一家麥當勞餐廳都是一艘船，員工是船員，在激烈的市場競爭大洋中，全體員工同舟共濟。)新員工經過 6 天的入職培訓並通過成果檢驗後，將成為戴藍色船帽的水手。(如圖 8-6-1)

　　新員工培訓的第一天是「水手指導」項目的訓練，內容包括認識新環境、瞭解「麥當勞文化」、作業狀況及工作準則、員工各項權利義務等。培訓方式是資深指導員利用「水手手冊」、錄像帶等進行

親切、和善地說明、講解、參觀現場等。主要目的是通過瞭解麥當勞，消除新員工初到新環境可能產生的緊張和不安。

圖 8-6-1　麥當勞的「人事金字塔」

第二天則進行初級課程訓練。男生跟隨另一名指導員學習廚房事務，包括認識廚房設備、器具的用法、學習廚房禮儀、產品製造、如何清潔環境等，時間約三小時；女生則分配到櫃檯招呼客人、收賬、接受客人點菜及收拾整理環境等技巧。

新員工經過 5 天的培訓後，第六天進行成果檢驗，通過檢驗後發給藍色船帽，晉升為正式水手，鐘點費同時加級。

2.晉升指導員的培訓

新水手戴上藍色帽子後，即加入生產、銷售行列，在指導員帶領下，經過約一兩個月的學習和鍛鍊，如果已經熟練掌握份內工作，可以自己申請，或通過主管推薦，參加一項員工高級訓練項目，這項訓練和考核非常嚴格，時間也較長，因此參加這項高級訓練的員工被稱為「挑戰者」。

要通過這項訓練項目，男生必須掌握櫃檯銷售工作，女生則必須懂得廚房生產作業，而且要利用上班時間，努力改善一對一訓練時所指出的店中業務缺失。最後經過嚴格的考核後，從「藍帽水手」升格為指導員，優秀者更可成為「明星」(比指導員高一級)。

3.晉升副經理的培訓

晉升副經理的條件，必須是指導員中成績優秀者，須在一家分店擔任指導員三個月以上，經由店長和副店長推薦，方可獲得資格參加為期一到兩個月的「副經理訓練程序」培訓。

「副經理訓練程序」課程內容包括學習生產管理、客席管理、商品管理、基本的營運管理、接待和安全管理等。最後通過考核，成為副經理，副經理是兼職人員中的最高級別。

4.晉升第二副店長培訓

第二副店長屬於正式員工，麥當勞的正式員工來源有兩個：一是從優秀的兼職人員中內部提拔，二是對外招聘。

無論那種途徑，都必須在店中實習兩個月，同時接受店長的「管理訓練程序」在職培訓，然後進入麥當勞公司的漢堡大學受訓九天，學習商品製作法、銷售管理、原料和商品品質庫存管理、店鋪衛生安全管理、勞務、顧客、利潤、保養和情報管理等專門為該職位設計的課程。修完全部課程且成績合格，可取得漢堡大學學士學位，同時晉升為第二副店長。

5.晉升店長培訓

晉升到第二副店長，回到分店參與實際作業，同時再研修「管理發展程序」。約六個月後，又進入漢堡大學接受十天密集訓練，學習專為培養店長而設立的課程。

店長訓練課程內容包括：勞務、機器製造原理、全套經營管理、普及技術革新及新產品的指導等課程。合格後取得漢堡大學碩士學位。

但是要晉升店長，還需時常復習，反覆演練在培訓中學到的知識，並經過推薦和審查合格。由於店長是一家分店的主腦，其才幹及領導能力攸關全店業務與管理成長，因此在人選的考慮和審核上，特別慎重和嚴謹。

從麥當勞完整、嚴格、規範的員工培訓制度中，我們可不難窺見其培訓政策和培訓文化。這種結合本身發展需要，具有濃鬱的麥當勞特色的晉升培訓制度，切實保證了麥當勞餐廳的各級員工都具備本員工作所必須的能力和素質，員工的高素質確保了公司組織效能的充分發揮，有效地支持了企業競爭優勢的確立。這應該就是麥當勞享譽世界、長盛不衰、不斷擴張發展的秘密吧！

心得欄

第 *9* 章

連鎖業的「手冊化」經營管理

 第一節　手冊化的連鎖經營方式

連鎖系統的作業特徵是「化繁為簡」、「標準化經營」，而這一切都可透過「手冊化」經營管理方式：

①現場作業簡單化(Simplification)：連鎖企業講求迅速，因此越簡單的流程越能達到目標。

②專業化(Specialization)：一切工作將趨向細分並專業，在商品方面則強調差異化。

③標準化(Standardization)：一切工作將趨向標準化，每一件事都依照標準形式去做。

連鎖店經營最重要的是，透過 3S 原則，將各種例行工作予以手冊化，凡事都有標準作法或工作程序。

對於這種「手冊化經營管理」，一般人却誤解甚深，視其為束縛人類行動的工具。

一般所使用的大部份手冊，僅是條列注意事項，即並未有整合性文章；至於其內容，也僅是讓業已熟練、已經不需要手冊的人士所能理解。因此，這並非連鎖商店經營體系中的手冊。

所謂手冊化，是指將完整的作業命令加以書面化。

雖然書面的評定「手冊化」管理，也要一再的更新、修正，經營管理制度不斷健全與更新，作業系統化以節省內部協調之運作成本與時間，建立標準化且巨細無遺的門市運作管理手冊，例如店主管手冊、店職員手冊、營業分析技巧(月報)、賣場管理手冊、員工手冊、商圈調查精耕行銷手冊、新拓店作業手冊等。

第二節　手冊化的經營管理

在「手冊化」管理中，餐飲業的一個著名例子是美國麥當勞速食店的作法，它自己訂定一套「麥當勞基本手冊」徹底執行，效果非常好。

1. 徹底推動 QSC 的基準手冊

麥當勞的最高公司政策「Q(Quality)品質，S(Service)服務，C(Cleanness)清潔」這項政策不但在餐飲業界，甚至在運輸配銷業界也具有深遠的影響。它在服務業界廣受推崇，業者均以它作為工作指標。這些原本只是被視為商品附加價值的一部份店面管理，經由麥當勞連鎖經營的成功，逐漸受到大眾的重視。

基準手冊應該是由 2H2W 來編訂。

2H2W：(What，Why，How，How much)什麼，為什麼，如何，何種程度。

麥當勞為了從頭到尾執行這套基準手冊，制定了一套完整的體

系。在控制品質方面，有營運及維修手冊內部結構；在服務方面有促銷手冊；清潔方面有建築維護預防性修護等手冊。這些手冊由總公司相關單位準備而成，內有主題的短文、照片、說明事項。

在實際運用時可分為數個階段：

· 訓練計劃
· 工作檢查表(Check List)
· 各種指導資料(Guide)
· 工作評價(Performance Review)
· 工作心得報告

在計劃方面，適用於員工的有：

· 經營管理訓練計劃(Management training program)
· 經營開發計劃(Management development program)
· 主管訓練計劃(Supervisor training program)

另外，要進入美國芝加哥的漢堡大學之前，還有基本作業講習，實用器材課程計劃必須完成。而計劃兼差者在進入工作之後，要參加服務員基本作業、服務員高級訓練課程的進修。而基本和高級的差異是由教育和訓練的質量與內容來決定的。

在接受基本訓練時，目標設定在能夠完成某件事，而高級訓練課程的目標則是將事情做得更好、更快，並且養成計時人員的判斷力、注意力集中，並要求正式職員探求事物原理，作為他們平日的營運調整標準。

一般手冊中所看到的情形多半是「必須……」「確實的……」等字眼，其實這些話是毫無效力可言。麥當勞數字繁多的員工操作手冊，能夠成為實踐工具，正是因為它不是一些有口無心的空洞口號而已。無論是以工作職責為出發點的手冊，或是以工作崗位為出發點的手冊，它絕對要以現場作業為出發點，排除虛飾，以實用來編制手冊。

高效率的手冊，並不是那些引用高級工具或是採取其他類似公司

事例編寫而成的空中樓閣式手冊，它是以現場作業為原始材料，並吸收、加工而成，這樣才能成為真正有實效的手冊。

麥當勞的手冊最大目的是徹底貫徹 QSC，讓顧客得到最大的滿足。Q、S、C 是什麼？為什麼員工非遵守不可？它為何應該達到原標準？這些問題在基準資料手冊及高級作業手冊都有答案。

被大家熟悉的二萬五千項技術軟體更是達到 QSC 的工具。服務員對於自己擔當的工作，只需要具有最低限度的基本知識就足以活用這些資料手冊了。而手冊的高完成度與手冊之間的高連貫性是作業程度中最重要的關鍵。各店的生產效率、計時人員比例、店頭銷售系統(POS)普及率、配銷中心供應品分配比例等，是一般追求的目標。系統化作業的硬體固然很重要，軟體的完成亦是非常重要的。

很好地將手冊規定的內容完成，並與「生產採購系統」及「行銷系統」密切合作，這三者的整合作業，使得前線——營運工作能夠踏實的向前，這便是麥當勞的基本政策戰略化了。

2.麥當勞的七大基本政策

著名的麥當勞基本政策，有七大要素

① QSC+V(品質、服務、衛生+價值)

② TLC(Tender、Loving、Care,細心、愛心、關心)

③ Customer's be First(顧客永遠第一)

④ Dynamic、Young、Exciting(行動、年輕、刺激)

⑤ Right Now and No Excuse (立刻動手，做事沒有藉口)

⑥ Keep Professional Attitude(保持專業態度)

⑦ Up to you(一切由你決定)

這七項不單僅是企業觀念，而且是麥當勞集團的行動規範，這更可以說是麥當勞企業的戰略。清楚的說，這些是「判斷的標準」，期使最前線的店鋪從店員到打工人員，自始自終作為一貫性行動的範本，但是這仍需要有默契上的配合。

在麥當勞作業中有一些很重要的字眼，它能使作業發揮最大的作用，例如：

① Get Fresh 保持新鮮，Quality & Quantity 質和量。

② Fast 快速，Smile & Hustle 微笑充滿生氣。

③ Clean Clean Clean & Clean 清潔之後還是清潔。Sanitation 衛生，Clean as you go 隨手清潔。

④ Fun place to go 充滿快樂的地方，Good will 親切好意。

⑤ Return Customer and New Trial 固定的客人與新來的客人，Family Restaurant 家庭式餐廳。

⑥ Don't Stop Motion 保持動個不停。

這些字充分補全了手冊的不足，提高手冊完成度，更使這些觀念不但深入員工，同時成為所有顧客對麥當勞的形象認同。總而言之，麥當勞這套營運系統至少已達到了下面幾項：

①在整個公司中建立了共同價值觀。

②強化店面自立的特性。

③提高了社員的工作意願。

④在短時間內將兼職打工人員訓練成軍，並將兼職打工者的流動率降到最低。

⑤對多樣化市場及品質的變化極為敏感。

⑥對培養經理幹部有相當效用。

⑦養成工作人員能及時下正確決定的習慣。

⑧促進組織及人才活用。

第三節　撰寫連鎖店的經營手冊

　　所有成功的連鎖體系，其核心是一個符合連鎖特點的單店管理系統，用以確保整個特許經營網路的營業水準的穩定。這個系統的資料會全面及明確地記錄在操作手冊中，並在開展特許經營業務時分發給各加盟商。操作手冊專為受許人及其分店的營運人員所設計，裏面載有加盟業務日常營運的所有相關資料。

　　為了不斷提升加盟店的商業管理知識及加盟業務知識，加盟店會得到特許人所提供的全面系統的培訓，但是僅僅憑藉這些培訓還不能讓受許人完全掌握特許業務的操作標準。操作手冊的制定恰恰彌補了培訓的不足，它為加盟店進行日常營運管理提供了全面的工作指導。手冊中包含以書面形式提供的經營特許業務的詳細方法，和各個細節方面的指導資料，應包括以下內容：

1. 簡介

　　這部份主要對本業務的基本特徵和經營哲學進行簡要介紹。

2. 業務體系

　　這部份應該詳細說明業務體系的各個細節，如業務如何建立，它的各個組成部份如何相互配合，從中能否大概瞭解本業務整個體系的運作流程。

3. 設備

　　這部份專門說明業務經營所需的設備，應詳盡解釋所需設備的功能和具體操作方法，還應給出設備出現故障時如何維護以及設備供應商和維修商的聯繫方式。

4.經營技巧

此部份包括詳細的經營技巧，它是進行日常經營管理的說明書。大致內容包括：

⑴營業時間

⑵交易方式

⑶員工工作安排

⑷標準工作形式和程序

⑸對員工儀表的要求(如制服)

⑹員工培訓程序

⑺招聘和處罰員工的程序及需遵守的義務

⑻定價政策

⑼採購政策與交貨安排

⑽產品標準(數量標準和質量標準)

⑾服務標準

⑿員工職責：對每一位員工職責的詳細描述

⒀特許使用費的支付：計算費用的詳細方法，應提供一個樣本

⒁會計：受許人應採用的會計方法、內容和程序

⒂現金和信貸管理程序

⒃廣告和市場營銷：包括對售貨現場廣告、營銷和推銷技術方面，可以做和不可以做的各種行為的清單

⒄對營業場所風格要求及使用特許人商標或服務標記的方式

⒅存貨控制程序

5.標準形式

這部份提供經營指令的各項內容的參考樣本，如員工勞動合約、廣告與市場營銷合約等。

6.資訊

具體地，連鎖總部應該公開提供如下資訊：

⑴確認及加盟權的資料。包括：合法資格證明、資信證明及註冊商標、商號、專利等；

⑵有關連鎖總部的總體經營情況、財務狀況以及直營樣板店的經營業績；

⑶有關特許權的出售數量及終止率的統計資料；

⑷其它加盟人的經營情況，已經實踐證明的特許網點投資預算表；

⑸批准加盟人的經營區域和加盟方式，以及在該區域的投資預算；

⑹加盟人為獲得或開始加盟經營應支付的費用及支付方式；

⑺加盟人在以後特許經營活動中繼續向特許人或其代理機構支付的費用及支付方式；

⑻與加盟人有業務聯繫的總部工作人員名單；

⑼加盟人應購買、租用的不動產、服務、供應物資、產品、招牌、裝置或設備以及為進行這些活動需要聯繫的人員名單；

⑽總部對受許人提供的各種經營管理及財務上的援助；

⑾總部對受許人商業行為的限制；

⑿有關培訓計劃。

7.營銷加盟權的確定

總部把其加盟權市場化的最好方法是展示其成功，並建立試點經營以證明加盟人的想法是正確的。如果在試點經營中，總部有能力展示其成功，那麼這本身就是一種最好的營銷。

第四節　連鎖店操作手冊內容

　　連鎖店操作手冊是連鎖店的經營智慧，必須妥善編制，努力實現，盡量不外洩。

1.業務手冊

　　業務由不同部門和若干工作環節組成，有明確的前後邏輯關係，針對某項工作而展開的各種事項和工作關係。業務手冊明確規範某項業務的政策、內容、標準和流程，使業務標準化，並維持較高水準。

　　(1)開店分冊

　　詳細說明開店流程及其相關事項，包括：

　　· 商圈調查和選店條件

　　· 開店法律手續

　　· 商店裝修

　　· 電腦設備

　　(2)分店營運手冊

　　詳細介紹分店營運規範，包括：

　　· 分店組織

　　· 銷售及服務標準化

　　· 商品陳列

　　· 財務體系

　　· 盤點制度

　　· 收款及現金管理

　　· 與總部的關係(人、財、物、資訊、共同活動等)。

(3)加盟店手冊

詳細規範加盟店的選擇，加盟店商圈的劃定，加盟合約等。

(4)廣告手冊

本手冊規範企業廣告活動。包括：

· 廣告目的、預算、形式

· 和企業營銷活動的配合，新開店的配合

· 企業整體廣告和地區分店廣告

· 個案的處理原則。

(5)公關手冊

本手冊規範企業的公關活動。包括公眾公關活動和加盟代理商公關活動。

(6)營銷手冊

詳細規範企業營銷策略和營銷行為。包括：

· 市場分析和定位

· 商品策略

· 通路政策

· 價格政策

· 競爭策略

· 推廣策略

· 營銷組織及管理

(7)總部管理手冊

總部的內部管理和有效控制是連鎖組織的關鍵，主要包括：

· 計劃管理

連鎖店是多店鋪經營，必須有各種長期策略性計劃和短期作業計劃，才能方便工作人員操作，計劃管理也是連鎖店管理的起點，計劃的產生是市場分析的結果。

· 銷售管理

銷售管理是總部日常管理的關鍵,分為各分店的銷售日報和總部的匯總分析兩個方面,是商品規劃、庫存管理、價格管理的基礎。

· 與生產部門的配合作業

這是連鎖企業的「採購」作業,須滿足各分店的所需商品。此項工作需與銷售管理密切配合。

· 存貨管理

可分為現貨管理和配貨作業兩方面。

· 資訊管理

連鎖組織日常信息量極大,必須借助於完善的信息管理體系,對各種資料加以收集、分析,這是連鎖組織成功的關鍵。現代連鎖組織均採用電腦化管理,須制定電腦系統規範。

⑻ VI手冊

規範企業視覺要素。

2.員工手冊

員工手冊針對組織中的具體工作進行規範,使員工能迅速認識工作環境,理解本崗位營運和作業內容,相關人事制度等,使企業每個工作崗位工作標準化。

⑴員工手冊體系

· 企業組織手冊:明確化企業組織結構和各部門職能

· 品牌經理手冊　　· 正規連鎖分店長手冊

· 營業員手冊　　　· 支持加盟店的業務員手冊

· 企劃人員手冊　　· 公關人員手冊

· 電腦員手冊　　　· 財務人員手冊　　· 配貨人員手冊

⑵員工手冊提綱

· 工作職位的相關工作常識

· 企業介紹

- 本工作職位在組織中的位置及職務說明
- 本工作職位的主要業務及程序，標準
- 本工作職位的許可權和義務
- 本工作職位和其他崗位的關係
- 本工作職位的工作環境
- 本工作職位的員工資歷
- 本工作職位的人員任用
- 本工作職位的相關制度

◄))) 第五節　家電連鎖業的手冊化管理

表 1-1　國美門店經理管理分冊

	程式名稱	程式標準
8：45之前	工作前的準備檢查	對門店營業前的情況做好檢查，包括員工打卡、昨日盤點及庫房情況、配送中心的商品補充情況、本日的工作計劃等，注意重要促銷活動的提前安排。
8：45	晨檢	召開晨檢例會，檢查員工到崗情況、精神面貌、儀容儀表，傳達公司檔精神，總結昨日工作情況，安排本日工作等。 檢查到位，做好宣廣工作
9：00～10：00	檢查開業情況	對門店開門營業的重點情況進行檢查監督，如門店退殘、業務商品的調度、重要促銷活動的安排監督、員工衛生打掃、展品的清潔、價簽及POP的到位等。

10：00～ 11：30	日常業務	開展日常的門店管理業務，對業務的管理協調、對門店人員的管理督促、對財物的監督管理、對外的公關協調等辦公性工作。每1～2小時檢查門店營業廳情況一次。
11：30～ 13：30	進餐及 半日工作 情況	進餐，以及對門店員工進餐的管理，確認上半日門店工作的全面情況，瞭解本日工作計劃的進程情況。
13：30～ 16：00	日常業務	同日常業務管理。
16：00～ 17：00	店內檢查	對門店營業狀況進行考察，包括店面衛生、銷售情況、促銷效果、商品到貨情況、員工的精神狀態和儀容儀表，與員工之間進行溝通激勵。做好平時檢查督促和溝通。
18：30～ 19：00	店內管理 層會議	召開店內管理層會議，總結一天工作情況，包括銷售業績、員工管理、財務狀況、售後問題、促銷的效果、出現的問題、第二天的工作計劃和目標等。溝通情況，確認計劃完成。
19：00	工作總結 及第二日 計劃	將本日的工作進行總結，確認工作計劃的完成情況和程度，填寫經理日誌，做本人的第二天工作計劃。做好計劃及急需解決的問題。
其他重要工作		
每月定期	優秀員工	按公司要求對門店員工進行綜合性評比，從銷售業績、工作的積極性、工作規範執行、業務知識經驗的熟練和提高、與其他員工的溝通和協調等方面入手，促進員工積極性的提高，促進門店建設的發展。
每月定期	獎金分配	根據公司關於獎金的規定，以促進門店業務發展，員工積極性的提高。

續表

每日、定期	培訓工作	根據公司以及門店培訓計劃，以提高門店管理工作，員工服務技能為目的。將培訓工作具體化解為細緻的培訓方案，並監督方案的具體實施，定期彙報和檢查培訓效果。做好培訓計劃，提高培訓效果。
每週二下午	公司會議	按公司的要求參加每週的經理例會，充分做好參會的準備，會上及時彙報與交流，瞭解公司最新方針，解決工作中的問題。
每日	門店硬體設施	對門店硬體設施建立相應管理檔案，規定責任管理人員，建立定時檢查制度進行管理，保證安全使用，符合公司資產管理規定。堅持日常管理，減少安全隱患。
每日	客戶檔案	建立門店自己的客戶檔案管理制度和體系，對重點區域、重點客戶進行管理，詳細登記顧客的個人及銷售資料，建立良好的客戶關係和經常性的溝通管道，促進門店的業務銷售，擴大顧客群體數量。
每日	人員招聘	促銷員的面試考核。
每日	廠商費用的收取	按公司要求對各廠家收取必要費用，如展臺費、廣告費、贊助費等。
每日	財務控制	收款、票據的填寫開具。
每日	自進商品的管理	按分部商品銷售的特點和本門店的環境情況，引進商品，注意引進商品的上報審批管理。
每日	保安管理	駐店人員的管理、消防管理、鑰匙管理、營業廳安全管理等。
每日	公關協調	門店經理每月、每季定期與所屬政府主管部門溝通協調。
每日	促銷活動	重大節假日、週末、平時。注意媒體的接待管理。

第六節 案例：麥當勞手冊標準化

在麥當勞的作業手冊中可以查到麥當勞所有的工作細節，例如，如何追蹤存貨，如何準備現金報表，如何準備其他財務報告，如何預測營業額及如何制定工作進度表等。甚至可以在手冊中查到如何判斷盈虧情況，瞭解營業額中有多大比例用於僱用人員，有多少用於進貨，又有多少是辦公費用。每個加盟者在根據手冊計算出自己的結果後，可以與其他加盟店的結果比較，這樣就便於立即發現問題。麥當勞手冊的撰寫者不厭其煩，盡可能對每一個細節加以規定，這正是手冊的精華所在。也正因如此，麥當勞經營原理能夠快速全盤複製，全世界上萬家分店，多而不亂。

一、麥當勞的管理精髓

為了保證麥當勞公司的經營觀念「QSCV」(即「品質、服務、清潔和價值」)得到忠實地貫徹，麥當勞制定了自己的企業行為規範，從而把每項工作都標準化，即「小到洗手有程序，大到管理有手冊」。

隨著麥當勞連鎖店的發展，麥當勞人深信：速食店只有標準統一，而且持之以恆、堅持標準，才能保證成功。

麥當勞為了使企業理念「QSCV」(品質、服務、清潔、價值)能夠在連鎖店餐廳中貫徹執行，保持企業穩定，每項工作都做到標準化、規範化，針對幾乎每一項工作細節，反覆、認真地觀察研究，寫出了營運手冊。該手冊被加盟者奉為圭臬，逐條加以遵循。

1.麥當勞營運訓練手冊(O&T manual)

麥當勞營運訓練手冊極為詳細地敘述了麥當勞的方針、政策，餐廳各項工作的運作程序、步驟和方法。30多年來，麥當勞公司不斷創造性地豐富和完善營運訓練手冊，使它成為麥當勞公司運作的指導原則和經典。

2.崗位工作檢查表(SOC)

麥當勞公司把餐廳服務系統的工作分成20多個工作站。例如煎肉、烘包、調理、品質管理、大堂等等，每個工作站都有一套「SOC」即 Station Observation Checklist。SOC 詳細說明在工作站時應事先準備和檢查的項目、操作步驟、崗位第二職責及崗位注意事項等。

3.袖珍品質參考手冊(Pocket Guide)

麥當勞公司的管理人員每人分發一本手冊，手冊中詳盡地說明各種半成品接貨溫度、儲存溫度、保鮮期、成品製作溫度、製作時間、原料配比、保存期等等與產品品質有關的各種數據。

4.管理發展手冊(MDP)

MDP 是麥當勞公司專門為餐廳經理設計的管理發展手冊，手冊採用單元式結構，循序漸進。管理發展手冊中介紹麥當勞的各種管理方法，也佈置大量作業，讓學員閱讀營運訓練手冊和實踐練習。

與管理發展手冊相配合的還有一套經理訓練課程，如：基本營運課程、基本管理課程、中級營運課程、機器課程、高級營運課程。餐廳第一副經理在完成管理發展手冊第三班學習後，將有機會被送到美國麥當勞總部的漢堡大學學習高級營運課程。

二、產品操作標準化

不管是在日本、香港光顧麥當勞，都可以吃到同樣新鮮美味的食品，享受到同樣快捷友善的服務，感受到同樣整齊清潔及物有所

值，可看出麥當勞在標準化這一點上可說極其細緻。

(1)精確到 0.1 毫米的製作細節

例如，嚴格要求牛肉原料必須挑選精瘦肉，牛肉由 83%的肩肉和 17%的上等五花肉精製而成，脂肪含量不得超過 19%。絞碎後，一律按規定做成直徑為 98.5 毫米、厚為 5.65 毫米、重為 47.32 克的肉餅。食品要求標準化，無論國內國外，所有分店的食品品質和配料相同，並制定了各種操作規程和細節，如「煎漢堡包時必須翻動，切勿拋轉」等。無論是食品採購還是產品製作、烤焙操作程式、爐溫、烹調時間等，麥當勞對每個步驟都遵從嚴謹的高標準。麥當勞為了嚴抓品質，有些規定甚至達到了苛刻的程度，例如規定：

- 麵包不圓、切口不平不能要；
- 奶漿供應商提供的奶漿在送貨時，溫度如果超過 4℃必須退貨；
- 每塊牛肉餅從加工一開始就要經過 40 多道品質檢查關，只要有一項不符合規定標準，就不能出售給顧客；
- 凡是餐廳的一切原材料，都有嚴格的保質期和保存期，如生菜從冷藏庫送到配料台，只有兩個小時保鮮期限，一超過這個時間就必須處理掉；
- 為了方便管理，所有的原材料、配料都按照生產日期和保質日期先後擺放使用。

(2)分秒必爭冷透熱透

麥當勞還竭盡全力提高服務效率，縮短服務時間，例如要在 50 秒鐘內製出一份牛肉餅、一份炸薯條及一杯飲料，燒好的牛肉餅出爐後 10 分鐘、法式炸薯條炸好後 7 分鐘內若賣不出去就必須扔掉。

麥當勞的食品製作和銷售堅持「該冷食的要冷透，該熱食的要熱透」的原則，這是其食品好吃的兩個最基本條件。

麥當勞做到別人做不到甚至不敢做的，才能在全球速食領域中

獨佔鰲頭。

三、麥當勞手冊的原則

麥當勞之所以能在激烈的競爭中迅速發展，是因為它適應社會化大生產的要求，實現了商業活動的簡單化、專業化和標準化，從而獲得其他商業形式無可比擬的效益。

1. 簡單化

將作業流程盡可能地「化繁為簡」，減少經驗因素對經營的影響。連鎖經營擴張講究的是全盤複製，不能因為門店數量的增加而出現紊亂。連鎖系統整體龐大而複雜，必須將財務、貨源供求、物流、信息管理等各個子系統簡明化，去掉不必要的環節和內容，以提高效率，使「人人會做、人人能做」。為此，要制定出簡明扼要的操作手冊，職工按手冊操作，各司其職，各盡其責。

2. 專業化

將一切工作都盡可能地細分專業，在商品方面突出差異化。這種專業化既表現在總部與各成員店及配送中心的專業分工上，也表現在各個環節、崗位、人員的專業分工上，使得採購、銷售、送貨、倉儲、商品陳列、櫥窗裝潢、財務、促銷、公共關係、經營決策等各個領域都有專人負責。

(1)採購的專業化

通過聘用或培訓專業採購人員來採購商品可使連鎖店享有下列好處：對供應商的情況較熟悉，能夠選擇質優價廉、服務好的供應商作為供貨夥伴；瞭解所採購商品的特點，有很強的採購議價能力。

(2)庫存的專業化

專業人員負責庫存，他們善於合理分配倉庫面積，有效地控制倉儲條件，如溫度、濕度，善於操作有關倉儲的軟硬體設備，按照

「先進先出」等原則收貨發貨，防止商品庫存過久變質，減少商品佔庫時間。

(3)收銀的專業化

經過培訓的收銀員可以迅速地操作收銀機，根據商品價格和購買數量完成結算，減少顧客的等待時間。

(4)商品陳列的專業化

由經過培訓的理貨員來陳列商品，善於利用商品特點與貨架位置進行佈置，及時調整商品位置，防止缺貨或商品在店內積壓過久。

(5)店鋪經理在店鋪管理上的專業化

店鋪經理負責每天店鋪營業的正常維持，把握銷售情況，向配送中心訂貨，監督管理各類作業人員，處理店內突發事件。

(6)公關法律事務的專業化

連鎖店通過聘用公關專家，可以以公眾認可的方式與媒體和大眾建立良好關係，樹立優秀的企業形象；而通過專職律師來處理涉及公司的合約、訴訟等法律事務，以此確保公司少出法律問題，始終合法經營。

(7)店鋪建築與裝飾的專業化

通過專業的房地產專家、建築師、商店裝飾專家的工作，把店鋪建在合適的地點，採取與消費者購物行為相一致的裝飾方式，使購物環境在色彩、亮度、寬敞度、高度方面維持在一個較高的水準。

(8)經營決策的專業化

通過資深經理的任用，連鎖店在店鋪形態選擇、發展區域、擴張速度等方面均可實現決策專業化，保證決策的高水準。

(9)信息管理的專業化

通過建立或採用配送中心物流管理系統，商品、人事管理系統，條碼系統，財務系統，店鋪開發系統，連鎖集團數據庫系統等信息系統，及時評價營業狀況，準確預測銷售動態。

⑽財務管理的專業化

任用財務專家實現連鎖店在融資、資金流通、成本控制方面的高水準營運。

⑾教育培訓的專門化

設立培訓基地，任用專職培訓人員，持續地為連鎖店培養高素質的員工。

3.標準化

將一切工作都按規定的標準去做，連鎖經營的標準化，表現在兩個方面：

一是作業標準化。總部、分店及配送中心對商品的訂貨、採購、配送、銷售等各司其職，並且制定規範化規章制度，整個程序嚴格按照總公司所擬訂的流程來完成。

二是企業整體形象標準化。商店的開發、設計、設備購置、商品的陳列、廣告設計、技術管理等都集中在總部。總部提供連鎖店選址、開辦前的培訓、經營過程中的監督指導和交流等服務，從而保證了各連鎖店整體形象的一致性。

心得欄

- -

- -

- -

- -

- -

- -

第 *10* 章

連鎖業的商品策略

第一節　連鎖業的商品來源

連鎖店總部的原料開發機能,是由總部將製造商品的原料,及提供貨源的廠商分店所耗用的資材做一完善的調度。在對加盟連鎖店營運時,為了謀求所使用的各類材料的統一,總部必須具備開發獨特的資材以及調度採購的能力。由總部來進行這些工作,為的是使資材的品質提高、成本降低,唯有總部將產品生產之前的原料開發出來,才具有競爭性。擁有一套完善的採購作業系統,是連鎖經營成功的關鍵因素之一。

總部決定自製或外購,主要取決於對經濟效益的考量。此外,連鎖經營形態、商品種類多寡、需求量、生產技術、自製額外成本、存貨處理技術、場地限制,及自有品牌等因素,也是總部在裁定商品是自製或外購時的考慮因素。

不論是決定自製生產或對外採購,成本利益上的經濟規模都是總

部所需加以注意的重點。

一、外購商品

連鎖總部若決定外購商品，外購商品所應該注意的事項包括了商品開發及商品採購兩個方面，說明如下：

1.商品開發

為了提高企業的競爭力，業者應該改變過去自我開發設計商品的做法，同製造業者及批發商分享彼此的資訊，以團隊的合作形式來開發新商品。

2.商品採購

(1)品質至上

現今是強調品質競爭的時代，連鎖業者在採購時不能像過去一樣，單以成本高低作為是否採購的依據，而應以品質好壞作為優先考量。因為低品質的商品所帶來的外部損失(如退貨之時間損失，維修成本及讓顧客不滿意所產生的商譽損失等等)，恐怕更加驚人。

(2)降低成本

業者在追求高品質的同時，也應致力於降低成本，以提高本身的競爭力。

在降低成本方面，可以透過統一採購來提高業者對供應商的議價能力。此外，亦可與專業物流業者共同建立專業分工之體制，以提高本身的後勤經營效率，降低運銷成本及存貨成本。

二、自製商品

連鎖總部若決定自製商品，所應注意之事項包括原料來源、制程控制、存貨管理三個方面。

對於從事商品生產的業者，可以透過聯合採購來降低原料的採購成本。要慎選供應商以管制原料的品質；在採購原料時就對原料品質嚴格把關，避免因品質不良而產生的後繼成本。

在制程控制方面，以提高制程能力最為重要，唯有穩定的制程，才能製造出高品質的產品。在縮短產品制程方面，可以透過工作流程再設計，精簡、刪除不具成本效益的作業環節，以簡化作業流程。

存貨過多會增加不必要的保管及倉儲費用；存貨過少又可能失去增加收益的機會，進而造成顧客流失及商譽毀損。因此，商店要衡量不同店址與當地消費習性，而對商品數量作最適配置外；根本之道在於連鎖總部加強各分店的存貨管理能力，及面對意料外存貨的處理能力。

自有品牌(Private Brand，PB)是指由連鎖企業開發、組織生產並歸其所有的商品品牌或公司符號和標記。自有品牌開發是連鎖企業通過收集、整理、分析消費者對某種商品的需求信息及要求，提出新產品的開發設計要求，並選擇合適的製造商進行生產或自行設廠生產製造，最終以連鎖企業自有品牌在其門店內銷售的一種策略。連鎖業開發自有品牌的意義：

1. 有利於增強商品的競爭力

自有品牌的實施增強了商品競爭力，最突出的表現是它實現了商品的低價。

自己生產或組織生產有自家標誌的商品，節省了流通費用；內部銷售，減少廣告費；包裝簡潔大方，節省包裝費用；規模生產和銷售，降低成本。

2. 有利於形成特色經營

根據市場情況及時生產和供應某些自有品牌商品，使連鎖企業的商品構成和經營富有特色，同時連鎖企業以自有商品為基礎向消費者提供更全面的服務，借助於商品又可進一步強化企業形象，兩者相輔

相成，形成企業自身對消費者的獨特訴求。

3.有利於充分發揮無形資產的優勢

自有品牌戰略的實施，使連鎖企業的無形資產流動起來，給連鎖企業增加了利潤來源。通過自有商品贏得商標的信譽，這種商標的信譽最終變成連鎖企業的信譽，從而贏得穩定的市場。

4.有利於掌握更多的自主權

連鎖企業以自有品牌進行銷售，取得市場經營的主動權，獲得了制定價格的主動權，獲得商業利潤和部份加工製造利潤，增強了抗擊市場風險的能力，成為市場經營活動的積極參與者，從廠家的銷售代理人轉變成為顧客的生產代理人。

5.有利於準確把握市場需求

自有品牌戰略的選擇，使大型連鎖企業的這種優勢能夠得到有效的發揮，它們直接面對消費者，能夠迅速瞭解市場需求動態，並及時做出反應，大型連鎖企業實施自有品牌戰略往往能夠領先生產者一步，無形中增強了企業自身的競爭力。

6.有利於提高經營管理水準

實施自有品牌戰略，要求連鎖企業必須造就和培養一批高素質的經營管理人才，因為此時的連鎖企業不僅只是銷售商品，還要負責產品開發設計、品牌管理、生產與品質檢驗、促銷宣傳等一系列複雜的整體行銷工作，需要培養大批專業人才，有利於提高企業經營管理水準。

企業給沃爾瑪供貨，絕非簡單的利潤驅動。惠宜是目前沃爾瑪主推的 3 個自有品牌之一，另外兩個分別為 Mainstays 與 Simply Basic。對於生產惠宜品牌食品的小公司多利亞娜來說，要經歷比國家標準更為嚴苛的沃爾瑪品質檢測。沃爾瑪每季進行一次例行抽檢，一次的費用就達到了 3000 元，而國內同類的檢測只需 1000 元。即使如此，強大的訂單需求量還是吸引了多利亞娜公司以及很多中小企業的

目光。

沃爾瑪購物廣場裏，冠以「惠宜」這個品牌的食品、家居用品就有大概 120 種，而沃爾瑪在中國 56 家賣場中則有 1800 種沃爾瑪自有品牌商品在銷售，佔其全部 25000 種商品的 7%。

第二節 連鎖業的商品規劃

對連鎖經營而言，商品策略極其重要，連鎖店不僅要引進新商品，更要注意滯銷品。

依其商品來源之不同可分為外購商品及自製商品。對於外購商品而言，其在生產方面著重是商品的開發，商品採購；對於自製商品而言，其在生產面著重的是原料來源、制程控制及存貨管理。

在規劃商品組合的同時，必須先透過市場調查分析與商圈的資訊參考，瞭解顧客群的真正需求，找出最適合該店的商品(即商品定位)，然後規劃出商品組合策略，最後，制訂出合理的商品價格，完成商品組合的規劃。

1.確定商品定位

商店的商品定位與其所在的商圈屬性息息相關，連鎖總部必須要瞭解該商圈的特性是文教區、商業區、住宅區或那一類型。瞭解了商圈的特性，才能針對商圈內「主要顧客群」的生活習性來加以分析，找出最適合出售的商品。

⑴即時消費的物品：是指顧客即興需要的商品，如深夜的零售包子。

⑵緊急需要的商品：指的是顧客臨時欠缺的急用品，如醫藥箱、OK 繃等。

(3)特殊時令的商品：指的是因應時節的商品，如夏天的冰棒、冬天的火鍋食品等。

(4)輕薄短小的商品：不佔空間，或是用完可丟棄的商品屬於此類，如免洗碗盤。

(5)休閒娛樂的商品：指可以打發時間的商品，如小說、撲克牌、書報雜誌等。

2.規劃商品組合

在規劃商品組合時，要考慮顧客的消費便利性與分店經營的利益性，其次是商品的「廣度」與「深度」。

所謂商品的「廣度」，指的是購買相關商品的便利性，要滿足顧客一次購足相關商品的需求；「深度」則是指某一類商品的品項數相對上的多寡，若這類商品和其他商品相比種類較多，則這較多的類別可稱為「深度」強。

在擬定商品組合策略時，若能將商品的「廣度」與「深度」配合考量，則可形成商店的特色以及商品的豐富感。

3.訂定商品價格

商品的定價，必須兼顧到合理的利潤、顧客的滿足感，以及實際的競爭狀況。通常連鎖總部對於較暢銷、差異度不大且價格敏感度高的商品，會參考同業間的定價，以免訂定的價格過高；對於一些單價較高，非暢銷的商品則要視自身營業狀況而定，以免價格訂得太低，有損其形象。商品的定價，要考慮三個方向：

(1)同業的競爭

在訂定價格時，要參考商圈內其他競爭者的定價，對於一些價格較敏感的商品，如飲料、牙膏等等，應訂在競爭店的低價格帶；對於某些價格較不敏感者，如服飾類等，則訂在競爭店的高價格帶，這樣一來，本店所銷售的物品，才會具有競爭力。

(2)顧客的心理

如果有某一類的商品，其中的最高價者高於其他家同類商品的最高價者，消費者便會產生一種心理作用，認為這一家店的東西比別家來得貴。因此，為了塑造出合理的價格形象，對同類的商品可訂定最高上限，凡超出該上限的商品即可考慮不引進。例如：點心類的上限為 30 元、飲料類的上限設定在××元等等，以免讓消費者產生「貴」的感覺。另外，顧客對於一些數目，通常會產生錯覺。例如尾數比整數更讓消費者有便宜之感：如 29 元、69 元、99 元等標價之商品，就比 30 元、70 元、100 元等這些整數令人感到價格便宜。

(3)作業技巧的安排

價格高低的感覺，乃是經過比較之後的相對概念而來的。所以，為創造清楚的價格形象，在標價時可考慮將某些價格相當接近的同類商品，予以一致的訂價，並用卡片標示強調。這樣做一方面可以讓顧客清楚地看到標價，業者也可以不用一一標價，以節省時間，可以說是既省時又省力。

第三節　新商品的開發

商品是連鎖業者生存與獲利的基本源泉，亦是與競爭者決勝的關鍵。

適時的進行新商品引進與滯銷品淘汰，使商品組合不斷的良性循環，以維持並增強商品競爭力，是連鎖業者經營成功的重要因素之一。

然而能在市場上存活甚至暢銷的商品，並不一定就適合在本連鎖體系內出售。仍必須經過更詳盡的分析與銷售企劃，並進行試銷及成果檢討，方可確認新商品的引進是否成功。

例如，擅長出售小家電型態的通路，其銷售人員、運作系統、賣場設計和營運策略均著重於販賣小家電，在考慮導入大家電新商品型態時，就不能僅考量商品的市場特性了。因此在開發新商品時，應將連鎖店本身特性列入重要考量因素。

1.新商品的定義

對連鎖業者而言，新商品的定義可說是——只要是目前門市尚未陳列或販售者，而在市場上已經流通者，都可稱為新商品。

新商品和滯銷品常是一體兩面，新商品導入不當，常會成為滯銷品，是零售商揮之不去的煩惱。故如何成功開發新商品，是採購部門的重要工作之一。

2.新商品引進的來源

掌握市場資訊，特別是商品資訊，方能瞭解市場脈動，導入適切的新商品，即時掌握商機。連鎖業者獲取新商品的資訊管道有：

(1)供貨廠商

供貨廠商對市場訊息關心的程度決不亞於連鎖業。因此，從廠商處可獲知消費需求之趨勢、廠商本身新商品推出計劃、其他廠商之新商品計劃等等。

(2)門市銷售人員

藉著門市每天的販賣活動和顧客的接觸中，可以瞭解顧客所希望的商品傾向及價格水準。以這些知識及經驗為根本，可以對是否引進特定新商品有初步的概念。

(3)競爭者

透過實訪競爭者的賣場，分析它的促銷手法(如 DM 的商品組合)，不僅可掌握競爭者的動態，又可對市場的流行商品有更深入的瞭解，作為開發新商品的參考。

(4)專業報章雜誌與期刊

這些媒體對市場、商品訊息常有深入的報導，也是一個不錯的資

訊來源。

⑸消費者

提供消費者免費服務專線，收集消費者潛在需求，亦是開發新商品的重要管道之一。

3.商品存貨的有效控制

對於每個連鎖加盟店經營者來說，存貨管理是經常面臨但一直很難規劃控制的一環，加盟店可以用商品週轉期（商品從進貨到賣出時間）、商品訂購前置時間（從訂貨到進貨時間）來規劃安全存量。以平均每日銷售量和訂貨前置時間，經過約略估算，便可估算出安全存量，再視缺貨情形和淡旺季做調整，這是簡化的計算過程。

也可以從週轉率來控制存貨，但以每月銷售金額除以庫存金額得到的週轉率，會因商品的不同而有差異。一般來說，商品毛利低、週轉快，則需要較高的週轉率，例如餐飲店就需要較高的週轉率；而珠寶店或高級服飾店，因為商品毛利高、週轉慢，所以週轉率的標準比較低。一般高週轉率的業種如便利店，週轉率約在 2.5～3.0 之間；低週轉率的業種如珠寶，則約在 0.5～1 之間。

店主要意識到，商品賣不出去就是損失，因此每天工作中要小心謹慎，同時要細心地做好商品的整理排列。提早做滯銷處理（滯銷品一直不做處理，等到要處理時就算是打了對折仍然是無人問津，因此，只要一發現銷路不好，儘早以八折、七折來處理掉）；探求降價的原因（為了不重蹈覆轍，降價的理由要明記在傳票上，以便日後做參考。）

在營業場所的銷售人員，若預計某種商品賣不出去，要盡力推銷它。總之經營者要做到：強化與供應商的關係，有理由時要極力地爭取退貨或交換；儘量減少庫存。

第四節　滯銷品的下架

　　零售店在經營過程中為了提高商店的營業額，常常盲目的追求商品組合豐富化，若處理不當，常會使部份商品滯銷，進而影響營運資金的週轉、減低坪效、妨礙賣場觀瞻，連帶降低商店利益。所以引進商品、處理滯銷品，對零售業者而言，實在是一項極為重要的課題。

　　滯銷品是不能實現價值的商品，甚至不能稱之為「商品」。因為滯銷品即使擺在賣場，也只有是浪費陳列面積、浪費時間，而無法提高銷售效率；而未能下定決心把這些滯銷品儘快處理，反而抱著「務必撈回本錢」的想法，將有造成積壓更多滯銷品的不良後果。

　　整個滯銷品處理的過程中，除了做好事前防治及事中發現並診斷的工作外，一旦發現滯銷品，要儘快處理！如此才能更有效地達到資金運用流暢、賣場空間美化、商品陳列豐富及保持商店形象等等效果，並創造其它銷售機會、提高營業利潤。

　　連鎖業者應透過銷售資料找出滯銷品，找出現有的滯銷商品，查看其滯銷原因，是商品之設計、材質、色澤不好，或是價格不合理等等可能的原因一一列出，加以分析。

　　再依各個原因分析，記下改善對策。若是商品設計不佳，則要清楚列出不佳之狀況。若問題出在價格方面，可以在旺季時參考他店的銷售價格，來增加自己每季之前購貨的預測能力。

　　接下來為商品管理方面的原因分析。若是由於置於商場死角，無法成為主力銷售商品，解決辦法為將商品的擺設方式改變，但不只是單純的移動，尚須配合行銷策略作最完善的調整，才能有效地提升庫存迴轉率。另外，為了加強商品銷售率，日常的待客之道及售後服務

等重點，亦不容忽視。

一、滯銷品嚴重影響利潤

在庫存管理方面，最令商店主管頭痛的首要問題，就是，入貨超過一段時間完全銷不出去的「滯銷商品」及一些根本無人問津的商品，但它們卻佔了賣場相當大的空間，給銷售帶來負面影響。

⑴由於這些商品賣不出去，因此，商店預算將只著重於補購已售商品，漸漸地商品的新鮮度將降低。

⑵賣不出去的貨品越多，表示每季季末的廉價出清物機會更多，滯銷物越多，這樣自然獲利狀況不佳。

⑶滯銷商品佔據賣場空間，阻礙流行性商品的販賣。

⑷滯銷商品未經妥善整理而置於賣場中，即使花再多的錢裝潢，亦會破壞整體陳設效果。

二、為什麼會出現「滯銷商品」？

為什麼會出現滯銷商品？要瞭解滯銷商品的原因。

1.「滯銷狀況」——批發依存關係造成滯銷商品。

①太過依賴批發商的營業，本來應由商店本身負責處理的事情，像商品狀況及商品配置業務，皆委由批發商決定及負責。

②明知商品沒有賣點，但礙於與批發商的關係而勉強進貨。

③批發商以賤價將庫存商品轉賣給商店。

2.「滯銷狀況」——採購預測失誤，造成商品滯銷。

①天氣變化反常，造成預測失算。

②缺乏有準確預測能力的採購員，及缺乏擁有商品完善組合能力的商店主管。

③缺乏計劃性的採購案，且已成積習。

④未完全查明消費者及競爭同業的動向，同時市場分析工作亦欠完善。

　3.「滯銷狀況」──採購作業失誤，造成商品滯銷。

①忽視了商店所在地的地域特性及客層之生活形態。

②商店本身庫存狀況未仔細查明，就隨意採購。

③採購計劃缺乏妥善規劃。

　4.「滯銷狀況」──商品需求突然萎縮，造成商品滯銷。

①流行趨勢急劇變化，使商品突然滯銷。

②銷售旺季已過，商品成為滯銷。

③銷售狀況大起大落之商品。

④過了某特定的銷售期，使得商品滯銷。

三、找出滯銷商品

　　連鎖業者積極引進 POS 系統，引進其最大目的就是提早發現出滯留店中的「滯銷商品」。

　　除利用「滯銷商品管理」法外，還加入了 ABC 分析法來幫助達到目的。這種手法是將商品地位的重要性以及所佔比率的大小依次排列，再進行比較分析得出結論。這種分析手法將完全沒有銷售業績的商品挑出，並把成為滯銷商品可能性較高的庫存商品也挑出並列入表中，做成一份可以一目了然的實用表格。這樣，就可以清楚地瞭解滯銷商品的狀況及可作為候補的商品類型。

　　依據 POS 資訊分析，可將本來已列於預定銷售的採購計劃中之商品，轉列為無法銷售之商品，故此分析可能成為「滯銷商品候補表」。因此，各連鎖店主管為了強化商品競爭力，並採取敏銳的行動，實應將 POS 情報分析的數字圖表化，利用色彩區分，使其更為易讀。

四、滯銷商品的改善

商店如何處置已變成「滯銷品」的事實呢？

對策 1：將滯銷商品逐出賣場

就算商店對於庫存管理再細心，在每季季末時總會殘留下一些庫存品。

若商店中的商品銷售率低於標準，則可採以下的方法將商品逐出商店。

⑴將本店無法賣出的貨品轉至他店銷售。

⑵在商品尚有新鮮度時加以標示，在季末時再全數減價出清。

對策 2：加強陳列促銷此類滯銷商品

若是將滯銷商品以賤價的方式逐出商場，實在難以維持業者的營業利益。其實，倒不如強化滯銷商品的銷售策略，以不同於減價的方式來將商品盡速賣出。

⑴滯銷商品常因陳列場所不當而造成，可將滯銷商品移往較好較醒目的陳列場所。

⑵將銷售狀況不佳的商品置於銷路很好的商品群中。但須注意量不能太多，否則可能得到反效果。

⑶將滯銷商品撤除，另覓適當時機再行推出。

⑷雖然商品銷售成績未見理想，但亦可大膽地將其陳列。

對策 3：強化跟催銷售狀況

僅將商品逐出賣場，會造成商場中商品不足，因此，除了撤掉滯銷商品外，尚須跟催銷售狀況。

⑴商店主管每月須擬定每月份的商品行銷戰略，同時與供應商等作事前完善的討論溝通。

⑵除了銷售總業績外，商店主管須確切把握店中各商品的賣出金

額與賣出數量。

⑶為了使庫存量趨於零，要有一套發送的物流系統。

⑷由於上游業者配送頻率提高，故商店業者此時需將訂貨及交貨間之時效循環減至最小。

為了有效跟催商品整個銷售狀況，除了須將銷售情報知會上游業者外，更需與製造商構築出一套完整的作業系統。

對策4：維持適當之庫存

提高庫存迴轉率，首要條件便是早期發現賣場中的「滯銷商品」。但是，在旺季時，往往庫存量會超過預估的銷售量。也就是說，商品在開始都可能會出現存貨狀況。

為了提升庫存迴轉率，業者在採購商品時，就必須保存適當庫存的採購觀念。

⑴在銷售季剛開始時，銷售狀況尚不激烈，因此庫存量可以不要太多，而將重心放在加強商品陳設等層面上。

⑵強化採購預算管理，努力使庫存量合乎銷售預定量。

五、滯銷品淘汰方式

滯銷品處理應分三個階段來討論：

⑴進貨前

力求採購計劃的週密與進貨態度的謹慎，是杜絕滯銷品的首要前提。採購人員及商品開發人員應扮演好把關者的角色，拒讓「潛在滯銷品」上架！

⑵進貨後

商品一旦決定導入商店後，相關人員應善盡「照顧」之責，隨時注意商品週轉情形、庫存狀況，以儘早辨視出賣場中已成為滯銷品的商品，方能即時處理，減少損失。

(3)善後處理

商品經評定為滯銷品後，應立即果斷的處理，而不應置之不理。

第五節　中華餐飲的麵點王連鎖店

　　中式餐飲連鎖最大的障礙就是難以標準化。如果說中式餐飲連鎖企業不能讓廚房生產流程化，很難談連鎖化。

　　深圳麵點王連鎖店成立於 1996 年 11 月，以經營傳統的麵食為主，以白領階層和家庭消費群體為市場定位目標，已發展成為 50 多家直營連鎖分店的大型速食連鎖企業，並榮獲「中華餐飲最具影響力知名品牌」等多項榮譽稱號。

　　麵點王的成功主要在於突破了中式連鎖速食的發展瓶頸——標準化問題。麵點王是如何解決標準化問題的呢？

　　一是店面形象管理：麵點王所有的店面都是簡單、明快、統一的裝修風格。以傳統的樣式和簡潔的八仙桌、木椅為主。

　　二是商品供應鏈管理：首先是食品的原材料都有專門的廠家，而且所有原料都由倉庫、調度室和生產的人員三方共同驗貨，並保持一致的驗貨標準及流程；其次看生產，其菜、面、粥共計 130 多個品種中的 80%已經實行了標準化管理：一斤面做多少個水餃，一斤米煮多少碗粥等都有嚴格規定；再看分店的出品都要在指定售賣時間出售，過期必須倒掉。

　　三是營運系統管理：對整個營運系統制定了相對完善的流程與標準。如：對人的管理方面，新員工幾乎都是從內地招進的大中專生，工作前要進行半個月的專門培訓，上崗後實施老員工帶新人的模式。在麵點王，員工統一著裝、統一髮式、統一用語。

　　標準化的運作模式，帶來的是衛生、效率和品牌，也帶來了麵點王連鎖事業的健康快速發展。

心得欄

第 *11* 章

連鎖業的物流配送

🔊))) 第一節　連鎖業的物流特性

連鎖店經營的最大特色,是由連鎖總部統合各個分店的運作,而不像其他單店一般各自負責自己店鋪的營運。正因如此,連鎖店的物流活動必須受到連鎖總部的指揮,一般來說具有下列幾項特性:

1.少量多樣化

由於近年來消費者的偏好趨向多樣化,為滿足各種形態消費者的需求,連鎖店必須提供種類繁多的商品品目;相對的,每項商品的需求量也隨著需求種類的增加而減少了。對於各連鎖店來說,必須儲存多種類而少量的存貨;相同的,當連鎖店向總部的倉儲部門或物流中心訂貨時,也是採取少量多樣化的方式,以補存貨之不足。

2.物流週期時間短

當連鎖店的各分店存貨不足時,只要直接向物流中心發出訂單,物流中心便將貨品直接配送至各分店;而一般的零售店在同樣遇到存

貨不足的問題時，必須直接向各供應商發出訂單，再由各供應商將貨品配送至各店鋪。在連鎖店的物流管理系統下，各供應商只需處理物流中心頻率低且數量大的訂購及配送。因此，連鎖店的物流時效較一般零售店短，進而提高經營效率；成功的連鎖業，由於具備經濟規模效益，其物流配送快速而且週期短。

3.降低成本

由於連鎖店的物流活動由總部的物流中心來負責管理，因此在採購上能滙集所有分店的需求量，統一發出大數量的訂單；將貨品集中存放在倉庫中，以節省各分店的倉儲空間；並在配送貨品前，將時間及距離納入考量，以規劃出最佳的路線，因而能降低單位成本，進一步達到規模經濟的效果。

表 11-1-1　傳統物流和現代化連鎖店物流的差異

項　　目	傳統物流	現代化連鎖物流
商品種類	少	多
每種商品數量	多	少
配送頻率	低	高
物流週期時間	長	短
作業方式	人工	自動化

第二節　物流配送的種類

連鎖店的經營，免不了要牽涉到商品配送的流動，稱為「物品配送」或「物流」。

物流，是物品流通的簡稱，是從供應者向需要者的物理性移動過程，創造時間性價值、場所性價值、加工價值的經濟活動。美國物流界對物流的定義為，物流是計劃、執行與控制商品、服務及相關資訊從原始點到消費點，按照顧客需求進行有效率且有效益的流動與儲存的過程。

一般而言，連鎖店的物流，有兩種：第一種，本身所擁有的物流配送中心，第二種是聯合型的配送中心。

1.連鎖企業自己所擁有的配送中心

這種形式的配送中心是由連鎖企業獨立出資，獨立的經營管理，為自己的連鎖企業提供貨物的物流中心。

一般情況下，實力較強的連鎖企業都建有自己的配送中心，它主要是為本企業的連鎖店配貨，同時也可以為其他企業提供貨物，能夠創造更大的經濟效益和社會效益。而且這種作法也符合企業的長遠利益和戰略發展的需要。連鎖企業都各有自己的經營特色，自建配送中心有利於協調與連鎖店之間的關係，保證這種經營特色不受破壞和改變。

2.聯合型的配送中心

這種配送中心具有開放性的特點，是由一家或幾家連鎖企業與物流企業聯合，分別承擔不同功能，共同實現配送中心任務，為自己的連鎖店和其他企業進行貨物配送。

這種聯合可以有效地節約建設投資，降低物流成本，提高配送效益，也能夠推動物流企業完善功能，帶動物流企業的發展。

第三節　連鎖業的物流步驟

近年來，由於各連鎖店業者越來越重視除了倉儲以外的其他物流管理機能，以及因應分店數目的快速增加，因此設立了物流中心，以便專責管理連鎖店的物流過程，其物流管理活動均包含了以下四項重要步驟：

1. 訂購

貨品的訂購包含兩個步驟，一是各個分店向物流中心要求配送其所需貨品，另一是物流中心向各個供應商整批訂購貨物，此兩種訂購形態有很大的差別，一般分店所下的訂單通常商品種類繁多，每項商品的數量很少；而物流中心向各個供應商通常訂購整批、大量的商品，以便供應所有連鎖店之需求。

2. 倉儲

當供應商將所訂購的商品運送至物流中心時，便將所有商品存放在物流中心的倉庫中。由物流中心統一儲存商品，可大量減少各分店的存貨數量，節省倉儲空間，使分店賣場獲得充分的利用。

3. 撿貨

當各連鎖加盟店必須補充商品時，便向物流中心發出訂單。此時，物流中心會依照各分店的商品需求，至倉庫中撿選所訂購的商品，再加以包裝、分類後，運送至各個訂貨分店。

4. 配送

商品配送是貨品由供應商出貨之後，轉移至各加盟店的最後一個

步驟。當滙集各加盟店的訂單後，物流中心便依據供貨績效，開始設計路最短、最節省時間的經濟配送路線，使用貨車等交通工具，將撿貨完成的商品分別配送至各加盟店，完成了連鎖店的物流循環。

第四節　連鎖業的物流管理重點

本節介紹連鎖體系的物流配送管理重點，包括「訂購」、「進貨」、「返品」、「報廢」、「揀貨」⋯⋯等。

1.訂購制度

⑴採購組每日檢查庫存(電腦自動刊印)，若至請購點時，需填寫請購單，經主管核章後辦理採購事宜；

⑵採購組查詢貨品供應商的其他貨品庫存狀況，以簡化作業並符合規模經濟；

⑶採購組依據廠商資料表製作《訂購單》一式二聯，並以傳真或電話通知廠商，並將《訂購單》第二聯交(傳真)儲運組備查，第一聯自存；

⑷採購組於每次確認訂購單後，當日發出通知，依照與各家廠商協議的時間，送貨至請購單位，進貨時間安排在每日 AM10：00～11：30，PM3：30～4：30。

⑸緊急採購經部門主管核准後進行，事後需補填請購單；

⑹儲運組也須與採購組共同依照儲位大小、經濟訂購量、安全庫存等設立採購量，採購量的最小數量須事先與廠商協議；

⑺採購組應在進貨驗收單上每日查核應送的物品。如發現過期而未到的訂購單，應立即查詢貨品延誤的原因，並催促儘快發貨。

2.進貨制度

⑴廠商於送交貨物時必須填寫進貨驗收單一式三聯，詳細寫明送貨內容及訂購單號碼，連同所送的貨品送到指定的收貨處，並由儲運組收貨人員進行驗收；

⑵儲運組核對進貨驗收單與訂購單無誤後，在進貨驗收單上簽章，將第一聯退廠商作為送貨的憑證；

⑶儲運組將進貨驗收單的號碼抄錄在貨品上，同時在訂購單上填寫進貨驗收單號碼與收購日期；

⑷儲運組根據進貨驗收單檢查及證明下列各項：

貨品編號、品名規格、交貨者名稱、交貨數量、

實際接收數量、收貨日期。

⑸儲運組若發現送來的貨品混有其他貨品或其他特殊 狀況時，必須在進貨驗收單接收狀況欄內寫明，作為品質檢驗的參考；

⑹儲運組在進貨驗收單上填入必要內容並核章後進行貨品質量檢驗工作；

⑺驗收注意事項：

貨號、品名、規格、數量、重量、包裝、品質、

有效日期、進價。

⑻驗收無誤的商品，再由儲運組以彩色筆將該貨品的儲位於驗收時書寫在貨品包裝上，以便存放定位；

⑼儲運組於驗貨時如有溢收數量，應通知採購部視實際情況是否補開《進貨驗收單》，否則拒收；

⑽儲運組應依據《進貨驗收單》，每日提出應交未交物品，供採購組跟催，次月 5 日前應提出超交、欠貨資料，供採購、會計、管理部門參考；

⑾儲運組將交貨實況填入《廠商資料卡》交貨資料各欄後辦理入庫存手續。如驗收後發現不符所需，則通知廠商進行退貨處理。

⑫儲運組核對貨品數量與良品總數是否相符，於安排貨品進入倉庫後，在進貨驗收單二至三聯良品總數欄蓋倉庫接收章，再送至儲運組主管處核章；

⑬儲運組主管核章後的進貨驗收單第三聯自存，根據良品總數轉存至電腦；

⑭進貨驗收單第二聯送會計作為付款的憑證。

3.返品作業制度

⑴出貨中途不接受退貨，惟下列狀況可接受退貨：

貨品搬運中損壞、品項錯誤、瑕疵品回收、延遲且逾時、地點錯誤。

⑵司機送貨至門店時，如有上述情形，應將退回品項及原因記錄於銷貨單上，經客戶確認，於返回公司後，依據銷貨單上的記錄製作銷貨退回單；

⑶如客戶事前通知貨品退回，運輸應製作銷貨退回單五式三聯，交由司機至客戶處辦理退回。經雙方簽認後第三聯交門店存查；

⑷貨品載運回公司後，司機與倉管收貨人員確認退回的原因是否符合，並依狀況判定為再入庫、報廢、退回廠商三類，經品質管理人員簽認後，銷貨退回單第一聯交運輸部門，第二聯自存；

⑸對於必須接受的退貨請求，應由營業部處理，並經簽認後，始得接受退貨。

4.報廢作業制度

⑴報廢管理的目的為有效地控制和計算原材料成本；

⑵報廢品的定義：

①凡原材料無法繼續使用或轉作他用而必須丟棄；

②凡正常加工過程中所丟棄的殘物不應報廢而屬損耗；

③研發人員的正常研發所丟棄的殘物料。

⑶報廢品的區分：

①材料的品質驗收未能落實或規格與實際需求不符，致使無法使用且不能退貨者；

②倉儲人員保存不當，致使材料損壞無法使用者；

③研發人員的研發停止，致使該批材料無法轉作其他用途者；

④因運送或搬運不當，造成材料破損污染而無法使用者；

⑤原材料、成品過期而無法使用者。

(4)報廢品的處理：

①報廢品應存於暫存區，以便隨資料查詢及更正；

②所需報廢的貨品應由權責單位於月底填寫報廢單一式二聯。經與品質管理人員確認，並經經理核准後，會同會計部門進行清點，清點完畢，報廢單第一聯自存，第二聯交會計；

③經核准報廢的貨品由儲運組統一銷毀；

④報廢品若是原料，以採購時買進的價格計算；若是商品，則以出貨價計算。

(5)報廢品處理的權限範圍：

表 11-4-1　報廢品處理的權限範圍

組長	99 元以下
課長(副)	100～499 元
經理(副)	500～999 元
副總經理	1000～4999 元
總經理	5000 元以上

5.揀貨作業管理

(1)庫務依據商品揀貨匯總表於儲區進行揀貨作業；

(2)依區域路線，將多張銷貨單依商品類別將數量加總後進行揀取；

(3)依總數揀取後，將貨品依門店及配送遠、近原則分貨至待出區準備出貨；

⑷分貨時,店名應標示清楚;

⑸以先進先出方式揀貨;

⑹庫務於銷貨單上簽名後,再由司機簽名後放行;

⑺揀貨及銷貨單由司機攜出作為出貨憑證,商品揀貨匯總表由庫務人員存欄,作為出貨依據。

6.交貨裝運規定

⑴配貨時要注意商品包裝是否完好;

⑵出車時 1 人 1 車,固定司機駕駛固定車輛,但路線可依組長安排輪流變動;

⑶司機人員出車時,要隨車填寫車輛日報表;

⑷裝貨上車前,應由倉儲人員與司機共同會點無誤後放行;

⑸卸貨後單品逐項點交後,由門店簽收;

⑹若發生錯誤時,由運輸人員全權負擔,並於下次送貨時補送所需的貨品。

7.緊急配送作業

⑴如遇連鎖店緊急訂貨時,如屬小量訂貨,由營業部協調臨近門店進行調撥;如無法調撥或需求量大時,由倉儲科協調司機進行配送。

⑵緊急配送酌收運費。配送車隊規劃:

·貨品的配送原則上由公司車輛進行;

·考慮經營效率,車隊可注意下列組合:(見表 11-4-2)

8.配送路線規劃

⑴路線由組長於每日出貨時安排。

⑵路線要做成路線網,才能掌握每條路線的安排是否恰當,新增的連鎖店加入時,也能安排妥當。

⑶原則上每條路線所跑的距離應儘量相近,以提高服務效率。

9.空籃回收

⑴司機於銷貨單上記載出貨及應回收的空籃數,並將每天進出的

籃數依據店別登記於空籃使用統計表。

(2)回收前次送出的籃數時，若回收籃數不正確，即於回收時說明原因，若是遺失，須由門店賠償，空籃禁止借用。

表 11-4-2　車隊配送組合優缺點

組合方式	優　　點	缺　　點	說　　明
公司車 公司人	1.配送品質易掌握 2.短期成本低 3.企業形象 4.可配合公司政策	1.長期的粗重工作難接受 2.長期成本高，風險大 3.車輛損耗大	有助公司發展整體物流系統
簽約車 簽約人	1.風險轉嫁 2.配送效率高,可接受較高難度的工作 3.車輛維修較佳	1.配送品質較難控制 2.易生危機 3.管理成本較高	專注公司發展,配送委由專業運輸人員執行
公司車 簽約人	1.可部份轉嫁風險 2.配送效率高,可接受較難度的工作 3.車輛使用較小心 4.不影響企業形象	1.配送品質較難控制 2.易生危機	解決人力資源不足現象
簽約車 公司人	1.機動性高,可適時調整公司的配送能力 2.減少車輛的維修保養成本	臨時性的車輛取得不易	因季節性或偶發性原因使運量突增

10.庫存管理

(1)每一單品引進後，須由倉儲人員設立存貨卡。目的在於記錄該貨品的儲位、大小、特性、供應廠商、每批採購量等；

(2)存時管理標準如下：

①安全存量＝3 天×每日出貨量；

②最高存量＝(9 天×每日出貨量)＋安全存量；

③最低存量＝(領先時間×每日出貨量)＋安全存量；

④請購量＝最高庫存存－安全存量。

⑶貨品入庫，有效日期以不超過原出廠日期 1/2 為原則(例外者，由採購人員檢定通知)；

⑷儲存區的貨品，在進貨時，用有顏色的筆在紙箱上標記，而每個月使用顏色不同的色筆，以利檢貨人員迅速辨認，並做到先進先出；

表 11-4-3　儲存區的貨品存放方法

紅色	藍色	綠色
1 月	2 月	3 月
4 月	5 月	6 月
7 月	8 月	9 月
10 月	11 月	12 月

⑸貨品進倉即應定位，並於各儲位設立看板，將貨品的名稱或代號標明，以利尋找與歸位；

⑹每日對存貨做盤點，未來貨品增加時，可分區盤查；

⑺儲區內應限定倉儲人員出入，以確保管理，並作好整理整頓，保持清潔及設備、貨品定位；

⑻商品保存檢核重點：

①溫度、濕度控制；

②通風良好；

③防漏、排水；

④防鼠、防蟲害；

⑤重的貨品儘量放置在低處；

⑥棧板臺上貨品高度及重量要符合規定；

⑦以膠帶網住貨品，以保持安穩性。

第五節　案例：沃爾瑪公司的物流中心

　　作為美國、全球最大的連鎖公司，沃爾瑪僅在美國就設有 30 個配送中心，這些配送中心只為本公司所屬的連鎖店配送商品，不接受其他商店的訂單，也不實行獨立核算。

　　連鎖店鋪將訂單傳遞給臨近的配送中心，配送中心匯總後報公司總部，商品由公司總部向工廠統一採購，店鋪將貨款滙至總部，由總部與工廠結算，配送中心不負責貨款結算。

　　沃爾瑪創立之初的戰略，是以折扣店的形式服務中小城鎮居民的購物需求的。當時由於商品生產者和批發商大多服務於大城市的居民，而沃爾瑪的折扣店往往集中在小城鎮，這導致沃爾瑪的配送成本偏高、不能履行其經營宗旨，即「天天平價」的戰略。

　　為了降低配送成本，沃爾瑪決定通過建立配送中心自己完成商品的配送功能，第一個配送中心為半徑 150～300 英里的 175 家商店配貨。

　　從 70 年代開始，沃爾瑪著手建立配送中心，當時它就用了兩項最新的物流技術，即交叉作業和電子數據交換。供貨商將貨物運到配送中心，配送中心根據每個店鋪的需求量對貨物進行重新打包。沃爾瑪的價格標籤和 UPC(統一產品碼)條形碼早已經在供貨商那裏貼好，服裝類商品都已經掛在衣架上。貨物在配送中心的一側作業完畢後，被運送到另一側準備送到各個店鋪裏。也就是說，貨物從「配」區運到了「送」區。配送中心配備鐳射光的傳送帶，有數哩長。貨物成箱地被送上傳送帶，運送過程中鐳射光掃描貨物箱上的條款形碼，這樣，這些貨物箱就能夠在龐大的配送中心找到將要裝運自己的卡車。由於不必存貨，沃爾瑪每年都能節省數百萬美元的

費用。到了 80 年代早期，沃爾瑪通過電腦用 EDI 不僅將自己的各個店鋪與配送中心連接起來，而且把自己與供應商連接在一起。

最後，沃爾瑪購買了一顆專用衛星來傳輸公司的大量數據。由於使用了配送中心和 EDI，沃爾瑪在 1992 年的配送成本低於其銷售額的 3%，而其競爭對手則高達 4.5～5%。這意味著沃爾瑪每年比競爭對手節省下 7.5 億美元的配送支出。

更重要的是，由於使用了 EDI 和配送中心，貨物和資訊在供應鏈中始終處於快速流動的狀態，提高了供應鏈的效率。例如，如果你在沃爾瑪的一家連鎖店裏購買了一件某種品牌的粗布襯衫，由於這種襯衫的供應商的電腦系統已經與沃爾瑪的電腦系統連接在一起，供應商每天都會到沃爾瑪的電腦裏獲取數據，包括銷售額、銷售單位數量、那一個店鋪、庫存情況、銷售預測、匯款建議等。沃爾瑪系統會向供應商提供這種襯衫在此之前 100 個星期內的銷售歷史記錄，並能跟蹤這種產品在全球或者某個特定市場的銷售狀況。而且，這種襯衫的銷售數據只提供給生產這種品牌襯衫的供應商。此後，供貨商根據訂單通過配送中心向沃爾瑪的商店補貨。從下訂單到貨物到商店，這段時間是 3 天，而在 20 世紀 80 年代中期，這個過程需要 1 個月的時間。於是，人們將其稱為快速反應系統。

隨著時間的推移，沃爾瑪配送中心變得更加自動化、更加複雜化。今天的配送中心有 120 萬平米，如此大的空間完全可以容納 27 個美國足球場。它不僅大，而且還採用了最先進的物資和商品目錄控制法。同時，它採用了「十字入船塢」的技術，使大量的商品從這邊運進來，在調配的另一端直接出貨，最終進入到商店，無需存放在貨架上。

1.商品進度管制

沃爾瑪要求它所出售的每一件商品都有售貨條碼，從工廠運貨來的卡車要進配送中心的接收一端。貨箱被卸下來後放到高速傳送

帶上，這個傳送帶要經過能閱讀條形碼的鐳射光掃描。最後，商品按照不同商店的要求被已等候在物流中心另一端的運貨車運走。幾乎所有的沃爾瑪商店每天都有進貨。商店一天就能賣完一些商品，應顧客的預約第二天必須進貨。因為調給中心高度複雜的進貨走貨管道和條形碼允許的分配制度，使得所有商店的進貨都很暢通。

2.控制損失

記錄表上所顯示的損失，與實際商品目錄表所顯示的損失是不一樣的，少量的損失歸因於正常的磨損和不適當的管理，大量的損失來自顧客或僱員的偷竊。如果不控制，損失會抵掉公司的贏利。相反，如果嚴格控制損失，公司的純利還會有所增加。

沃爾瑪採取了一系列措施控制損失，在商店的天花板上裝上監視器，可以監視整個商店的活動。除此以外，更重要的就是公司和它的員工們簽訂合約，如果他們共同努力把損失控制在一定的目標水準上，每一個合作者都會在年底得到一筆獎金，以獎勵他們成功的努力。

3.衛星聯繫

沃爾瑪還擁有自己龐大的運輸車隊，每輛卡車配備一台小型電腦，通過衛星與總部保持聯繫，總部可以通過全球定位系統得知每一訂單貨物所在的位置。

由於沃爾瑪在中國的供應商數目多、規模小，還很難完全與這些供應商實現電子數據交換。雖然這種技術能夠同時降低零售商和供應商雙方的成本，目前的實際情況，沃爾瑪只能與寶潔這樣的跨國公司實現電子數據交換。所以它只建了一個小型的配送中心，在技術層面上沒有美國那麼高，相應地它的配送成本也比美國高。沃爾瑪在亞洲的經營規模還沒有達到一定的程度，因此即使建立一個現代化的配送中心，如果物流供應鏈的其他環節的效率得不到改進，那麼配送中心不但無法降低成本，反而會增加物流費用。這種

現代化的配送中心的投資額一般在 8000 萬美元左右，在能夠支持 100 到 120 家店鋪的時候，才能夠呈現出它的規模效益。沃爾瑪物流配送中心代表了目前美國物流管理與技術的最高水準。

心得欄 -

- -

- -

- -

- -

- -

第 *12* 章

連鎖業的資訊管理系統

🔊 第一節　連鎖店資訊系統的效益

　　每家連鎖店的經營狀況不同，對於自動化的需求也不一樣，在導入自動化時，要考慮到的因素相當多，例如自動化系統的成本、人力需求、所需耗費的時間及作業流程配合等，才能知道導入此系統是否能產生最大的效益。

　　要判斷是否要導入此系統，首先要瞭解連鎖店自動化能產生那些效益。

1. 貨賬處理一元化

　　在實行電腦一體化作業的連鎖店中，有經驗且有心得的資深店員皆深知盤點、調撥、退貨、補貨等，其間互動之關係，但有時藉著反向操作所呈現出來的結果，卻是不實的賬目數，而導入自動化系統後，就能起到立竿見影效果，那就是貨賬處理一元化。

2.收銀作業效率化

連鎖店對於前櫃收銀台 POS 系統規劃的第一關鍵步驟即是，即使兼職的收銀人員在未經完整訓練的情況下，亦可正確的操作，目的在於降低人為的錯誤。

3.減少新手的依賴度

除了收銀作業之外，商品訂貨亦是一門學問。傳統的零售業者全憑人為經驗訂貨，但如果人員異動，則作業會受到很大影響，電腦化則可有效的解決這一問題。

4.顧客信心的建立

使用 POS 掃描系統，有很高的可信度，這將有助於提升顧客購物的信心。

5.適時調整商品結構

依據即時的一手資料，有助於商品結構的調整與進、補貨的作業。

6.盤損比率合理化

有效利用電腦得出的各項數據，並準確地利用數據管理，則可有效改善盤損問題。

7.控制缺貨比率

可在相同的庫存水準之下，有效的改善缺貨現象。

8.訂貨作業效率化

訂貨必須具備一定的經驗，才能有效的進行商品訂貨的作業，進而達到主動配貨的程度。

9.經濟規模的達成

正確的運用資訊系統，有助於商店實力快速的壯大，以達到一定的經營規模。

10.即時提供經營指標

提供下列數據資料，有助於決策支援。

表 12-1-1　開店需要瞭解的數據資料

盤損比率	缺貨比率	庫存比率
週轉比率	坪效比率	人效比率
達成比率	毛利比率	成長比率
退貨比率	來客數	平均客單價
交叉分析	暢滯銷分析	損耗比率
商品營業配置比率	降低價控制比率	客訴比率
客戶臨店比率	補貨效比率	促銷特販比率
費用比率	商品代謝比率	同業價格比率
設備使用比率	VIP 呆賬比率	DM 退件比率
重點促銷成長比率	客層分析	時段分析
價格帶分析	專櫃商品比率	

 # 第二節　建立資訊系統的先前作業

一、連鎖業資訊系統的特點

　　連鎖零售業在其資訊系統的規劃與建立，有著一定的模式，而其間與一般零售業有相同及相異之處，其自動化具有下列特點：

1. 作業標準化

　　很多公司在導入自動化時都疏忽了「作業標準化」這一過程，因此形成日後自動化過程中相當大的困擾，如果一個連鎖企業在作業中缺乏一定的思考邏輯，對事務沒有一定的決策模式，甚至連一般例行的作業如進、銷、退、存的管理上，都沒有一定的標準可循，則更遑論電腦化或自動化管理了；此狀況下，導入電腦化會引起公司作業大錯亂！

2.流程效率化

作業標準化建立以後，更進一步當然是要檢討現行的流程是否效率化，也應在制度中融入一些管理的理念，而非僅僅把現行的人工作業導入電腦系統而已。

3.全面自動化

經過上述兩個程序之後，最終的目的就是全面自動化。

二、導入 EOS 的事前作業

連鎖店在導入資訊系統之前的作業，不論是在連鎖總部管理或監督內部運作方面，還是在直接地建立與物流中心、連鎖店，或與供應廠商之間的關係方面，最終都是希望能建立更方便更迅速的運作系統。而在導入資訊系統之前有一些必須注意的事前作業：

1.訂定明確標準的格式

導入資訊系統之前，必須訂定的標準有電腦系統和電腦內文件的格式。

在電腦資訊科技廣為大眾所使用的同時，電腦系統缺乏標準已被視為缺憾之處。對 EDI 而言，問題就在於各個公司可能會使用不同的電腦系統，即使使用了相同的電腦系統，其文件也可能使用了不同的格式。所以必須先把連鎖企業組織內的標準明確地制訂出來。

2.建立物流中心和供應廠商間密切的合作關係

這種必要的合作關係，讓整個連鎖系統的各企業對處理業務有著更多的瞭解，進而培養出更好的合作關係。

3.網路中心的參與

連鎖店資訊系統的發展極需網路中心的參與，以從事新文件標準制定，及兩公司之間通訊線路的準備訂立、維修與更新，這些都需要專業團體的參與配合。最重要的是有兩公司之間資料傳送的媒介，就

是網路中心。

4.重新分析工作的方法

在邁向連鎖店自動化的過程中，重新分析、檢視原有的工作方法，以追求合理與簡化，是電腦應用時最大的貢獻。電腦化的結果可以把許多不必要的手續、單據刪除。而有資訊的話，借助發票開立的送貨通告及其他步驟，就可以加以省略。

5.需要更寬闊的開放性，並且儘量減低隱密性

系統的發展與成長是很重要的，尤其涉及了各式文件的內容與格式的新標準，因此必要求參與者持開放性配合態度不可。管理人員更應鼓勵公司遵循並善加利用這些標準，以達到活絡市場的效果。另外，使用系統必須降低公司的隱密性，管理人員須對此方面的風險加以考量。

6.必要的教育訓練

連鎖店與物流中心或者供應商之間，可能有不同的目標出現，因此，夥伴彼此之間的教育訓練是絕對必要的，而且可能需要付出足够的耐心與誠意，才可以達成彼此的共識。

連鎖店導入 EOS 系統之前，需要進行事前的準備作業，主要項目有：

7.訂購簿的設計與維修

訂購簿完整性的設計與運用，可以說是掌握著 EOS 成功與否的關鍵，否則雖然不斷地追求高效率的訂購業務，但由於對訂購簿的維修不够週詳，也無法發揮 EOS 的真正價值了。

8.標準化的訂購業務

這點是相當重要的，訂購業務不加以整理，或沒有加以標準化，會發生無法瞭解系統已經自動化到什麼程度，或對於資料如何處理和運用模糊不清的現象。

9.貨架標籤的管理

訂購商品時，可以在連鎖店賣場上的貨架標籤，直接檢討訂購所需的資料。

10.手冊的編制

為了有效的運用 EOS 系統，手冊的編制是不可缺少的，大致可分為兩種：一種是從系統設計的、全體流程到商品的管理與價格變更的運作手冊；另一種是以機器操作為中心的操作手冊。

11.商品代碼設計

在商品管理系統中，針對商品而言，需要各自的商品代碼，以應對管理目的之需要。業者使用依商品分類體系的公司所設定的代碼，或者是使用共通商品條碼的 CAN 系統。

12.各部門的協助

伴隨著新系統的導入，在系統變更的時候，需要連鎖總部內各部門的協助。總部內部不只是負責連絡文書而已，更要成立 EOS 導入委員會中心，對各部門舉行說明會，以求達到協助支援的效果。

第三節　連鎖店的資訊管理系統

連鎖經營管理由公司總部、配送中心和各門店三部份組成。為完成總部的集中控制、配送中心的物流管理、各門店的商品銷售管理，需保持各環節在物流、商流、資金流和信息流的暢通。

連鎖企業整個管理資訊系統由總部管理資訊系統、配送中心管理系統及各連鎖店管理資訊系統三大部份組成，涉及到的銷售、庫存、進貨、應收款、應付款、合約、數據傳輸、數據匯總、資訊、辦公行政等許多方面。

1. 連鎖總部管理資訊系統

連鎖總部是經營管理的決策部門，主要負責商品的採購、定價、財務、批發、調撥等工作，並通過網路查詢及匯總各個連鎖店的銷售狀況、庫存情況及配送中心的庫存情況等資訊，系統及時生成各種報表供經理分析，以制定新的工作計劃。具體包括以下內容：

(1)基本資訊管理

可建立、修改並查詢企業、部門、各個連鎖店、往來客戶編碼等資訊；可進行員工檔案的管理、員工的密碼管理、權限管理以及商品價格管理。

(2)合約管理

包括總部和供應商的合約管理。或進行合約的錄入、修改、查詢，並能根據實際供應情況分期、分次查詢管理合約的執行情況。

(3)進貨管理

可進行商品進貨單的錄入、修改、查詢、打印，並通過審核生成入庫單轉入配送中心，再經配送中心審核入庫。系統可通過進貨單的處理自動生成針對特定供應商的累計進貨額、累計結算額和應付金額等。

(4)應付、應收管理

針對進貨客戶和批發客戶付款情況，系統自動生成應收或應付資訊和對賬單，並且客戶可隨時查詢應收、應付資訊。

(5)批發銷售管理

批發銷售可由總部統一處理，可進行銷售單的錄入、修改、查詢，並通過審核自動生成出庫單，再轉入配送中心審核出庫。同時進行銷售結算處理。

(6)財務管理

通過財務人員日常的憑證處理，系統自動生成明細賬、總分類賬、資產負債表和損益表等常用的會計報表。

(7)物流處理

處理連鎖分店日常的補貨要求、對配送中心生成商品配送通知以及連鎖分店間的商品調配等功能。

(8)數據傳送管理

向配送中心傳送商品變動資訊、商品進貨情況、商品批發銷售情況、商品配送資訊及連鎖店的退貨資訊等，同時接受配送中心向總部傳送的資訊，如庫存情況、連鎖店配貨情況、報損情況等。

2.配送中心管理資訊系統

配送中心管理資訊系統是以商品的物流管理為對象，以商品的到貨、驗貨、庫存、配送和出庫為內容的管理資訊系統。其功能主要表現在以下幾個方面：

(1)入庫管理

主要包括進貨開票及審核入庫、進貨結算、預付款管理、進貨查詢等功能。

(2)出庫管理

主要包括貨物配送、貨物調撥、貨物退出以及貨物贈送等功能。

(3)庫存管理

主要包括貨位管理、調撥管理、出庫開票、入庫開票、盤點管理、報損管理、庫存查詢以及庫存的報警管理等功能。

(4)零售管理

主要包括零售開票、零售查詢、零售結算等功能。

(5)數據傳送管理

接受總部傳送的商品變動資訊、商品進貨情況、商品批發銷售資訊情況、商品配送資訊及連鎖店的退貨資訊等。同時，向總部傳送資訊如入庫資訊、銷售資訊、庫存盤點資訊、退貨資訊等。

(6)系統功能

系統功能包括登錄口令的設置和口令的更改，登錄人員及其權限

設置等功能。

3.連鎖分店資訊管理系統

各個連鎖店是整個連鎖店組織實現利潤的現場經營者，它除了要進行日常資訊的處理外，還要及時傳送相應的資訊，使總部能瞭解實際的銷售庫存情況，以便作出相應的決策。

根據連鎖店的特點，它的管理系統可分為兩大部份，即後臺管理系統和前臺零售管理系統。

(1)前臺零售管理系統

前臺零售管理系統是商品銷售數據的最初來源，它是商品價值，進行交易的過程。它主要執行商場的日常銷售、退貨業務、收款處理。另外系統應對前臺的零售員工的權限進行嚴格的限制，以防錯誤資訊進入系統以及其他蓄意破壞的行為。

(2)後臺管理系統

①基本資訊的管理：主要包括商品資訊和分店員工管理，主要完成錄入、修改以及查詢，另外還包括對員工密碼的修改。

②入庫管理：將配送中心的入庫單審核入庫，並可隨時查詢入庫單。

③庫存管理：主要包括調撥管理、報損管理、報警管理以及盤點管理等功能。

④零售管理：進行零售日結，匯總前臺的日銷售資訊，實時查詢收款數據，並可隨時將查詢情況生成銷售分析圖，如日報、月報、年報等。

⑤數據傳送：向總部傳送資訊，如庫存盤點情況、報損情況以及銷售情況，接受配送中心配送資訊等。

第四節　電子訂貨系統（EOS）

EOS(Electronic Ordering System)是指電子訂貨系統，是結合了電腦與通訊方式，取代傳統中商業下單與接單，及其相關運作的自動化訂貨系統。

由於消費者購物形態逐漸趨向多樣化，連鎖店為了符合此一需求，而使用電子訂貨系統，達到少量多樣的訂貨方式。其主要傳送方式是在連鎖店內所發生的訂貨資料，在該發生地點輸入，並透過已經通訊的線路，連線傳送到連鎖總部、物流中心或供應商的手中。

目前 EOS 的運用已由傳統的訂貨傳輸，擴展至各類文件、表單，及新產品通告、銷售排行榜等資訊傳輸上。

一、建立運作環境，以改善連鎖經營管理

為了正確的、有效地運用 EOS 系統處理商品訂貨，必須先創造出適合使用此訂貨系統的環境。因此要以 EOS 系統來改善連鎖店的經營管理，必須要做到下列的事項：

圖 12-4-1　連鎖店運用 EOS 的架構

1.清楚掌握庫存狀況便於訂貨

為達到此目的，可以在貨架標籤或訂貨簿上註明商品的訂貨點，及標準庫存量等訂貨作業資訊，此舉可以讓訂貨簡單化，員工能輕易操作。

2.定期整理商品清冊、貨架標籤和訂貨簿

由於商品經常汰舊換新，連鎖店內的商品清冊、貨架標籤和訂貨簿亦須定期整理、維護，及更新，避免因長期累積增加業務的麻煩。

3.決定商品管理基準

商品管理基準是各連鎖店內經營管理的指標，也是使用 EOS 訂貨的目的。因此，商品管理基準的設定是走向標準化的第一步。

4.勤於貨架的整理

為了能夠正確、有效地進行每日的訂貨作業，連鎖店人員經常整理陳列商品的貨架，便是一個先決條件。

5.實行貨架空間管理

商品的替換方面，必須適時地替換商品，將暢銷品放在醒目的地方，並汰換滯銷品。

另一方面，隨時增減貨架空間，可以減少商品在倉庫中的庫存量；同時也可以減少商品在貨架上的陳列空間，將多出來的空間讓給更多的商品，以增加營業額。

6.管理制度的建立與教育訓練

商店的管理人員應該指派訂貨人員，且隨時給予所需的支援，並在管理上予以配合，使得訂貨人員能夠依照規定，方便地進行訂貨作業。

二、連鎖體系導入 EOS 的步驟

對於一個連鎖企業要導入 EOS 系統的主要步驟如下；

1. 初期準備

⑴必須先決定 EOS 系統的商品對象，因為一家連鎖店的商品大約有上千種，有時甚至上萬種，如果要一次全部導入 EOS 系統，所需要的人力物力將相當大，而且效果也可能不是很好。

⑵訂貨作業分析是針對不同的商品群，分析其商品訂貨特性，例如最小訂貨量、基本訂貨單位、訂貨頻率、廠商送貨能力等，以分析出各項商品的訂貨作業，安排出最具效益性的訂貨方式。

⑶各種商品碼類別必須確定，因為在分店內所使用的代碼種類非常多，例如商品碼、部門碼、分類碼等，各種代碼的使用會依各企業的管理模式不同而有所差異。為了使商店管理所需的分類碼和部門碼具有擴充性及簡單明瞭，並且讓分店的作業愈簡單愈好，各種商品碼類別必須加以確定。

2. 召開供應商說明會

連鎖企業要導入 EOS 系統之時，和供應商的配合也是相當重要的一部份。尤其是連鎖店分佈的範圍很廣，有時更需要供應商的支援。因此，導入前要召開供應商說明會，說明各分店導入 EOS 的時間、連線順序，以及各連鎖店與供應商在送貨單的使用和簽收請款的流程。這些準備工作做得好，才能確保導入 EOS 的成功。

3. 初期登錄作業

若連鎖店與供應商之間的商品交易表確實能夠登錄完成，就代表 EOS 系統的導入已經完成一半以上了。

第五節　Zara 服飾店的信息化系統

　　Zara 服飾店創始於 1975 年，它既是服裝品牌，也是專營 Zara 品牌服裝的連鎖店零售品牌。Zara 公司堅持自己擁有和運營連鎖店網路的原則，投入大量資金建設自己的工廠和物流體系，以便於「抓住客戶的需求，另外掌控生產」，快速回應市場需求，為顧客提供「買得起的快速時裝」。

　　Zara 品牌開創了快速時尚(Fast Fashion)模式。隨著快速時尚成為時尚服飾行業的一大主流業態，Zara 品牌也備受推崇，有人稱之為「時裝行業中的戴爾電腦」，也有人評價其為「時裝行業的斯沃琪手錶」。哈佛商學院把 Zara 品牌評定為歐洲最具研究價值的品牌，沃頓商學院將 Zara 品牌視為研究未來製造業的典範。Zara 作為一家引領未來趨勢的公司，儼然成為時尚服飾業界的標杆。

　　在 Zara 調控中心的大辦公區，20 多名工作人員坐在電話機旁，使用包括法語、英語、德語、阿拉伯語、日語和西班牙語在內的不同語言，收集來自世界各地的客戶資訊，時尚情報資訊每天源源不斷地從世界各個角落流入 Zara 總部辦公室的數據庫。Zara 的主要資訊來源是設計師和全球 800 多家門店。

　　Zara 對門店的控制能力極強，各門店每天都要向總部進行數據彙報。為方便每位專賣店店長即時向總部彙報最新的銷售資訊和時尚資訊，Zara 專門為每位店長配備了特製的手提數據傳輸設備。店長將透過手持 PDA 發出訂單，在總部不缺貨的情況下，從訂單開始網上發送直到貨物送達門店，最快只用三天時間。

　　設計師們還可以即時與全球各地的專賣店店長召開電話會議，

及時瞭解各地的銷售狀況和顧客反應情況，從而適當調整產品設計方向。在 Zara，一件新款服飾的上架，並不是設計的結束，而是開始。設計團隊會不斷根據顧客的反應調整顏色、剪裁等，而這種顧客反應的信息便來自 POS 系統所顯示的銷售業績和門店經理的信息回饋。Zara 對門店經理的考核，則是看該店的銷售有沒有上升，如果出現貨品積壓，就由門店經理為這些庫存埋單。

2008 年，Zara 的西班牙門店內又增添一項資訊回饋的「利器」——由美國一家圖像公司發明的社會零售系統，它將被應用在試衣鏡上，當顧客穿著這件衣服站到試衣鏡前試穿的時候，鏡子上就可以顯示出衣服的品牌、面料、可選顏色以及可搭配的其他服飾等資訊，顧客可以直接將視頻發到朋友的手機上，聽聽朋友們的高見。當然，這種顧客資訊對於 Zara 來說也是十分寶貴的。

第六節　連鎖店導入 POS 系統

一、POS 系統對連鎖店經營的好處

所謂 POS(Point of Sale)即是指銷售時點資訊系統，是連鎖企業為了掌握住最具時效性的銷售資訊，確實瞭解每一連鎖店在每一個時間的販賣情況，以便於迅速地調節庫存量與採購量，發揮物流的績效，並分析何項物品為暢銷品與滯銷品。

POS 的基本原理，是將連鎖店後臺所建立的商品文件之各項資料，如品名、規格、價格、商品條款碼等資料，輸入到前臺的收銀機。因此，櫃檯收銀員只要用掃描器掃描商品的條碼，或者自行鍵入貨品代號，就可以將每一筆銷售的資料記錄，傳輸到後臺電腦。各連鎖店經

由 POS 傳回來的銷售資料，電腦可以做許多經營數值的計算，以提供給管理人員做決策。

1.商品管理

是指做暢銷品分析和滯銷品分析，隨時調整貨架上的商品擺設，以最有限的空間做最有效的使用，並適時改變陳列場所、陳列數量、價格設定和促銷企劃等，使販賣方法更有效率。

2.促銷的分析

利用 POS 資料來分析，可以有效地執行促銷的企劃工作，並依據商品的特性，判斷出那些商品需要促銷。

3.利用 POS 資料自動下單

利用 POS 系統可以看出商品存貨資料，而產生訂貨建議，再利用 EOS 系統向物流中心下訂單。如果訂貨建議能再加上商品銷售動向，及季節性等因素來加以調整，將會有更好的效果。

4.顧客管理

通過電腦對信用卡或貴賓卡的加以分析利用，可以更加掌握住顧客的購買動向，並且及時補充實符合顧客需求的商品，及發行適當的廣告。

5.員工管理

從 POS 系統中可以收集到員工工作的排班表及結賬資料，這些資料可以用在人手調配及時間排程上，或作為員工教育時機的重要參考。

二、連鎖店如何導入 POS 系統

連鎖店萬事籌劃妥當、開始要導入 POS 系統：

1.連鎖店必須具備的條件：

⑴人才的培育

培育連鎖店自動化人才，是分店導入 POS 前不可缺少的課題，因

為沒有具備人才，就算有再好的系統也是無濟於事。國內連鎖店在邁向自動化的領域時，尤其要加強教育體系的訓練部份。

(2)商品條碼

要引進 POS，最先考慮的就是商品條碼的普及及正確性。有些商品上沒有條碼，則連鎖店銷售人員須貼上條碼，給工作帶來不便；有些條碼製作粗糙，造成前臺收銀機無法掃描出正確的銷售款額。

(3)硬體設備更新

更新或改善其硬體的設備，如電腦、收銀機、掃描器等，都必須在經濟效益和財務狀況的考量下，適時地新增或改善。

(4)傳票格式標準化

只有把傳票的格式標準化，才能夠減少操作人員作業錯誤的機會。如果每一家供應廠商都有其各自的傳票規格，將會使操作人員在輸入時太過複雜，增加作業錯誤的機率。

2.連鎖店導入 POS 的執行步驟：

(1)將連鎖分店貨架上所陳列待售的商品逐一條碼化。

(2)顧客將商品拿到結賬區時，櫃檯收銀員以掃描器快速讀取商品上的條碼。

(3)掃描器讀取商品條碼資料之後，銷售的訊息會立即輸入櫃檯的收銀機。

(4)櫃檯收銀機及其所連接的電腦主機內早已建有商品號碼、名稱、進售價、庫存量等資料，並以號碼為依據，自動地檢索出商品名稱及價格等，再傳送至收銀機，並在電腦商品主檔上自動變更該項售出商品的庫存量。

(5)櫃檯收銀機則立即將產品名稱、代號，及價格等相關資料列印於發票上。

(6)營業結束後，由電腦主機的軟體程序系統，可將當日各項商品交易資料集中處理後，列印出各種管理報表，並將資料傳輸至連鎖總

部的電腦系統。

第七節　案例：日本便利商店的物流配送

　　日本 7-11 公司當零售商店超過 1000 家之後，它才逐漸掌握了強而有力的供貨系統的主導權。主要原因是業績提高以後，廠商也因此獲利，而且明確地看出將來無窮的發展潛力。同時，「共同配送」的嶄新送貨方式，也上了軌道。生乳、乳製品、生啤酒、便餐類、米飯、三明治、菜肴、納豆、豆腐、洋火腿、加工肉品等商店，都運用共同配送的管道，送到各商店去。由於這些商品的加工廠、生產廠家都不相同，在配送的時候，必須先將貨物集中到一處，加以分類整理後，混合裝入一輛車內，按照規劃的配送路線，送到指定的零售商店。這種共同配送的方式，超越了傳統批發配銷業者的業種區分和業界慣例。例如，在食品批發商「明治屋」的配送線路上，搭載了「中古車情報」的雜誌。在每日配送沙拉、鹽漬食品的車輛內，也載送照相膠捲，以及連鎖店接受顧客委託處理的沖洗照片。這種混合各種商品的共同配送方式，大幅度縮短了訂貨到交貨的時間。

　　共同配送的優點在於各個廠商無須自選處理商品分裝，或高度配送車輛。只要將商品送到共同配送地點即可。從整體成本分析，這種共同配送統一處理分裝作業，以及高度配送路線的做法，非常合乎經濟效益原則。

　　7-11 零售商店能在短期內，獲得令人矚目的成就，這種共同配送體系的開發和建立，是最主要的成功因素之一。最新的共同配送方式，不再僅限於「交貨頻率相同」的商品，配送的條件也加進將「溫度相同」的貨品放在一起，也就是將必須冷藏運送的不同產品

混裝在同一車輛內。經過日本大藏省的認可，7-11 在運送牛乳的車內，裝載了生啤酒的酒桶。對於零售商店而言，如果在進貨時就獲得冰涼的商品，一來可節省能源，二來顧客也可以買到立即飲用的冰涼飲料，使零售商店具有取代家庭冰箱的功能。一方面要加強對連鎖店服務，一方面必須降低成本，這不是一件容易的事情。例如，為了保持更便當的新鮮和風味，就必須每天送兩次貨，有些地區甚至得送三次貨。這種高頻率的補貨方式，在市場競爭中，成為致勝的關鍵。

由於該公司建立了從訂貨、運輸到交貨的完整系統，使供貨廠商獲得了足夠的業績和利潤，同時又降低了成本，因此才能有效地在市場上掌握競爭主動權。這種超越業界常規的共同配送、混載系統，在實施當初，曾面臨許多問題。其中最大的困難在於廠商抱著陳腐的觀念不放。為了讓廠商接受這種嶄新的配送方式，該公司只有通過有理論根據的解釋，以及實際效果的證明，才能說服廠商合作。至於共同配送網點的設置，則利用各地區供貨廠商的倉庫或配送中心的多餘空間，加以投資建設而成。因為廠商已經接受 7-11 的經營理念，所以雖然將原有的建築物擴建為 1.5 倍，但是只要工作量增為 2 倍，就可提高經營效率。該公司已在各開店地區設置了共同配送網點，當時，全國就達到了 21 處，其中首都圈地區內，就有 12 個共同配送網點。7-11 本身並沒有設置配送中心，也沒有配送車輛的人員，所有對連鎖店的供貨和作業，包括實施共同配送所需的倉庫、配送站、配送車等設備和人手，都是供貨廠商自選負責執行，總部只是向連鎖店推薦供貨廠商。

7-11 與一般的連鎖企業，或單純的批發商截然不同。該公司的業務是持續地開發出最適合廠商、批發者、連鎖店三者之間的供需行銷系統。因此該公司並非屬於商品供應業或流通業，結果是屬於系統產業或軟件企業。它通過高度的電腦系統，以及經過組織化的

龐大連鎖店鋪網，形成精致細密的資訊網路，但是卻不必擁有配送中心、倉庫、配送車輛及相關人員等到有形資產，而將廠商、批發業者加以靈活運用，結果獲得極大的成果。

隨著社會的進步，形勢的發展，現在，許多物流中心不僅拓展服務項目，為客戶提供更多、更好的服務，有的配送中心還派人到生產廠家「駐點」，直接為客戶發貨。越來越多的生產廠家把所有物流工作全部委託配送中心去幹。與此同時，配送中心還與客戶保持緊密聯繫，及時瞭解客戶的需求資訊，在溝通廠家和客戶之間，配送中心起到了橋梁作用。

對於物流配送中心來講，在當今社會中，服務質量和服務水準正逐漸成為比價格更為重要的選擇因素，所以，一流的服務應該成為每一個連鎖企業不懈的追求。

第八節　案例：沃爾瑪連鎖店的電腦信息系統

美國沃爾瑪連鎖店公司是世界上最大的連鎖零售商。創始人山姆‧沃爾頓從 1945 年開設第一家雜貨店創業，到目前已擁有沃爾瑪商店 3364 家、員工 82.5 萬人。1997 年公司銷售額達到 1180 億美元。

沃爾瑪公司的資訊管理系統來自強大的國際系統支援。沃爾瑪在全球擁有 3000 多家商店、41 個配銷中心、多個特別產品配銷中心，它們分佈在美國、阿根廷、巴西、加拿大、中國、法國、墨西哥、波多黎各等 8 個國家。公司總部與全球各家分店和各個供應商透過共同的電腦系統進行聯繫。它們有相同的補貨系統、相同的 EDI 條碼系統、相同的庫存管理系統、相同的會員管理系統、相同的收銀系統。這樣的系統能從一家商店瞭解到全世界的商店的資料。

電腦系統給沃爾瑪採購員的資料：保存兩年的銷售歷史，電腦

記錄了所有商品——具體到每一個規格、不同顏色的單品的銷售數據，包括最近各週的銷量，存貨多少。這樣的資訊支援能夠使採購員知道什麼品種該增加，什麼品種該淘汰；好銷的品種每次進多少才能滿足需求，而又不致積壓。

電腦系統給商店員工的資料：單品的當前庫存、已訂貨數量、由配銷中心送貨過程中的數量、最近各週的銷售數量、建議訂貨數量以及 Telxon 終端所能提供的資訊。

它大小如一本 32K 書，商場員工使用它掃描商品的條碼時，能夠顯示價格、架存數量、倉存數量、在途數量及最近各週銷售數量等。掃描槍的應用，使商場人員丟掉了厚厚的補貨手冊，對實施單品管理提供了可靠的數據，而且高效、準確。

電腦系統給供應商的資料與提供給採購員的數據相同。這樣翔實的數據使生產商能細緻地瞭解那些規格、那些顏色的產品好銷，然後按需生產。

心得欄

第 *13* 章

連鎖業的廣告促銷活動

第一節　連鎖業促銷目的

　　由於廠商多，消費者可選擇的機會相應提高，再加上競爭激烈，各商店的競爭愈形激烈。

　　連鎖經營是由總部與店鋪兩大系統的協調運作而完成，總部乃具有運籌帷幄的機能，統籌所有有關商品、管理的相關作業，以便支援在最前線之店鋪的銷售行為。

　　總部有如人的大腦，店鋪有如人的手足，腦的思維將會影響手足的行動，手足的反應也會刺激大腦，因此總部與店鋪如何協調以發揮最好的功能，必須有一套系統運作模式。

　　連鎖店天天接觸的是末端消費者，市場的競爭更為激烈，促銷所肩負的責任就更為重要。

　　在連鎖店經營活動中，促銷目的可分為提升營業額、促進商品迴轉、商圈耕耘、增強企業活力方面：

一、提升營業額以增加利潤

營業額來自來客數與客單價，而影響來客數與客單價的因素相當多。消費者在決定是否進入店鋪或是否購買商品時，決策的模式相當複雜，有單純理性型、單純感性型、理性感性混合型，因此提升營業額應包括以下：

1.增加來客數

消費者不上門，生意就沒得做，所以來客數為店鋪影響業績最重要的原因，促銷可以造成人潮，並吸引其入店，增加購買的客數。

2.提高客單價

如果來客數短期間無法增加，或者顧客群過於集中，則促銷的誘因可以促使消費者多購買一些商品，或購買單價較高的商品，以提高客單價。

3.刺激遊離顧客的購買

遊離顧客者進入店鋪，並未預設是否購物的計劃，因此經由促銷活動，以便刺激遊離顧客衝動購買行為。

二、商圈經營

連鎖店的經營具有商圈地域性，為了鞏固老顧客並開發新顧客，商圈內必須採行商圈耕耘計劃，輔以促銷策略的運用，以保住顧客創造業績。

1.對抗競爭店

商圈內競爭店對於顧客經營的保衛戰，已日趨白熱化，有時為了爭取顧客經常上門，必要的促銷成為一個很好的戰略。

2.活絡賣場氣氛

店鋪重視人氣，賣場若有活絡的氣氛，代表人氣旺盛，顧客也比較願意上門，有計劃性的促銷活動，除了可以提升業績之外，亦可活絡賣場氣氛，使之成為商圈內顧客樂於上門的商店。

三、促進整體連鎖店的活力

企業活力是經營不可缺少的要素，有活力的企業給消費者一種信賴感，給企業員工一種發展的信心，連鎖店直接接觸末端顧客，更需要創造出有活力的形象。

1.強化連鎖企業的形象

連鎖店與單店最大的不同點在於，連鎖店可塑造連鎖企業的形象，使顧客對連鎖店有一定程度的認知，所以結合公關形象的促銷活動，可以建立及強化連鎖店的企業形象，提高知名度。

2.提升營業人員的士氣

營業人員的工作瑣碎而繁重，部份管理性工作日覆一日的重覆著，難免會有工作疲乏的現象，若再遇到業績衰退，營業人員的壓力積增，工作士氣低落，容易失去鬥志。因此配合促銷的舉辦，可以縮小營業重點找到工作重心，對於營業人員士氣的振奮有相當大的助益。

四、加速商品的迴轉

商品是連鎖店的命脈，良好的商品迴轉，會帶來良性循環。因為新鮮的商品，往往給予顧客對單店留下好印象，也會對連鎖店帶來口碑相傳的免費廣告。

一般而言，促進商品的迴轉可從三方面著手：

1.新商品上市的試用

所謂「不怕貨比貨，就怕不識貨」，新商品的推出，必須有消費者
試用，才能找出商品在消費者心目中的地位，快速地進入市場。除了
以廣告告知外，可以利用促銷活動來鼓勵消費者試用。

2.加速滯銷品的銷售

滯銷品會造成消費者對於商品本身產生疑慮，長期之下對連鎖店
產生不良的影響。加速滯銷品銷售的方式很多，例如對於滯銷品以促
銷來加速其迴轉。

3.庫存的出清

對於有時效性的商品，例如換季品、將逾期品、節慶商品或舊型
商品，促銷可助其庫存出清，以免造成資金積壓或損失。

表 13-1-1　藥妝連鎖店的自有品牌貨之推廣策略

策　略	內　　容
新品上市推廣	有新品上市，屈臣氏都會安排較大篇幅的版面進行宣傳，並大規模地發送試用贈品，安排所有店鋪進行大型推廣活動
宣傳專刊	《屈臣氏優質生活手冊》是專門針對自有品牌進行宣傳的專刊，一年兩期，免費發送顧客，專門介紹自有產品的功能特性，並邀請知名專業人士與消費者分享健與美心得
店鋪陳列	在屈臣氏的店鋪中，都會安排幾米貨架陳列自有品牌商品，長期推廣，並有醒目的標識
推廣促銷方法	「自有品牌全線八折」、「免費加量 33%」、「免費加量 50%」、「一加一更優惠」、「任意搭配更優惠」、「購買某系列送贈品」等方式都是屈臣氏對自有品牌產品常用的促銷方式，由於自有品牌具有利潤空間較大、包裝靈活等優勢，所以促銷幅度都非常大，效果非常明顯

第二節　連鎖業的廣告運作步驟

有一位資深的廣告業人士曾經十分形象地指出：「商品不做廣告，有如女人在一間黑暗的屋子裏向她的情人暗送秋波。」一語道破了廣告的魅力所在。

廣告宣傳是現代企業最常用的促銷手段之一。即使再好的商品，如果得不到消費者的瞭解，那麼它應有的價值和效果也就得不到認同。

連鎖企業與獨立商店相比，在廣告的運用上具有明顯的優勢。連鎖企業的廣告，由總部聘請專業人才加以策劃執行，廣告效果更高，而且廣告費用由各連鎖店按銷售額的一定比例分攤，花錢不多，一樣可以取得較好的效果。

在利用廣告促銷上，有兩個問題引起連鎖加盟者和總部注意：

1.廣告促銷費用的分攤

也就是雙方如何分攤廣告費用，其方式主要有三種：

(1)整體性或者說是全國性的廣告宣傳

這類宣傳費用主要由各店來分攤，如果是廣告宣傳促銷針對的是總部的產品，則單店不需分攤費用。也就是說，不是針對單店的廣告則單店不分攤費用。另外，如果總部規劃整體單店的促銷，則單店就要分攤廣告宣傳費用。分攤的方式是依照店的級別進行的，而這種級別是按其營業額確定的。如 A 級店 500 萬，B 級店 300 萬，C 級店 200 萬。但新加入的加盟店是按預計的營業額進行評定級別的，為了彌補這種方法的不足，有時用店鋪的營業面積作交叉評級。也有的企業對新加入的加盟店前半年一律以 C 級來認定、分攤廣告費用，也就是總部希望單店能儘快地達到損益平衡點，然後開始獲得利潤。

(2)區域性廣告宣傳

如果是區域性廣告，其對象是幾家，原則上是由總部進行統一策劃，但其費用則由該區域的連鎖店來分攤，其中如果有直營店，也要分攤一部份，而總部則不負擔。但如果該區域的店數還沒有達到經濟規模，總部基於整體連鎖企業知名度的提高，也可以分攤一部份費用。

(3)單店性促銷

這是指一家連鎖店自行開展的促銷活動，費用也原則上由該店自己負擔。如果總部同意也可負擔一部份。但無論怎樣，總部都要提供支持，因為加盟店獲利越高，總部的信任度就越會得到提升。

總部負擔廣告宣傳促銷費用時，要特別考慮其連鎖體系的經濟規模，如果總部有 5 家直營店、1 家加盟店，但經濟規模需要有 20 家，這時，如果總部把所有的費用全部由 6 家店負擔，假設需要 60 萬元費用，那麼一家就要負擔 10 萬元。在這種情況下，總部就要考慮到經濟規模為 20 家，每一家平均只需要 3 萬元，總部也應負擔部份費用。因為這些費用為企業所帶來的影響是不可低估的。

2.區域性廣告促銷的必要性

區域性的促銷與整個連鎖體系的經濟規模有關。當連鎖體系的佈點密度大到某種程度時，如全國都已有佈點，這時，因每個連鎖店的區間差異，舉辦個別單店的慶祝活動開展區域性促銷還是必要的，至於廣告，則不一定。因為整個連鎖體系的經濟規模較大，如果用全國性廣告來推動，力量會更強，效果會更好，費用也會更節省。如果連鎖企業的發展還局限於一定區域，那麼區域性的廣告促銷還是必要的，除了每年一度的定期性統一促銷外，區域性促銷能對空白地區產生影響，同時也使單店運作與商圈的營銷活力更強。這期間所發生的費用原則上由單店自行負擔，如果請總部幫助做策劃，則策劃的費用應該由總部來負擔。但應該按總部所制定的政策執行，超過一定工作量時，可以收取一定的費用。

第三節　連鎖業善用店頭廣告

　　店頭 POP 廣告對於商店促銷，相當有幫助；成功的連鎖店都善用 POP 廣告。

表 13-3-1　POP 廣告的功能

地點	種　類	功　能
店頭 POP	店頭看板（招牌）、商品名稱	告訴顧客這裏有家商店以及它的經營特色。
	櫥窗展示、旗子、布簾	通知顧客在進行特價大拍賣或造成購物氣氛。另外，給整個店帶來季節感，製造氣氛。
	表示專櫃 POP、售物場地的引導 POP	告訴走進店裏的顧客，商品在什麼地方。
	拍賣 POP、廉價 POP	告訴走進店裏的顧客，正在進行拍賣或大減價，把拍賣的內容或減價幅度告訴顧客。
	告知 POP、優待 POP、氣氛 POP	告訴顧客商店的性質及商品的內容，也可以製造氣氛。
	櫥櫃、（陳列箱）、燈箱等	方便顧客選擇商品。另外，也可以保護商品，提高商品的價值和功用。
	廠商海報、廣告看板、實際售物的場所	有傳達商品情報以及廠商情報的功用。
場地 POP	展示卡	告訴顧客商品的品質、使用方法及廠商名稱，幫助顧客選擇商品。
	牌架、分類廣告	告訴顧客廣告或推薦品的位置、尺寸以及價格。
	價格卡	告訴顧客商品的名稱、數量等等。另外，和購買的關係最直接的，就是價格表示。

在經濟穩定、市場日趨成熟、商品豐富、品種多樣化的今天，商品情報的溝通從以往「製造商→零售商→消費者」已經轉變成了「零售商⇄消費者」。

POP 廣告作為賣場的廣告，本身就和商品有關聯。通過 POP 廣告，還可以使銷售活動場地同時變為進行廣告活動的場所。POP 廣告的任務就是要把商品情報傳達給顧客，並讓顧客瞭解商店的經營特色，提升商店的形象。

商店的 POP 廣告都是在考慮顧客要求的基礎上製成的。對顧客來說，POP 廣告不但可以讓他們獲得商品的情報，瞭解商品的性質，更可以讓他們在購物的同時，感受到商店帶給他們的愉快氣氛。這在商店和顧客的聯絡方面，是不可缺的一大要素。

🔊 第四節　連鎖業常見的促銷方法

隨著競爭白熱化，促銷手法更加演進，各種促銷創意不斷推出，千奇百怪，令消費者怦然心動。下列為連鎖店常用的促銷技巧：

1.分色折扣

分色折扣，就是不同顏色標籤有不同的折扣數。也就是利用各種顏色來區分商品，表示不同折扣。連鎖經營大多是採用萬國牌方式，也就是集合各家品牌。因此，不同商品其毛利結構也會不同。所以，如果只是單一折扣數過高，會讓消費者沒有感受。因此，對於不同商品以不同顏色來作折扣區分，則可避免此弊端。

2.七折八扣

以商品類別作為折扣制定的依據。換言之，根據不同的商品定出七折八扣或是採取更低價的方式，是折扣戰的一種。

3.逐日折扣

是依日期來設定折扣，其主要分類也是以商品為主。通常為求震撼力，某些經營者會用 54321 逐日折扣的方法，來作為吸引顧客的手段。一般來說，逐日折扣的效力極大，對消費者極具吸引力。

4.降價

除了折扣戰略外，利用「超低價」、「震撼價」等直接降價方式吸引消費者。然而由於一般的降價措施通常數量有限，因此連鎖業者都會有限量供應的措施。為了控制數量，業者會發行印花券，持印花券者才有權購買此商品。如果所謂大降價的價格下降幅度並不震撼，或是消費者根本沒有感受到，那麼此價格戰根本無法奏效。換言之惟有有效的降價才能真正吸引消費者。

5.組合式購買

組合價則是另一種價格戰的方式。最常見的為速食連鎖業者常推出的經濟餐或套餐式的組合。此種套餐式的組合對於高峰時間的來客群體有著極大的誘惑。或者，當部份業者在產品同質性高的情況下，也常以組合餐特惠價的超值策略來搶食其他競爭者手中的大餅——當然是為了推廣某項新上市的商品。

業者也可以用此組合價的方式，讓消費者以較便宜的價格使用此商品，以此種方法來拉進消費者對新產品的接受度。

6.折價券

利用直接折換現金的方式刺激消費者購物，在貪便宜的心理下，折價券對於購物意願刺激最為直接。

對連鎖業者來說，折價券就如同現金；另一方面，折價券另一長處在於能迅速遞送至大多數潛在顧客與既有顧客手中；再者，折價券也可協助增加既有顧客的購物量。因為在相同產品及比較利益之下，消費者會選擇有優惠的折價促銷業者。

折價券除了針對所有商品都可折換的方式外，商品紅利及現金紅

利則是此戰術的衍生。當連鎖業者都推廣某項商品時，可針對特定商品標上紅利××元折價券，作為鼓勵其下次購買之用，以增加顧客上門的次數。

現金紅利則是要提高客戶單價折扣，其主要做法是在購滿×××元，就送同現金×××元的紅利券，於下次消費時用。

7.以舊換新

通常，當連鎖業者推出新產品或要推廣某一類型產品時，可採用此法。所謂以舊換新是指帶舊品來買新產品，則可折價一定金額。此種促銷方式對於擴大消費層助益頗大。尤其可以吸引不同品牌的使用者，增加潛在顧客的購買力。而至於舊品的處理，則可在稍加整理後，運用公益營銷或轉贈慈善機構。

8.一元萬能

指消費者以一元即可買到超值的商品。此項活動通常帶有一定的設限。也就是說，並不是每位消費者都可參加此活動，而是必須消費滿×××元以上，才有資格。此舉主要是利用此活動來提高成交客單價。

可分為兩種方式：第一種為了製造現場驚喜感與熱鬧氣氛，連鎖業者會在店內特定地方放置各項超值贈品。贈品可以是門店本身的滯銷品或是日用品。然後，再依先後次序輪換商品。另一種則是以一元購買一個紅包袋，袋內裝有各項贈品明細，個人憑運氣抽取商品。通常，紅包袋內為家電券、折價券或贈品券等。

9.每日一物及限時搶購

每日一物是指每天推出一項特賣商品作為促銷期間的領路貨。而限時搶購則是在固定期間內，店內某特定商品打折或降價吸引當時在場顧客購買。

一般來說，限時搶購最常見於超級市場，由於各類生鮮商品有保存期限或是鮮度，一旦超過期限只有丟棄。因此，為避免損失，超市

在每日下午大多有限時搶購方式，出清生鮮存貨。另外，部份連鎖業者也會利用限時搶購法炒熱冷門時段，也就是在低峰時間，運用限時搶購來聚滙人潮。

10. 來就送

通常連鎖業者為招攬來客數，於新店開幕或者重大節慶促銷時，常常會用「來就送」的方式。消費者可憑廣告傳單、報紙、雜誌上的截角，兌換實用性的商品。然而來店者不見得就是購買者。換言之，來就送具有廣大的集客力，可是對於購買力的刺激不直接是其較大的缺失。

11. 買就送

其主要的意義在於刺激購買力，買就送對於單日營業額與成交額增加有極大的幫助。因為在貪便宜的心理下，上門的顧客往往為了得到贈品而掏出腰包。可是由於無論購買金額多少一律都有贈品，所以有些顧客會化整為零，分開購買次數，增加領受贈品的機率，或是連小金額的購買者都要送贈品，會造成贈品費增加，因此連鎖業者需加以控制與防範。

12. 滿×××元就送×××商品

以不同購物門檻設限，贈送各項超值贈品是門檻贈品的特點。一般來說，此方式不僅可提高客單價，且便於控制贈品數量。

連鎖業者可針對不同的門檻設計不同的贈品，對刺激單日營業額的提高頗佳。通常贈品成本與設限金額的比值以不超過 3%上限為控制標準，可視各連鎖經營業別毛利結構的不同而調整。至於贈品，則要考慮其超值感。換言之，日用品由於其坊間都可見到定價，且單價不高，所以通常不考慮作為贈品。除非其具有非常特殊的價值感或是單價極為昂貴可營造超值感。

配合節慶選用贈品則是另一重點，如母親節贈品偏向女性商品，而父親節贈品則為男性商品。此外，在節慶送贈品時，部份連鎖業者

也會以「商品+贈品」，或是將贈品定位為「為你準備另外一份超值禮品」的促銷手法，廣為宣傳。

13.隨貨附送

例如家電商店可以買 VCD 送音樂 CD、買電視送臺燈等方式促銷某特定商品。而服飾業商店也會依服飾品牌或類型不同而有不同方式，如買西裝送西褲或是買兩條西褲再送一條，推廣特定商品群。此種隨貨附送的方式對於建立某類型商品或某品牌商品的知名度立意顯著。

而以速食餐飲業來說，買大送大、推廣外送觀念則是另一種隨貨附送的促銷手法。通常買大送大會配合所謂外帶超值卡，消費者只要先付不等的金額，購買某速食餐飲業者的外帶超值卡，則每次持卡購買外帶時，可享受買大送大的利益。

14.有價贈品

運用該做法時，贈品的魅力要足夠。也就是說，消費者對此贈品的市價要有足夠的認知度，如此，才能營造付費贈品的超值感。在廣告宣傳上，此法多半是用購物滿×××元，原價×××的精美贈品只要××元。然而在選用付費贈品時，此贈品最好不要與連鎖企業本身銷售的商品重疊，一方面避免過低價格影響到原有商品出售，二來怕混淆視聽。

在選擇贈品時，該項贈品中的領導品牌往往是最佳選擇。因為，領導品牌常常是消費者耳熟能詳、最有感受的商品，如此方有贈品的魅力。以兒童為主要需求的速食連鎖業者更常用此法來聚集人潮。

15.集點送贈品

這是另一種趣味式贈品促銷法。業者可設計凡購物滿××元即送集點券，集滿某特定字樣，即可獲贈特定贈品。也可配合刮刮卡的方式進行，增加趣味性。此法除了可使購物客單價提高外，消費者互動的參與性也是奧妙所在。因此，通常以青少年為消費群體的連鎖業，如速食業者常用此法。

16.幸運大摸彩

購物滿××元就可參加幸運大摸彩，是常見的競爭方式，此法最常見於各連鎖業者，因此，部份業者為提高參與率與得獎率，有時會強調「通通有獎」大摸彩，以提高消費者參與的意願與購買力。

「幸運大把抓」是另一種變相的摸彩，其主要用意是將無形的兌換券改為實質的商品，增加現場趣味感。

17.幸運大爆破

廣見於開幕促銷活動中。尤其是百貨公司常用此法來招徠顧客，造成一炮而紅的效果。

舉辦幸運大爆破要有一個先決條件，那就是一定要有可以聚集人潮的廣場。其做法是門口懸掛一個大氣球，氣球內裝滿各式的折價券、贈品兌換券、紅利券，乃至於現金。等到特定時間及人潮滙集後，即讓氣球爆破，此時各式現金折價券滿天飛，現場拾撿的景象熱鬧非凡，可以營造氣氛，有助於形象的提高。要注意現場秩序的維持及安全防護。

18.限時大搬家

在一段期間內，聚集購物滿××元消費者的摸彩券，然後再抽出幸運消費者，在連鎖商店營業高峰期內進行限時大搬家的活動。搬得愈多，得獎愈多。此方式對於賣場氣氛的凝聚具有相當助益。

19.聯合不同的業者，互為盟友

交換彼此利益是結盟的重點，通常，互為結盟者主要是不同業種客層間的交流、廣告利益交換或是供應廠商品牌結合，例如供應廠商與連鎖企業的結盟廣告。

買食品贈可樂是不同業者結合的實例；遊樂區通過連鎖企業發贈招待票也是良策。

發送另一業者商品折價券也是結盟策略的良計。如服飾連鎖業可通過速食業來發送購物折價券。然而此種方式要考慮控制力，因此，

通常發送對方會有購物設限或是針對某一客戶群如老顧客等的折價券，以此設限方式來提高折價券的價值。

然而此種結盟策略首先以利益來衡量。因為發動結盟策略的主動者，往往會投入相當的廣告量。因此，被結盟對象所提供利益是否符合相對的廣告投入，是否願意支援連鎖企業的廣告。最常見的是與廠商垂直結合的×××週特賣會。連鎖企業一定要確認廠商所提供的各項優惠價只有一家別無分號，否則就會淪為替別人擡轎子的窘境。也就是說，連鎖業者在花廣告費，可是由於競爭者同樣都享受優惠，結果顧客都到競爭者商店去購買，如此一來，對花錢打廣告的企業一點益處都沒有。

第五節　連鎖業的公關技巧

公共關係簡稱為「公關」，已經發展成為一條重要的促銷途徑。妥當的公共關係可樹立良好的企業形象，促進產品銷售。隨著傳媒手段的現代化，市場競爭的激烈化，連鎖企業的公關活動越來越多樣化和技巧化。要切實取得最滿意的效果，必須遵循一定的原則，主要是：

1.統一規劃

連鎖企業的所轄範圍較廣，分店較多，如果缺乏統一規劃，就可能會出現雜亂無章的現象，這樣就會在公眾心目中造成不良影響，降低公關效果。所以，連鎖企業必須對公關活動進行統一規劃，以形成合力。

2.系統謀劃

公關活動是一個過程，一個由很多相互獨立又相互聯繫的子活動組成的總體，所以必須注重系統謀劃、整體運作，將各個子系統有機

協調起來，充分發揮整體作戰策略，從而實現整體大於各部份和的效應。

企業在開展公關活動前，要對市場進行全面的考察，預先估計各種可供選擇手段的效果，並判斷採取那一種公關技術最為行之有效。一旦確立了利用公關樹立企業形象、擴大商品銷售的目標，重要的工作就是，將整體目標開列為若干具體項目，排好時間表，並做好開支預算。這些計劃僅在口頭上說說是容易的，但實際行動起來卻是另一回事。只有列出「工作清單」，才能最大限度地避免流於空談，以使「好鋼用在刀刃上」，保證促銷活動的週密性和可行性。

3. 主題明確

公關活動的主題是公關活動的靈魂與中心，它必須簡單、明瞭。針對不同的對象，要確定不同的主題，選擇不同的重點。

如果召開記者招待會，一般只確定一個或少數幾個主題，對不相關的問題儘量回避，以免影響效果，甚至帶來負作用。

4. 把握心理

廣告策劃宣傳要運用心理學的一般原理，正確把握公眾心理，按公眾的心理活動規律，因勢利導。

公眾心理是公眾根據自己的需要和愛好，選擇和評價組織的心理過程，它支配著公眾的行為。影響公眾行為的生理因素主要有知覺價值觀、態度、需要、性格、氣質等，公關人員要善於把握影響公眾心理的這幾個主要因素，使策劃能最大限度地吸引公眾，給人留下深刻印象。

5. 富有特色

每一次公關活動，都應力求辦得新穎別致，富有特色，也就是說，要善於打破傳統，刻意求新，別出心裁，善於造勢，善於製造新聞，善於利用事件，使公關活動生動有趣，進而給公眾留下深刻而美好的印象。

公關策劃要倡導逆向思維,出奇制勝,一般化和雷同化的公關活動,是很難吸引公眾的。美國企業是十分注意追求個性的,沒有那兩家公司是運用完全相同的公關促銷策略。

當企業自身缺乏經驗,或者時間緊迫,而且需要較高的專業公關能力時,企業一般是到專門機構請求咨詢服務,或者聘用代理人。

6.量力而行

公關活動一般來講,要保持一定的彈性,留出充分的進退餘地,以便能及時適應組織外部環境和內部條件的各種可能的變化,有效地保持動態性。

公關活動涉及到的不可控因素很多,任何人都難以把握,留有餘地才可進退自如。如,舉辦公關活動一般要花費較多的經費,需要眾多人員,因為這兩個方面的內容是缺一不可的,但是在策劃公關活動時,要充分考慮其可行性,事先要進行週密的安排和計劃。如果人力和財力一時達不到應有的需要程度,就不要盲目上馬,以避免最後出現不可預料的結果。

7.講求效益

提高企業公關效益是公關策劃的重點,就是說要以較少的公關費用,去取得最佳的公關效果,達到企業的公關目標,企業要做到:

利用公關所捕捉到的資訊,抓住有利時機進行經營;利用公關,幫助企業改善市場環境,企業的市場環境越有利,產品的銷路就越廣,銷售就越順利;要善於利用與競爭對手的公共競爭,加強橫向比較,促進企業的發展。同時,還要注意提高公關的社會效益,從全社會的角度進行謀劃,使組織的自身利益服從於社會利益。

第六節　案例：連鎖店的店面陳列促銷技巧

　　屈臣氏連鎖店在店鋪管理方面，無論店鋪大小如何，在區域上都體現著不同的狀態，如所謂的「活角」與「死角」正是屈臣氏獨特的管理手法，不僅讓消費者看不到凌亂，而且讓消費者感受到了一種「豐富」。因此，屈臣氏將每個店鋪位置按價值劃分，並根據價值對商品的品類和商品進行有目的地陳列，從而最大化提高消費者購買的價值。

　　終端店鋪是零售業最直接的利益創造者，也是企業聯繫市場和顧客的橋樑。所以隨著銷售市場的競爭加劇，越來越多的店鋪管理者意識到「店鋪管理標準化」已經成為一種「必需」，甚至零售業的競爭已經由商品競爭、價格競爭的階段上升到店面管理的競爭階段。

　　「店鋪管理標準化」體現和順應了零售市場的發展需求，其對顧客服務品質要求更高，對店鋪管理者以及店員的素質要求更嚴。

表 13-6-1　屈臣氏店鋪陳列標準──正常貨架陳列標準

貨架的圖示及名稱	陳列標準
直身貨架	①按照陳列圖來進行陳列 ②陳列樽裝、灌裝、盒裝及重身貨物等，如日用品、保健品 ③貨架跟貨品之間留一定的空間，方便顧客拿取貨品 ④貨架第一層的貨品，儘量不要高於貨架頂部
斜身貨架	①按照陳列圖來進行陳列 ②陳列體積小及輕巧、小包裝等貨品。適用於糖果、藥品及一些飾物層架陳列 ③斜架有好多的陳列效果，清晰、吸引、整齊，可減低貨架存量 ④斜身貨架貨品前面應該加有擋板，防止貨品滑落 ⑤貨品要把貨架玻璃完全覆蓋
掛網貨架	按照陳列圖進行陳列
地台膠箱	①按照陳列圖進行陳列 ②地台膠箱顯示價錢的方法是，在膠箱的右側插有 L 形架 ③L 形架的左邊放 9cm×9cm 特價牌，右邊放物價標籤

表 13-6-2　屈臣氏店鋪陳列標準——非正常貨架陳列標準

陳列的圖示及名稱	陳列標準
堆頭(單支座)	①可擺放兩個堆頭，一般陳列於指定貨架旁 ②每個堆頭只能擺放同一品牌同一價錢的貨品，每一層貨品要品種齊全 ③可從任何方面看到商品的正面 ④貨品的顏色垂直間色 ⑤將列印好的堆頭牌，面對貨品方向插進魚眼座
超級堆頭	①座板長一米，最長放兩種貨品，陳列季節性貨銷量大的貨品，第一層貨品要品種齊全 ②保持商品在同一高度，僅在魚眼牌下 ③可從任何方面看到商品的正面 ④貨品的顏色垂直間色 ⑤將列印好的堆頭牌，面對貨品方向插進魚眼座
網架堆頭	①用於陳列不容易擺放貨架的飾品，例如手提包 ②網架堆頭只能擺放同一品牌同一價錢的貨品，第一層貨品要品種齊全 ③陳列商品以顏色垂直間隔 ④商品陳列要面向顧客 ⑤將列印好的堆頭牌，面對貨品方向插入魚眼座
膠箱堆頭	①一個膠箱堆頭只能陳列兩種商品 ②將列印好的堆頭牌，面對貨品方向插進魚眼座 ③上面的貨品用堆頭牌顯示價錢，下麵的貨品用 9cm 價格牌顯示價錢

續表

貨架頂架 (熱賣 焦點)	①陳列同一系列主推貨品，可擺放多款貨品 ②當擺放多種貨品時，貨品應佔滿貨架，並用 9cm 價格牌顯示價格，插在每種貨品的中間位置 ③必須插上相應主題的色條
促銷架	①按照店鋪每次促銷的陳列指示或者當班安排陳列商品 ②只有同類型產品才可放在同一個促銷架上，並且產品必須是滿架量 ③一般是體積細小的產品放在促銷架的高幾層，體積較大放在下幾層次 ④每層促銷架需插相應主題的色條 ⑤每種貨品需有物價標籤顯示的價格 ⑥每種商品都必須使用 9cm 價格牌，插在商品的中間位置
促銷膠箱	①促銷膠箱以組為單位陳列，分三層共九個膠箱為一組，一般陳列在貨架終端 ②促銷膠箱按照店鋪每次促銷的陳列指示或者店當班安排陳列，在同一組促銷膠箱內應以部門集中擺放，同主題或同部門放在一起 ③一個膠箱裏必須擺放同一品牌同一價格的貨品 ④膠箱內的貨品不用放得太滿(約佔膠箱的 3/4，不得少於 1/2)，若貨品數量不足，可以用包裝紙包好的紙箱墊在膠箱底部，貨品放在上面 ⑤膠箱底部的貨品需整齊間色擺放，表明營造淩亂美，並且貨品的正面要面對客人 ⑥堆頭牌插在 U 形架內，並用螺絲固定位置

牆身架	①底層與頂層保持固定的距離：底層距離地面 1540mm；頂層從上面距離第六個孔開始；中間兩層貨架因貨品的多少而調換或拿走，背板相應調換，固定背板 ②陳列同一種或兩種或同一系列的貨品，陳列有吸引力及體積較大的貨品，貨品必須垂直擺放陳列 ③牆身架共三層，迷你堆頭牌用 U 形架固定在頂部第一層的貨品中間位置 ④由上向下數，最下一層架需插相應主題的色條 ⑤有大畫板的店鋪，大畫板下麵的兩米架應放一至兩種貨品，并用 L 形架固定迷你堆頭牌，放在貨架的左邊，如果兩米架放同一種貨品，需一米架一個迷你堆頭牌，放在貨架的左邊
島櫃	①放置小件的化妝品或者日用品 ②每格放置不同的貨品，貨量以滿格為準 ③價格牌應用 L 形架在色條處
側網	①側網高度不能高於架頂 ②第一行掛鈎應掛在側網有上面順數下來第四行上 ③每種貨品需有物價標籤和特價牌 ④商品種類垂直擺放 ⑤貨量應適中，不能半滿也不能太滿
四面屏風	①用於陳列獨家新品或者出租給供應商做某商品的展示 ②用於陳列獨家新品時，在頂部有機玻璃陳列「獨家新品」堆頭牌 ③在貨架上陳列「獨家新品」短條 ④在「新」和「獨家優惠」貨品貼上相應的彈跳牌 ⑤四面屏風同一使用「獨家新品」系列 POP 陳列

供應商陳列架	①供應商陳列架只能陳列該供應商的商品
	②每種貨品需有物價標籤和特價牌
	③貨品的陳列按照市場部相關的指示擺放
	④瞭解店鋪的分佈圖,合理放置供應商陳列架
	⑤注意供應商陳列架擺放的時間
雜誌架	擺放在相應貨品的貨架附近以便客人取閱
掛鏈	①適合陳列體積大件及重量較輕便的商品
	②商品顏色垂直間色,正面面向客人
	③價格牌應該放在掛連正上方,字跡清晰
	④不能露出掛鏈
	⑤掛鏈陳列的時間
冰箱	①冰箱應放在合適的位置上,並擺上季節性商品
	②冰箱裏面只能放置屈臣氏公司出產的水及飲料
	③時刻保持冰箱裏面有充足的貨量
	④在相應的商品前面,也要貼上物價標籤
雨傘架	①雨傘的陳列亦要間色
	②在下雨天時應把雨傘架放在門口位置
	③用正確的物件標籤和 POP 牌

第 **14** 章

連鎖業的財務管理絕招

 ## 第一節　連鎖經營的利潤來源

　　連鎖總部要持續經營，必須增加利潤來源，減少費用支出。而利潤之來源，區分為「無形的利潤來源」、「有形的利潤來源」，並且會因為連鎖店的數目持續增加，而更創造利潤來源。

一、無形的利潤來源

　　1. 發揮垂直整合的優越性

　　(1)確保公司產品的銷售管道

　　沒有銷售管道，或銷售管道掌握在別人手中，企業就無法隨自己心意發展，有了通路，企業才能有較長遠的投資與商品開發計劃。

　　(2)帶動公司營業額與利益的提升

　　連鎖店的商品開發引進，固然要以消費者需求為依據，但對於母

公司的產品，當然義不容辭地要加以出售，而且都是將其陳列在黃金線上，並加大其陳列面，因此如果連鎖店鋪的數量增加，母公司產品銷量自然增加。

(3)流通成本的降低

連鎖店的產品只需透過物流中心就可直達店鋪，效率較傳統的批發商與雜貨店為高，這些優越性，也許在連鎖總部本身不易見到，但對母企業的貢獻與創造的利益是毋庸置疑的。

2.無形資產的累積

(1)累積效果

隨著店鋪的不斷增加，店主和員工將不斷遭遇到各種狀況與困難，而在克服解決的過程中，就產生了 know-how，在下次碰到同樣的問題時，自然可以迎刃而解，這些 know-how 就變成標準化制度的基本依據，成為連鎖總部的無形資產。

(2)形象的建立

每家店都是與顧客接觸的一個點，店數開得愈多，與顧接觸的點就愈多，可以形成點、線、面串連的整體效果，這將在顧客的心中留下強烈而深刻的印象。

借由多點的分佈，連鎖店可以建立起鮮明一致的形象，而消費者對於設有連鎖店的企業，也會相對產生信賴度，對商品的銷售有相當大的幫助。

(3)品牌價值的提升

多店經營，連鎖品牌的知名度、優異性必提高，而多店經營，尤其有利廣告宣傳，更會提高連鎖品牌之價值。

3.風險的分散

避免把所有的雞蛋都擺在一個籃子的道理大家都懂得，單店經營所面對的風險是 100%，而連鎖店若開十家店，每家店的風險對總部而言就是 10%，這樣連鎖體系是不會因單店經營的好壞受到影響，因而提

高了經營的穩定性。

二、有形的利潤來源

企業的經營，以獲取利潤為目的，即使是無形資產的獲得，也是為了達到賺錢的目的。連鎖總部相對於連鎖店，其本身也是一個個體，是一個獨立計算損益的單位，所以其利潤來源和獨立店一樣，也必須從利潤的提升與費用的降低著手來分析。

連鎖總部利潤來源的增加，主要來自規模經濟。

1. 獲得營業額提升的利益

本身規模的擴大，在市場上將會發生排擠效應。連鎖總部的力量愈強大，愈能聘請最好的專業人士，做好商場空間管理，推出整體的廣告促銷活動等，結果又會提高商場的營業額；此外，總部的獲利增加後，可以大膽投入研究與開發的工作，讓商場永遠走在同行業的前端。

2. 成本的降低

連鎖管理效益強，會降低管理成本；多店聯合採購，會降低貨品成本；談判籌碼強，可使供貨廠商提供「零售店品牌商品」，更是大幅降低成本。

3. 成本降低導致毛利提高

隨著連鎖店的拓展，採購數量逐漸增多，連鎖總部與廠商的議價能力逐漸加強，這就是以量制價。

多店連鎖經營，更有利於向供貨廠商要求各種產品陳列補助金……等各種名目之收費，有時，此種收入相當於整個企業的營業毛利，相當驚人！

4. 各項授權加盟代價的收入

除了直營連鎖其總部與加盟本為一體，而沒有加盟費用等問題

外，FC 與 VC 的加入，都是要付出費用的。

加盟店有依合約交納各項費用的義務，這些是總部應享有的權力，包括：

(1)前期加盟費

加盟者在開業之前，必須向加盟總部支付一筆加盟費用，這筆費用往往在簽訂合約時支付。這是與自己創業不同的。

前期加盟費依據不同的加盟總部有不同的標準，一般占加盟者總投資的 5%～10%之間，即如果開辦一家加盟店所需資金是 50 萬～60萬元，則前期加盟費是 5 萬～6 萬元之間。

當然，這也不全一致，如果加盟者要得到像麥當勞這樣一流的特許經營權，則他往往要具備雄厚的財力並向總部支付一筆高額的特許經營費用。

(2)後續加盟費

後續加盟費包括特許權使用費，即權利金；購買原料、產成品、經營設施和設備等費用；總部為加盟者提供經營管理服務所收取的費用；廣告宣傳費用等。

這是加盟者開業後每隔一定時期都必須支付的，有的按月支付，有的按年支付。

這筆費用根據總部提供的援助多少、總部的管理水準、總部的信譽高低、總部開展的宣傳推廣活動等因素而定，一般是按銷售額的比例提成。加盟者不要忽視這筆資金，它是按銷售額比例提成，而不是按利潤提成，無論加盟是否贏利都必須交納，因此在預算投資效益的時候一定要把這筆費用計算進去，並預先做好打算。

(3)租金

加盟者如果沒有自己的商店用房，就必須向別人租借店面，因為在這樣一個高地價的城市裏，不可能有自己買地仍能有利可圖的事情發生。既然如此，租金則是加盟者在開業前需要考慮的因素。

　　店鋪的租賃一般有三種方法：一是總部先選擇好了位置，與業主簽約先租下來，經過裝修後，再轉租給加盟者；二是總部與加盟者一起去選擇合適的店鋪，看中後，在總部協助下加盟者直接與業主簽約；三是加盟者自己去尋找鋪位，看中後租下來再與總部商洽加盟事宜。先由總部租下房後再轉租給加盟者，這種方式對加盟者最有保障，而且總部名聲大，談租約時討價還價能力大，且總部可以控制鋪面。但它也有一定的缺點，如有些商場鋪面是不允許轉租或分租的，可能抵觸租方合約；如果加盟店決定不繼續經營，在找到新的加盟者之前，需由總部承擔租金的責任。因此，很多總部索性由加盟者直接向業主租鋪。

　　為了確保租賃的能力，業主在簽約時往往要求承租者預先支付半年或一年的租金以作保證，因而加盟者要在開業前就得拿出這筆錢來。

　　(4)權利金

　　權利金是店鋪開張後按月支付的費用，在美國通常是按營業額的多寡，付予總部固定的百分比；在日本則多是按固定金額支付，在國內則兩者皆有。

　　(5)保證金

　　連鎖加盟時，通常要交納保證金，尤其在用 FC、VC 體系中的超級市場或便利商店，保證金通常以現金、本票、銀行定存單或不動產來做抵押，在合約期滿或解約時退還。保證金金額地計算，通常需考慮總部供給加盟店商品或器材的多寡，在超級市場或便利商店的 FC 中，大約是商店經常性庫存的餘額；在 VC 中通常是兩次付款間(約為 30～45 天)的進貨金額。

　　(6)商務費用

　　此指總部向各加盟店收取的使用於各加盟店共同事務的費用，通常包括廣告、海報、傳單等。

(7)擁有股份

規定每間加盟店的若干百分比的股份屬特許人(連鎖總部)所有,此權力較少運用到。

三、其他項目收入

其他要考慮運用以增加總部利益來源的有:

1.付款折扣

連鎖總部與各供應商的付款條件都不同,同種類的商品,在同一行業中,大致是相同的。

如食品在超級市場或便利店,通常是按月結賬,然後開立45天的期票,日用品類則是月結60天的期票。當市場資金緊張,如總部的資金充裕,可以要求廠商改為現金付款,同時提出給予部份比率折扣的要求,通常折扣下來的金額比銀行的利息高,當然這必須是兩廂情願,經由同意才可更改。

2.折讓

連鎖總部與廠商議價時,都希望能得到比同行業低的價格,總部通常會要求廠商提供大型超市或連鎖店的進價價格作為參考。商品價格議定後,總部購貨人員會就業績、數量與廠商談判折讓條件,銷售量越高,折讓要求的比率也就越大。

連鎖總部的進貨價格,同行業間差異不致太大,其差異主要是在銷售數量與折讓比率的大小。

總部與廠商談妥供貨價格與折讓比率後,如果設有物流中心,會就物流成本要求「入倉折扣」,廠商雖有配送能力,但為方便加盟店的進貨,總部會儘量要求廠商的商品先入到物流中心,而總部要求的入倉折扣會就商品的性質逐項考慮,如衛生紙等體積較大的商品,其入倉折扣就要比糖果餅乾為高。物流中心因專業化效率高,其費用率會

比總部要求的折扣率低，也可以成為總部的間接收入。

3.新商品特價供應

有些超市式 CVS，對新商品不只要求「收取推廣陳列費」（或稱上架費），也會要求以特價供應一段期間，通常是三個月或半年，這雖然沒有實質的收益，但却可帶動來客數或其他商品的銷售。

4.手提袋贊助收入

某連鎖超高超要求在商品的進貨金額中，扣 1%作為製作手提袋的贊助款，超市的理由是，手提袋是用來給顧客裝載廠商的商品，此比率大約與超市的包裝費用相當，但是否合理，就見仁見智了。

另外一種做法是在手提袋的另一面印上廠商廣告，作為廣告宣傳，由廠商負責其費用，手提袋則交由各加盟店作用。

5.促銷廣告贊助收入

連鎖店必須不斷規劃辦理促銷活動，一方面是對長期購買的顧客表示回饋感謝之意；一方面則是醞釀商店輕鬆的購物環境。辦理促銷活動，需要一些輔助器材或用品，如陳列器具、POP、DM、紅布條等，這些都需要支出費用，有些連鎖總部是就商品進貨金額的一定比率，要求廠商部份支付。

6.新店鋪開張贊助收入

這就像是我們家裏辦喜事，而客人送紅包的意思。以獨立店而言，開店是一件大事，也可能是一輩子的事，親朋好友或廠商當然會給予贊助。

連鎖總部經營一段時間後，通常也將新店鋪開張的贊助標準化而確定一定的金額。例如一家大型的連鎖超市，要求廠商只要超市有新店開張，就從貨款扣除 16000 元作為贊助金，總部此舉的意思是，「我每開一家店鋪，廠商不費吹灰之力，就得到了賣場，而總部在開設一家新店鋪時，需要投入很多人員去開發、評估及設計，同時又要投入很多金錢去購買設備並從事裝潢，而新開張的店鋪，是供廠商陳列商

品做生意用的,這些開店費用的支出,要由各廠商共同予以贊助。」

7.週年慶贊助收入

連鎖週年慶時,通常更易於造勢並吸引顧客。連鎖店總部因店鋪數多,除各店自行辦理的慶祝活動外,還會選擇一個黃道吉日,由所有的店鋪同時再辦理一次共同活動,店有喜事,廠商不能坐觀,當然又要恭賀一番地送送禮物了。

對週年慶贊助也已步入標準化,成為一種慣例。

◀)) 第二節　降低連鎖總部的費用支出

連鎖總部費用支出的減少,相對的,也就是連鎖總部利益來源的增加。

1.整體管理成本支出的減少

隨著連鎖店鋪的增加,總部的規模也日漸擴大,但隨著營業額的增加,管理成本所佔的比率會逐漸降低。

2.店內器材及裝潢成本的降低

店鋪越開越多,很多的器材及裝潢材料,都可量化生產,或自行開發較便宜的材質取代,而長期合作廠商因生意增大,也會願意回饋部份利潤給連鎖總部。

3.廣告宣傳成本支出的減少

在連鎖總部無形的利益來源中,隨著連鎖店鋪的增加,其形象會發生累積的效果,有了良好的形象及口碑等自然廣告,連鎖總部需投入的媒體支出可相對減少。

而隨著連鎖力量的加大,很多廣告宣傳費用都可要求供貨廠商配合支出,例如手提袋贊助等。

4.物流成本的降低

日本的 7-Eleven 便利連鎖店認為，要在某一地區佔有優勢，就必須至少開設 100 家連鎖店，在達到 100 家之後，物品流通費用便可大幅降低。以牛奶、飲料為例：如果對加盟店的服務條件(配送次數)相同，一般流通運輸費用佔了交貨價格 17～18%，當店數達到 100 家時，流通費用則可降到 13～14%。雖然 4%的數字看起來沒什麼，但連鎖店要降價 1%的商品成本，是一件相當是不容易的事，所以，若能降低 4%的流通費用，對經營者來說，其意義是相當重大的。

第三節　連鎖業的資金管理

連鎖企業本著責、權、利相結合的原則，不斷建立和健全現代財務管理制度，運用各種手段對各個部門和分店進行監督、檢查和控制。

一、連鎖業的財務管理

連鎖企業的財務，是與連鎖經營的特點分不開的，它包括 4 個方面：

(1)統一核算、分級管理

由連鎖總部進行統一核算是連鎖經營眾多統一中的核心內容。區域性的連鎖企業，由總部實行統一核算；跨區域且規模較大的連鎖企業，可建立區域性的分總部，負責對本區域內的店鋪進行核算，再由總部對分總部進行核算。

連鎖企業統一核算的主要內容是：對採購貨款進行支付結算；對銷售貨款進行結算；進行連鎖企業的資金籌集與調配；等等。

店鋪一般不設專職財務人員，店鋪與總部在同一區域內的，由總部統一辦理納稅登記，就地繳納各種稅款；店鋪與總部份跨不同區域的，則由該區域的分總部或店鋪向當地稅務機關辦理納稅登記，就地繳納各種稅款。

區域分部應定期向總部彙報該區域各店鋪的經營情況、財務狀況及各項制度執行情況。原則上連鎖企業在建立時就應實行統一核算，有特殊情況的企業在實行連鎖初期，可以分階段、分步驟地逐步進行核算上的統一。

(2)票流、物流分開

由於連鎖企業實行總部統一核算，由配送中心統一進貨，統一對門店配送。從流程上看，票流和物流是分開的，這與單店式經營的資金與商品同步運行，有著很大的不同。因此，在連鎖企業中財務部門與進貨部門保持緊密的聯繫是非常重要的。財務部門在支付貨款以前，要對進貨部門轉來的稅票和簽字憑證進行認真核對，同時，在企業財務制度中要規定與付款金額數量相對應的簽字生效權限。

(3)資產統一運作、資金統一使用

連鎖企業表面上看是多店鋪的結合，但由於實行了統一的經營管理，企業的組織化程度大大提高，特別是統一進貨、統一配送，使資產的規模優勢充分發揮出來。

由總部統一核算，實行資金的統一管理，提高企業資金的使用效率和效益，降低成本、減少費用、增加利潤。

實行資產和資金的統籌調配、統一調劑和融通。總部有權在企業內部對各店鋪的商品、資金和固定資產等進行調配，以達到盤活資產、加快商品和資金週轉、獲取最大的效益目的。

(4)地位平等、利益均衡

連鎖企業利潤的取得是各個部門通力協作共同創造的，不存在誰地位比誰低、誰為誰服務的問題，各方都遵循利益均沾、風險共擔、

地位平等、協商共事的原則，靠犧牲對方利益獲取自身利益，是無法持久的。

二、連鎖業的資金管理

能否很好地利用銷售時點管理系統和管理資訊系統對企業經濟效益進行分析，是關係到連鎖企業能否穩定發展的重要因素。

資金管理，簡單地說，就是要採取措施維持適當的資金量。現金管理、籌資管理、投資管理等都應該屬於這個範圍。連鎖企業要保持適當的資金量，必須遵循財務管理的規律和自身實際，進行深入研究和探索，因為它不僅要求資金的流入和支出要保持大體平衡、週轉靈活，同時也要顧及資金運用的成效。所以，連鎖企業進行資金管理過程中，必須堅持總部統一籌措、集中管理、統一控制、統一使用的原則，建立健全各項規章制度，實行規範化管理。

1. 不斷改善各項規章制度。

(1)基本的收支程序

企業對於從外界收入的資金，無論是現金、票據，還是應收賬款，必須設立一定的程序、規定流程、承辦及負責人。一方面能夠保持有條不紊的記錄，一方面又能快速地使參加營運的資金和收入，不因經手者的私心而流失。

(2)現金管理

現金是最方便而且最容易被接受的支付工具，同時又是最易流失的，所以各企業對現金均應制訂嚴格的規則予以管制。

(3)銀行存款、應收票據、應付票據管理

銀行存款實際上是企業所擁有的現金，只是因為安全上的考慮存放在銀行隨時備用。由於銀行存款的調度運用通過賬戶來實現，所以必須要進行確實的管理。店鋪應在總部指定的銀行辦理戶頭、賬號，

只存款不出款,而且每天必須將銷售貨款全部存入指定的銀行,不得支銷貨款。同時要向總部報送銷售日報。

(4)應收賬款、應付賬款管理

收賬求快、付款設法緩付,是處理應收款及應付款的原則,但是仍需要深入考慮信用及成本而作適當調整。應付款而未付,應收款而未收,均可能導致損失,企業必須要有管理制度,而且要挑選最適宜的人員擔任。

(5)存貨管理

存貨佔用資金最多,存貨如果變成無法脫手的陳貨更是企業的損失,所以存貨均須控制得當,致使企業的資金在存貨上運用得最有效且最經濟。

2.樹立企業精神,開源節流,提高資金的運營效率和效益。

連鎖企業的財務部門要與資訊、配送等部門密切合作,通過 POS 系統對企業的進、銷、存實行單品管理,從調整商品結構入手,對商品進行全面分析、分類,強化管理。同時,要本著節約的精神,適當運用資金,避免互相攀比,鋪張浪費。

連鎖企業的運營所需經費的來源不外乎有兩種途徑:第一是投資者本身所籌措到的,不需要任何借貸就可以運營。這是屬於穩定性的經營,因為沒有任何外債包袱;第二是以借貸的方式籌措資金後才開始營業。其好處是可以減輕開業時財力的負擔,而且可以早日實現經營創業的目標,但不利的地方在於,在經營過程中的某個時期,必須要在營業額中撥出一部份資金用於還債,而且除了本金,還有利息。

無論那種情況,資金對於連鎖企業來講,都是有限的,必須從實際情況出發進行經營管理,要做到少花錢多辦事、辦大事上,要從企業發展戰略上來安排資金的使用。如果企業的資金籌措是屬於第二種情況,就更需要注意,因為借貸是有價的,是要付出代價的,借貸量越大,企業經營的資本成本也越大。這就需要企業必須從長遠的利益

出發，認真分析企業的發展前景，充分瞭解市場的發展變化，根據企業的長遠發展戰略和財務管理的需要，做好資金的使用規劃，切實把有限的資金用在刀刃上，盤活資金的存量，加快資金週轉，促進企業發展。

3.充分估計資金管理中的風險，增強風險意識。

這主要表現在兩個方面，一是投資風險。投資是連鎖企業財務管理中最重要的內容之一。既包括對內投資，如為了擴大生產經營能力，擴大規模和提高企業的經營管理效率而開設分店、更新設備等；也包括對外投資，如採用聯合、兼併、收購等方法，向其他領域擴張，走多元化發展的道路，或是用資金購買各種有價證券，以獲得投資的現金收入。兩種投資都具有一定的風險性，因為一旦決策失誤，就會嚴重佔用企業的資金，影響企業的正常經營和運轉。

二是籌措資金的風險。現在，資本市場相當發達，籌措資金的方式和管道很多，連鎖企業應根據市場的實際情況和長遠的發展規劃組織資金的籌措。同時，加強對籌措資金風險的管理，綜合運用多種方法進行控制。其中最為重要的，或者說最關鍵的問題是要確定合理的籌資額度。如果數量過多，可能會造成資金閒置，加大了籌資的成本，不利於企業的發展；數量過少，又不能滿足企業發展的資金需要，可以運用定性預測和定量預測法對所需資金數量進行預測。

所謂定性預測，是一種主觀預測方法，主要是採用以往的有關數據、資料，依靠財務人員的經驗、主觀判斷和分析預見的能力，從而對企業所需資金數量進行測定。所謂定量預測，則是一種客觀預測方法，主要是財務人員利用以往的數據、資料，運用科學的方法，進行分析預測，主要包括趨勢預測法、銷售百分比法、預計資產債表法等方法。

第四節　連鎖店的現金管理

亞洲首富李嘉誠說出「公司有了利潤，但沒有現金流時，業務大多會撞板」的時候，現金作為企業中最為重要的資產一直堪稱是企業的命脈，它不僅是企業的血液，而且決定著企業的呼吸。企業在經營中如果沒有充足且適量的現金作為支撐，就如同人體缺血和呼吸困難，會導致生病甚至危及生命。

現金管理是屈臣氏連鎖店一項重要的監管職能，一直是屈臣氏連鎖店的管理工作重點之一。例如，在保險櫃中的現金，出現正負 1 元的金額差異都是非常嚴重的錯誤。

在屈臣氏商店，沒有獲得公司總經理授權的情況下，任何人不得將店鋪每日現金收入用作其他任何用途。

「良好的現金流」是企業發展史上一條亙古不變的「鐵律」，而現金管理則是企業的生存之道，是確保企業的「血液」正常運轉的循環系統。所以屈臣氏在以健康的現金循環來實現、創造和提升價值的同時，也制定了明確的管理標準。

在「現金為王」的時代，如何有效地管理現金，使之始終有力地支持企業開展經營活動，已經成為企業管理人員不得不認真思考的問題。

現金與利潤同等重要。因此，屈臣氏在現金管理規定中，不僅規定了完善的保險箱管理、罰款處理、備用金管理、零錢管理、現金送行及憑證管理、保險櫃長短款處理等細節，甚至嚴格要求每天晚上結束營業後，當班的店經理必須與一名員工共同檢查保險箱，核對箱內現金與帳本上金額是否一致。

圖 14-4-1　現金流管理流程與執行標準

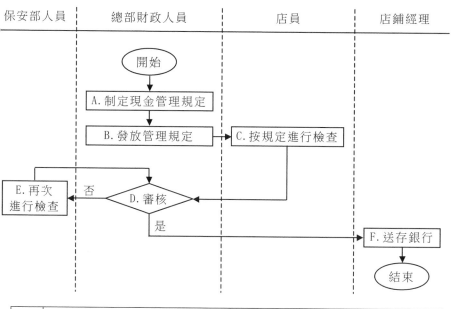

	為了保證屈臣氏連鎖店更快、更好地發展，總部財政人員必須制定現金管
A	理規定，包括保險箱管理、罰款處理、備用金管理、零錢管理、現金送行
	及憑證管理、保險櫃長短款處理等
B	總部財政人員應在開設店鋪的第一天將現金管理規定發放到店鋪內，以保 證正負一元的差異都不會出現
C	店鋪人員將根據現金管理規定，一天之內必須針對保險箱進行兩次檢查， 並填寫「店內保險箱檢查表」上報總部財政人員
D	總部財政人員對「店內保險箱檢查表」進行嚴格審核，如果出現差異，將 交由保安人員再次進行核查，如果沒有差異，必須儘快通知店鋪經理對現 金進行妥善處理
E	保安部的管理人員在接到總部財政人員的通知後，將對各店鋪的現金、單 據管理進行不定期的檢查，並將新取得的結果再次上交到總部財政人員進 行審核
F	在接到總部財政人員的通知後，店鋪經理必須在當天晚上結束營業後，與 另外一名員工一同將店鋪的現金送存銀行

🔊 第五節　案例：藉財務管理獲取績效

　　麥當勞雖然是世界上著名的連鎖企業，但麥當勞本身並不多賺錢。銷售員出身的克羅克只不過是想以 0.15 美元的低價吸引消費者的注意，而將聖伯丁諾的汽車餐廳發展成為一個全國性的大連鎖，克羅克從來沒有以賺錢的眼光來看麥當勞這個事業。

　　那麼，麥當勞是如何維護財務運行的呢？麥當勞的財務專家桑那本曾幫助麥當勞想出了透過房地產賺錢，再支撐連鎖事業發展的辦法。由於麥當勞只收取 1.9%的服務費，其中的 0.5%給了麥氏兄弟，權利金雖由最初的 950 美元，上升到 1500 美元，到 60 年代仍維持在 1000 美元，但麥當勞的整個收入是相當低的，低到麥當勞總部收取的服務費不夠服務用。麥當勞的扭虧為盈要靠聰明的桑那本，他負責的是麥當勞房地產。麥當勞公司以 20 年的合約向地主租得土地及店面後，再把店面租給連鎖加盟店，賺取其中的差額。一般地，麥當勞以 500～600 美元單位價格，從地主那裏租到店面，再轉租出去時，加上 2～4 成。他從不允許地主在租約內加上「逐年定期漲價」的條款。但是，當他將同一片產業租出去時，已將對方的保險費、稅款等一切，都計算進去了。這樣，只要承租的加盟者不倒，麥當勞至少可以在房地產上賺取 20～40%的利潤，而且隨著每一年的物價上漲，麥當勞的租金只漲不跌，但是它付給地主的，永遠維持原價。同時，合約中對麥當勞最有利的一條是，自加盟者所付的租金上多賺得的四成只是最低的淨收入，當餐廳生意到達一定水準後，各店還必須繳納不定期的營業額的百分比，作為增值租金。這個百分比從原來的 5%逐漸增加。

到了 70 年代，隨著通貨膨脹加劇，麥當勞的房地產價值不斷上升。對於不屬於自己的房地產，麥當勞用低價租了很長時間，而且簽有「優先購買權」。麥當勞在全美當時近萬家店鋪中，60%的所有權是屬於麥當勞的，另外 40% 是由總部向地主租來的。在麥當勞的收入中，有 1/4 來自直營店，另有 3/4 來自加盟店，而總收入的 90% 來自房租。從 60 年代初起，麥當勞配備了 3 架飛機，並僱用了大批專業化房地產的人才，讓他們飛遍全美各地，尋找適合的地點開店。克羅克本人也常隨身帶著收錄有全美報紙名稱、出版地點、當地人口及商業情況的資料手冊，在坐飛機飛過一個個小城鎮時，克羅克要看看這些地方是否適合於開店。由於城市地產價格高昂，麥當勞瞄準了郊區，克羅克讓房地產工作人員去找那些學校、教堂、新房子附近的地產，包括加油站。當時郊區還是一片待開發的市場，到處是空地。因為商業活動進入郊區的速度總是比較慢，因此，買土地並不是一件難事。

購買房地產需要大量資金。如何籌措這些資金才是最為困難的。麥當勞在 1956 年時，財務情況並不好，正如桑那本所說的：「銀行只肯將錢借給不需要錢的人，因為將錢借給需要錢的人，便是一種冒險，而銀行是不願意冒險的。」因此，麥當勞建議土地所有者以長期租約的方式將土地租給麥當勞，以此為抵押，麥當勞和銀行之間才可安排房屋貸款。

桑那本還採取了一個新的辦法，即直接買下土地，再以連鎖房地產公司的名義，租給加盟者。他要求加盟者付出 1 萬美元的保證金，後來增加到 1.5 萬元。這一措施使得桑那本不但有現金可供週轉，而且用加盟者的錢買下了土地。當土地所有者把第一債權人的權利讓給麥當勞後，麥當勞也就取得了向銀行貸款建房的資格。後來，桑那本又把這一辦法做了發展，即用 10 年分期付款的方式來購買土地，而以加盟者的保證金為頭期款。到 1958 年，麥當勞的淨收

入只有 2 萬美元,但要增加 50 家新店面,則需要上百萬美元的資金。在這種情況下,麥當勞則知難而退求其次,不與大銀行接觸,而是專門與各地的小銀行進行交易。所使用的方法是,誘以巨利。也就是在一般房屋貸款利息只有 5%的時代,麥當勞則以 7%的借款利息為條件,並承諾將所有的分店存款存入該銀行。這一招使麥當勞獲得了大量資金,並迅速擴張,到 1960 年,它已有 228 家分店,其中它可控制的房地產有 172 處,淨值約 1.6 萬億美元。

快速的發展,必須有穩定的財務支持。但要向財團、大銀行貸款必須出示資產負債表,而按照公認會計原則處理的麥當勞資產負債表的情況不十分理想。為此桑那本決定改變會計方法,使資產負債表符合貸款條件的要求。為了麥當勞的利益,他僱用了律師兼會計的波以蘭來做賬。波以蘭將他在美國國稅局工作時,對國稅局評估房地產方法運用到了麥當勞公司,認定房地產未來的租賃收入在現在就具有價值,應該算入資產的一部份。如果房地產的增值潛力相當於目前所收取年租金的 10 倍,那麼,麥當勞的資產負債表就會立刻多出許多資產。儘管這種資產評估法並不是一般人所接受的公認的會計原則,但波以蘭仍然說服麥當勞的會計師照這一方法做賬。其結果使麥當勞公司在 1960 年的資產突然高漲至 1240 萬美元,約為前一年的 4 倍。波以蘭還將同樣的方法運用到改變麥當勞的收入賬上。由於麥當勞公司擴張很快,開發費用很大,使 1958 年公司全部的營業額高達 1000 萬元,但淨收入卻只有 1.2 萬美元。以這樣的資產負債表是無法向銀行貸款的。在這種情況下,就需要降低開發費用。根據會計原則,開發費用在開發的同時,就應以開銷沖賬。但是波以蘭卻認為支出應與收入相抵,通過將開發費用延期沖抵,將新店開張的費用以新店使用後的收入來沖抵,把建築期間的利息支出攤到開店以後 20 年間的賬面上,結果使麥當勞的收入平衡大為改觀。1960 年,麥當勞賬面上就出現了 10.9 萬美元的淨收入,約為

1958 年的 10 倍。有人認為，波以蘭的做法並沒有違背會計原則，只是技巧稍加修飾，以長效來解釋財務行為。這種做法確實使麥當勞得到了銀行的信任，得到了長期貸款，獲得了擴張所需要的資金支持。

在這種情況下，麥當勞管理層決定全速擴張。於是開始大量增加房地產和建築部門的人員，開店速度從每年 100 家，擴大到每年開 500 家。1974 年一年之內，麥當勞開出了 515 家連鎖店，全美麥當勞開始從集權管理轉向地方分權管理，由他們來決定新店地點、加盟者選擇等事務。麥當勞這樣做，進一步加強了它向外擴張的力量。因為地方公司管理人員由於接近實際問題，參與營運活動，因而他們的決策比起總部的判斷更可靠。快速擴張需要更為雄厚的財力支持。他們採取了貸款和賣股票雙管齊下的做法。最後，麥當勞在 1974 年獲得的長期貸款達 3.5 億美元，同時又增發了 6500 萬美元的股票。於是 70 年代初，麥當勞以大舉借債來維持公司的成長，而這時正是美國利率最低的時期。1979 年，當麥當勞著手償還債務時，國內利率開始上升。麥當勞在房地產、貸款方面均得到了「天時」，加之公司管理有方，於是成長迅速，逐漸成為餐飲業的王牌。

第 *15* 章

私募基金（ＶＣ）為何會對你投下資金

第一節　私募基金如何選擇連鎖企業

隨著各種資源的頻繁交流，充斥了大量的風險投資（Venture Capital），還有許多的「天使投資人」（Angel），使得連鎖業創業者們為之歡欣雀躍。

現在是連鎖業的創業和發展大好時代，每天有成千上萬的連鎖企業誕生，連鎖業在思考「企業的發展資金從哪裡來？」有一個字對於它們都是最重要的：錢！

現在是資本時代，企業競爭遊戲的規則變了，引入外界投資來發展企業已成為主要趨勢。如果企業不引入外部投資公司的資金，它就不可能快速做大，也不可能率先股票上市，就無法通過更具競爭優勢的金融資源，來給企業提供最大的推動力。相對而言，你不成長壯大，你就會被競爭對手打擊，或者被併購。

可以說，每一個成功連鎖企業的後面，都有幾家甚至十幾家投資公司出資金支持。

連鎖業創業者背景，大多是銷售、市場或研發出身，沒有太多的財務管理經驗，對融資知識也知之甚少。儘管天使資金、VC 投資和企業創業者是很好的「事業搭檔」，但連鎖企業創業者明顯處於劣勢地位，他們除了想到投資公司會將幾百萬、上千萬美元投入之外，對其他的內容知之甚少。

VC（Venture Capital）「風險投資」；PE 是英文 Private Equity 的簡稱，意思是「私人股本」或「私募股本」。

VC 和 PE 的相同點是，都投資於有發展潛力的企業，用資金換得企業的股權，等到企業做大後，再透過上市或者併購等方式退出。兩者都在企業發展的關鍵階段，給企業帶來急需的資金，帶來更多的資源和發展策略，甚至改變行業格局和競爭規則，成為企業的「幕後創業者」和「幕後締造者」。

「風險投資」或「私募股本」兩者的不同點是，VC 一般投資沒有盈利的創業企業，而 PE 一般投資已經有盈利的成長型企業。不過，由於投資市場的激烈競爭，現在 VC 也投資有盈利的成長型企業，VC 和 PE 的界限已經非常模糊。

1. 業務與市場(B：Business)

在資本市場上，投資高成長企業才有高回報。美國風險投資主要投資 IT、生命技術和清潔技術三個領域。具有成長空間或者高速成長的行業，才會孕育出高成長甚至是爆炸式成長的企業，不同的市場規模決定了其中企業的發展空間。

因此，VC/PE 的普遍投資標準之一就是：業務與市場。

在投資圈裏有一句話叫「先選行業，然後再從行業中選企業」。這句話其實說的是一個意思：VC/PE 機構首先會看這個公司所做的產品或服務的市場規模有多大？這個市場處於發展初期，還是已經飽和？等等。只有這個產品或服務的市場足夠大，處於其中的公司才有足夠的成長空間。

2.團隊(T：Team)

創業管理團隊的創業精神、激情、責任心、事業心和能力，是一個項目能否成功的關鍵。

在投資圈中有兩個流派：「投人派」和「投事派」。

「投人派」認為，投資就是「投人」，先有人後有事，沒有這個人就沒有這個事，事在人為，「人」尤其是創業管理團隊是項目中最革命性、最活躍、最關鍵的因素。就像前幾年 VC 圈裏流行的一句話：寧可投「一流的團隊、二流的商業計劃書」，不投「二流的團隊、一流的商業計劃書」，因為把「二流的商業計劃書」改變為「一流的商業計劃書」比較容易，而把「二流的團隊」改造為「一流的團隊」非常難。

「投事派」認為，「事」的性質、高下決定著公司的發展方向，而「人」尤其是創業管理團隊的差異、優劣決定著公司的發展高度。在很多時候，「事」的性質、高下，已經基本說明瞭「人」尤其是創業管理團隊的差異、優劣。

「『事在先，人為重』一直是投資家的投資理念，所有的投資項目都遵循這個原則。」所謂的「事」就是指所處的行業，看其是不是朝陽行業、符合市場需求、政府支持力度多少及發展前景等；「人」就是創業管理團隊，特別是當家人的素質，只有兩者兼具，兩者匹配，聯想投資才會投資。

3.商業模式(M：Model)

商業模式(Business Model)是幫企業賺錢的方法，商業模式主要是指你經營一個企業，如何經營，如何準備產品或服務，如何收費，如何向產品提供方進行結算，盈利來源是以產品差價形式，還是以收入分成的方式，等等。

不同的商業模式需要不同的基礎設施、專業人員和經營方法，不同的時代需要不同的商業模式，而創新的模式可以比傳統的商業模式提供更多的價值，具備更大的競爭優勢。

　　例如電腦殺毒軟體，以往是販賣收費，有一家「後發業者」的殺毒軟體，以免費著稱，再向客戶提供廣告，收取廣告收入，最終在美國那斯特股市掛牌上市。

　　即使是從事同一種業務，也會有不同的商業模式。例如，同樣是賣家用電器，傳統的百貨商場賣家電和國美賣家電，就是不同的商業模式。傳統的百貨商場沿襲的是流通領域傳統經營方式：製造企業→製造企業的辦事處/分公司→一級批發公司→二級批發公司→傳統終端，這種運行方式龐雜而低效。

　　家用電器銷售業者，國美電器的崛起，不僅僅是因為經營機制，本質原因在於它創新了價值鏈，傳統的流通方式被壓縮為「製造企業→國美電器的銷售終端」，取消了「製造企業的辦事處/分公司→一級批發公司→二級批發公司」等中間環節，與此同時，與一級批發公司、二級批發公司伴生的物流成本、倉儲成本、運營費用和「灰色費用」得到壓縮，這使得國美電器可以把價值讓渡給消費者的同時，實現自身高速成長，並快速成為主流的家電銷售管道。

　　同樣是銷售管道，連鎖終端與傳統終端相比，其競爭優勢在於連鎖終端創新、縮短了價值鏈，這是連鎖企業管道終端作為一種新商業模式的價值所在。

第二節　直營或特許加盟

一、兩種常見連鎖類型的優、缺點

在決定採用那一種連鎖模式之前，最好先對幾種常見連鎖模式的優點和缺點有深入的瞭解。按照標準分類方法，有直營連鎖、特許連鎖和自由連鎖三種連鎖形式，其中直營連鎖、特許連鎖最常見，兩者分別有自己的特點以及優缺點。

1.直營連鎖的優點和缺點

直營連鎖的特點是：所有權與經營權統一和集中，各成員店經理是僱員而非所有者。

優缺點：優點是店鋪完全在總公司的控制之中，有強大的議價能力，兼有批發功能和多店鋪銷售的效率，可以利用廣告傳媒，有明確的長期規劃；缺點是完全由總公司出資，總公司派人經營，在市場開拓方面進展較慢，缺乏靈活性，限制了個人的獨創性。

世界上第一家連鎖店「美國大西洋與太平洋茶葉公司」就是正規連鎖。日本的大榮超市、西友超市、王子大飯店都是只有直營店，無加盟店。在美國，麥當勞、肯德基都為直營店為主。

2.特許連鎖的優點和缺點

特許連鎖的特點以及優缺點如下：

⑴加盟投資小、擴張快，可降低風險，養活失敗率。

⑵有一個總部和許多加盟連鎖店。

⑶特許核心是特許權轉讓，總部是轉讓方，加盟店是接受方。

⑷特許連鎖是通過總部與加盟店一對一地簽訂特許合約而形成

的。

⑸所有權是分散的，而經營權集中於總部。

⑹特許連鎖關係主要是總部與加盟店的縱向聯繫，加盟店之間沒有橫向聯繫。

⑺總部在進行 Know-how 輔導時，還要授予加盟站店名、店號、商標、服務標誌等在一定區域內的壟斷使用權，並且在開店後繼續進行 Know-how 指導，而加盟店對這些權利的授予和服務的提供，以某種形式(銷售額或毛利的一定百分比等)回報。

典型企業：美國勝家(Singer)縫紉機公司 1865 年首創特許經營這一方式；日本「不二家」西點糕餅點於 1963 年開始進行特許加盟。

這裏沒有考慮產權問題，只是考慮運營方式和授權問題。彩色快速沖印店是典型的特許加盟店。

二、魚頭火鍋集團的發展經驗

中國四川的譚魚頭集團是以餐飲業為主營業務，以食品研究、生產加工、銷售配送等為主導，以資本運營為紐帶，採用連鎖經營方式的現代企業。

自 1996 年創業，到 2008 年 7 月「譚魚頭」新加坡店隆重開業，標誌著集團經過短短 12 年的發展，路上了國際化連鎖發展的地步。然而，「譚魚頭」的連鎖經營之路並非一帆風順。

1998 年 6 月，「譚魚頭」走出四川，在北京開了第一家店，生意火暴，魚頭風暴席捲京城，越來越多的投資者主動找上門來。加盟商負責投資店面和設備，「譚魚頭」只需以商標、配方、管理等無形資產入股，不需要出錢，就可以佔有加盟店 35%～55%的股份。

「譚魚頭」即採用了多種經營擴張方式：

①獨資經營：在成都及全國重點大城市選址，獨資經營，辦好「譚

魚頭」示範店,影響全中國。

②合資經營:由譚魚頭集團投資 51%以上控股,並直接派人管理。

③技術與管理入股:由譚魚頭集團出技術,派管理人員參與管理,佔 35%～49%股份,合作方出資金和場地,佔 51%～65%股份。

④特許加盟:「譚魚頭」形成強勢品牌、著名商標後,採用特許加盟方式,為合作方提供商標使用權,提供技術和管理,供應原材料,提供人員支援,公司每年收取定額管理費。

此時擴張速度,「譚魚頭」的擴張速度就是 8 天開一家店,僅在北京就開了 11 家店。此後,「譚魚頭」相繼進軍西安、合肥、石家莊,迅速佔領了北方市場,然後從東北、華北、西北到中原,再到華東、華南、西南,迂迴包抄,避開西南地區火鍋白熱化競爭的鋒芒,從川菜的空白地帶切入,達到迅速佔領市場的目的。到 2000 年底,「譚魚頭」的年營業額已經達到 3 億元,一時間,很多人都說:「譚魚頭吃貴中國魚頭!」

這種飛速擴張到 2001 年的春天戛然而止,「譚魚頭」與加盟商的矛盾猛然爆發。首先是來自北京、太原、合肥等地 14 家加盟店的法定代表人彙聚「譚魚頭」總部,一致提出降低原材料價格,放開商標使用權,放鬆對加盟店的管理等要求。

接著,「譚魚頭」北京某分店拒絕購買總部提供的原料,導致無法經營。此後,北京亞運村、中關村、雙井等「譚魚頭」加盟店與總部解除合作關係,改名為「李老爹」,全市 11 家「譚魚頭」僅剩航太橋、西三旗兩家店還保留著原有的名號。中國各地的加盟商紛紛效仿,一夜之間「改頭換面」。

2002 年,「譚魚頭」開始在全中國範圍內收縮加盟戰線,將一些店的股權進行收購。2002 年 7 月,在北京虎坊橋開了第一家「譚魚頭」北京直營店,這是「譚魚頭」在北京最早的形象店。直營旗艦店是「譚魚頭」在擴張道路上的一次重要轉型,使「譚魚頭」的品牌得到進一

步提升。從此，「譚魚頭」拉開了二次創業的序幕——以大規模的直營店、旗艦店為示範，帶動連鎖店的發展，這是來自「譚魚頭」的經驗，更是來自「譚魚頭」的教訓。

「譚魚頭」收縮加盟戰線，改以直營店帶動連鎖店的發展，「譚魚頭」發展中出現的問題，說明了加盟連鎖方式在品牌持有者和加盟方由於利益分享、機制監管等方面出現矛盾之後容易形成裂痕，影響企業的可持續發展。

然而，直營連鎖是企業自身的規模積累，與加盟連鎖相比，雖承擔著很大的投資壓力，但由於是一體化行為，對企業規模的穩步拓展無疑發揮著決定性作用。

第三節　私募基金的投資考慮方向

一、ＶＣ資本的態度是要直營連鎖或加盟連鎖

作為兩種連鎖模式，直營連鎖和加盟連鎖各有優劣：直營連鎖的優點是盟主的可控性強，經營業績能完全體現在統一的財務報表中，缺點是擴張慢；加盟連鎖的優點是企業擴張快，缺點是發展品質的可控性相對較差，對盟主的掌控能力要求很高，同時加盟店的經營業績不能完全體現在盟主統一的財務報表中，只能通過加盟費等形式體現在盟主的業績中。

對於連鎖企業來說，直營連鎖還是加盟連鎖？這的確是一個大問題。

直營連鎖模式更受資本歡迎，當一家具備相當規模的連鎖企業，準備引入外部資本（直接投資）和資本對接的時候，直營連鎖還是加盟

連鎖，就已經成為一個必須面對的戰略問題了。因為眾多直營連鎖店的經營業績可以合併在統一的財務報表中，影響著這家連鎖企業的規模和利潤，進而決定著該連鎖企業的上市時間和上市後的價格，從而影響到該連鎖企業以及投資機構的收益和效率。

合併會計報表，是指由母公司編制的，將母公司和子公司形成的企業集團作為一個會計主體，綜合反映企業集團整體經營成果、財務狀況及其變動情況的會計報表。包括合併資產負債表、合併損益表、合併利潤分配表、合併現金流量表等。

優秀的連鎖企業已經開始了國際化的步伐，在國外有多家分店。根據規定，連鎖企業的母公司在編制合併會計報表時，應當將其所控制的境內外所有子公司納入合併會計報表的合併範圍。

母公司，是指通過對其他企業投資，對被投資企業擁有控制權的投資企業。子公司，是指被另一公司擁有控制權的被投資公司，包括由母公司直接或間接控制其過半數以上權益性資本的被投資企業和通過其他方式控制的被投資企業。

在合併會計報表的合併範圍，根據《合併會計報表暫行規定》，具體如下：

母公司擁有其過半數以上(不包括半數)權益性資本的被投資企業。

權益性資本，是指對企業經營決策有投票權，並能夠據以參與企業經營管理決策的資本。如股份有限公司的普通股，有限責任公司投資者的出資額等。當母公司擁有被投資企業50%以上股份時，母公司就成為被投資企業的最大股東，就能夠操縱股東大會，能夠對被投資企業的生產經營活動實施控制。因此，母公司應該將被投資企業納入其合併會計報表的合併範圍。

母公司擁有被投資企業過半數以上(不包括半數)權益性資本，包括以下三種情況：

⑴母公司直接擁有其過半數以上權益性資本的被投資企業。例如母公司擁有此連鎖公司的 51%股權。

⑵母公司間接擁有其過半數以上權益性資本的被投資企業。間接擁有過半數以上權益性資本，是指通過子公司而對子公司的子公司擁有其過半數以上權益性資本。

例如，甲連鎖企業擁有乙連鎖企業 70%的股份，而乙連鎖企業又擁有丙連鎖企業 55%的股份。這樣，甲公司通過子公司乙，間接控制丙公司 60%的股份。在這種情況下，乙公司、丙公司都是甲公司的子公司，甲公司編制合併會計報表時，應當將丙公司納入其合併範圍。

⑶母公司直接和間接方式擁有其過半數以上權益性資本的被投資企業。直接和間接方式擁有其過半數以上權益性資本，是指母公司雖然只擁有其半數以下的權益性資本，但同時又通過其他方式擁有被投資企業一定數量的權益性資本，兩者合計擁有被投資企業過半數以上的權益性資本。

被母公司所控制的其他被投資企業。控制權，是指能夠統馭一個企業的財務和經營政策，並以此從企業經營活動中獲取利益的權力。有時，母公司對於被投資企業雖然不持有其過半數以上的權益性資本，但母公司與被投資企業之間有下列情況之一的，應當將該被投資企業作為母公司的子公司，納入合併會計報表的合併範圍：

⑴通過與該被投資公司的其他投資者之間的協定，持有該被投資公司半數以上表決權；

⑵根據章程或協定，有權控制企業的財務和經營政策；

⑶有權任免董事會等類似權力機構的多數成員；

⑷在董事會或類似權力機構會議上有半數以上投票權。

在中國，可以合併會計報表的企業，主要指母公司以及母公司擁有過半數以上(不包括半數)權益性資本的被投資企業。

因此，在投資商眼裏，那些以直營為主的連鎖企業更容易受到歡

迎。

企業如果採取特許加盟的發展模式，風險還是比較大的。因為特許的方式雖然能使品牌持有者賺到快錢，但對於特許人的控制以及財務的核算方式，往往是資本最為顧忌的問題。考察或評定特許經營企業時，主要看的是其直營店的比例有多大。

真功夫是一家以直營為主的中式速食企業，店數已經達 200 家，投資人除了看中這家企業所代表的行業潛力，更注重其直營連鎖的模式。

二、加盟模式也會大受歡迎

當以直營為主的連鎖企業成功拿到了 VC(風險投資)的投資之後，在特許經營領域，很多企業看到了 VC 的傾向性，似乎只有直營連鎖更受 VC 關注。實際上，並非所有的特許加盟都遭資本冷落。

那麼，資本青睞和願意投資那些加盟連鎖體系呢？

(1)以產品為紐帶的連鎖加盟體系

審視以產品為紐帶的加盟連鎖體系，VC 也同樣看到了其中的價值。已經在香港上市的百麗公司，就是以加盟方式做大並獲得了風投的關注最後成功上市的案例。

1992 年，百麗公司在深圳和廣州開始了百麗鞋的批發業務。但好景不長，冒牌貨很快出現了。1993 年，決定開設專賣點以特許經營模式發展銷售網路。1997 年，百麗與中國各地 16 家獨立分銷商訂立了區域性獨家分銷協議。

根據協定，分銷商作為零售商在各自區域內開專賣店獨家經銷百麗的鞋，這種方式使百麗專賣店數量迅速突破 1000 家。2005 年，公司以資本運作的方式併購了 1681 家加盟店，但又迅速增加了 2147 家加盟店。

百麗這種以產品為紐帶的加盟店，獲得風投的關注很容易理解，加盟店每賣一雙鞋就給百麗貢獻了一定的利潤。2004 年百麗淨利 7500 萬元，2005 年增長到 2.35 億元，2006 年淨利就達到了 9.77 億元。2007 年上市前，其店數達到了 3828 家，還是以加盟店為主。摩根的報告中認為「行銷網路才是百麗最值錢的資產」。

百麗的成功充分體現了加盟的好處：加盟商不僅提供了資金按總部的模式開連鎖店，同時投入很大的精力參與管理和處理當地的人脈關係，在短時間內增加了市場佔有率，總部可以集中精力開發自身品牌，保證產品品質，雙管齊下，使品牌知名度迅速提升。

(2)總部掌控力非常強的加盟連鎖體系。

(3)對加盟店擁有優先回購權的加盟連鎖體系。

三、直營連鎖與加盟連鎖的選擇標準

一家連鎖企業要擴張市場，究竟應該採用直營連鎖還是加盟連鎖？通過連鎖企業的發展實踐發現，主要有以下選擇標準：

(1)選擇一：總部和連鎖店的主要紐帶是產品還是服務

以服務為主要紐帶的企業更宜採用直營連鎖模式來擴張企業，這是因為以產品為主要紐帶的企業，所提供的產品容易標準化，品質比較容易有保障，而以服務為主要紐帶的企業，服務相對難以標準化，服務品質難以保障，所以更宜採用直營連鎖模式來擴張企業。

深入挖掘很多直營連鎖體系的共性可以發現，以服務為主要紐帶的企業更宜直營的深層原因在於，總部和連鎖店都是以服務為利潤來源，雙方吃的是一塊蛋糕，對於總部來說，監管是個難題。吃第一口容易，但是長期下去，加盟商就很難給盟主創造穩定的利潤來源。作為連鎖總部主要是以「服務」為紐帶，如果採用加盟的方式，總部向連鎖店收取營業額的分成和品牌使用費，總部向連鎖店提供品牌、管

理技術、收取相應的費用，以這種無形的投入和加盟店長期分成，其控制力和財務監管會日益弱化。所以，風險投資對這類企業更關注直營為主的企業。

(2)選擇二：加盟商對總部連鎖體系的依賴度

如果加盟商對總部連鎖體系的依賴度非常高，離開盟主的連鎖體系之後，加盟商活不下去，或者活得很不好，盟主就可以考慮通過加盟連鎖來擴張市場；如果加盟商對總部連鎖體系的依賴度不高，或者比較低，離開盟主的連鎖體系之後，加盟商同樣可以活下去，甚至活得不錯，盟主就要考慮通過直營連鎖來擴張市場。

在現實經濟生活中經常出現這樣的情況：那些對總部連鎖體系的依賴度不高的加盟商，在學習到了盟主的經營方式，在經營中獲得收益以後，由於其財務與盟主獨立核算，很容易向盟主隱瞞其財務狀況。另外，盟主這個「師傅」將加盟商培養起來，很可能在當地培養了自己的競爭對手。正是因為看到了這種市場風險，很多風投更青睞直營連鎖企業。

(3)選擇三：連鎖企業總部對加盟店的掌控能力

很多連鎖企業，總部和加盟店的關係主要是依靠一張簡單的合約在維持，總部對加盟店沒有什麼有效的約束和控制手段，於是導致相當一部份加盟店出了很多負面問題。

連鎖企業總部對加盟店的控制手段越多，連鎖企業總部對加盟店的掌控能力就越強；相反，連鎖企業總部對加盟店的控制如果僅僅是依靠一張簡單的合約，那麼總部對加盟店的掌控能力就越弱。

第四節　私募基金的投資傾向

一、資本時代的連鎖戰略是 51%控股式直營連鎖

　　盟主和加盟商的關係本來非常簡單，加盟商通過付費取得盟主的品牌、管理模式、產品等授權，然後自主經營，風險自擔，基本上和資本市場收益的關係不大。

　　然而，連鎖企業一旦上市，在證券市場的刺激下，特許連鎖經營的遊戲規則出現了改變，連鎖企業盟主在拿到外來直接資本前後，紛紛收購加盟店，變加盟店為直營店，而且收購的模式基本相同，絕大多數連鎖企業總部採取了至少「51%控股式直營」的收購模式。

　　由此，按照相關會計準則規定，連鎖企業盟主就可以合法地把加盟店的經營業績合併入總公司的財務報表，如果總公司計劃上市或者已經上市，相比經營利潤，連鎖企業盟主和加盟店資本市場的收益顯然都要大得多。

　　「51%控股式直營」對連鎖企業盟主的好處容易理解，加盟店也樂意接受這種模式嗎？

　　根據調查瞭解，大多數加盟商對於連鎖企業總部「51%控股式直營」的做法經歷了一個「不瞭解→擔心→瞭解→積極配合」的過程，因為加盟商發現，凡是採取「51%控股式直營」的連鎖企業總部，其上市都提上了日程，而上市之後加盟商除了能獲得高額的資本收益之外，還能獲得比被控股前更好的發展條件。

　　一些嗅覺敏銳、擁有資本市場眼光的加盟者，獲悉總部或盟主有上市的計劃，也會主動向總部靠近，希望盟主上市前優先回購自己的

股份，從而享受到來自資本市場的收益。但是在不同行業，由於上市後的市盈率存在較大差異，加盟商也並不都情願被收購，例如教育培訓產業由於上市的市盈率普遍比較低，加盟學校的收購難度就比較大，一般盟主都是拿現金才可以進行收購。

在已經對加盟店完成收購的連鎖企業中，百麗公司的「收購加盟店」模式、「用資本重組管道」模式是一個經典案例。在資本圈內，百麗的運作模式早已不是業內的秘密，但是很多連鎖企業還並不十分清楚，「百麗模式」值得那些正在和資本對接、計劃收購加盟商的連鎖企業借鑑。

第五節　案例：「小肥羊」為何改變連鎖策略規避經營風險

2009 年 12 月 11 日，有「中國火鍋第一品牌」之稱的「小肥羊」宣佈，以總價 34.5 萬美元向合作夥伴 Wang Fang 悉數轉讓美國「小肥羊」69％的權益。轉讓完成後，美國「小肥羊」將不再為「小肥羊」附屬公司。而此前，「小肥羊」已經相繼轉讓了加拿大、日本的控股公司股權。至此，「小肥羊」已退出其除港澳外在海外的全部直營業務。

「小肥羊」自 2006 年之後就沒有在國外開過直營店，並已經做出了轉型加盟方式的決定。為何短短一兩年間的試驗，就讓「小肥羊」迅速開始調整戰略呢？「小肥羊」認為，主要是海外直營管理鏈條太長，成本太高，加上對語言、法律、環境等不熟悉，在海外開店，其風險遠遠高於中國市場，而且投資報酬率也相對較低。最近的金融風暴也是其退出美國市場的一個原因。

「小肥羊」在出售海外直營店後，將以更多資源專注於其在中

國的核心業務，未來在國內將採取一二線城市以直營為主，三四線城市以加盟為主的擴張戰略。此外，「小肥羊」在海外還將以加盟的方式繼續拓展。

「小肥羊」早期加盟政策為「以加盟為主，重點直營」；從 2003 年開始，將加盟政策調整為「以直營為主，規範加盟」；自 2007 年 5 月起，調整為國內市場一二線城市以直營為主，三四線城市以加盟為主；到 2009 年退出國際市場直營業務，以加盟的方式拓展海外市場。「小肥羊」擴張、收縮和整頓特許經營業務對國內餐飲連鎖企業有何啟示？

發展初期的「小肥羊」加盟策略是「加盟為主，重點直營」，在全國各地設立了省、市、縣級總代理及單獨加盟店，而在北京、上海、深圳等重點城市實行直營戰略。這種跑馬圈地、大張旗鼓的操作模式，在早期的確為「小肥羊」的快速發展起到積極作用，但隨後也暴露了諸多問題。加盟者的素質和服務、管理品質參差不齊，加盟連鎖服務系統不完善，這使得「小肥羊」不得不放慢速度。從 2003 年至 2007 年這幾年間，「小肥羊」運用「關、延、收、合」四字訣，對加盟市場進行了大規模的治理整頓，收效明顯。從 2004 年以來，加盟店的數量逐漸減少，品質逐步提高。

事實證明，「小肥羊」的標準化產品、對加盟連鎖的推廣和利用、垂直一體化的經營模式，使企業掌握了消費趨勢，從而能夠保持快速穩步的發展。

餐飲企業小肥羊在引入基金公司 2500 萬美元的資金之前花了 3 年的時間對其加盟店進行清理整頓，把原先「以加盟為主、重點直營」的開店戰略改為「以直營為主，規範加盟」，收購了大部份代理商和加盟店的股權。

第 *16* 章

連鎖店的績效評估

　　奶茶連鎖店遍地都是，在奶茶行業迅猛發展、單店有著極高坪效和毛利率的情況下，眾多奶茶店創業者卻發現，實現盈利卻成了一個極難的課題，甚至維持一個不出現虧損的奶茶店都成了一件有難度的事。

　　一家運營較好的奶茶店每月銷售額可以達到 70 萬元（臺幣）以上，而店面面積只需要 10 平方米甚至更低。同等銷售額下，速食店、小吃店所需要的店面面積是奶茶店的數倍甚至十數倍。

　　極高的坪效收益（每坪產出營業額）使得奶茶業成了一門火熱的大生意，在以可觀的速度保持增長。

　　然而，出人意料的是，在行業迅猛發展情況下，眾多奶茶店創業者卻發現，實現盈利成了一個極難的課題，甚至維持一個不出現虧損的奶茶店都成了一件有難度的事，真正能賺錢的奶茶店少之又少，奶

茶的競爭太激烈了。

1. 店數的增長

⑴直營店的拓展

a.高獲利直營店數的提升。

拓展增設較高獲利、地點較合適本行業的直營店，因獲利店數的提升，使獲利總額提升，進而達到規模經濟店數。例如，原有 10 家店，但是有 8 家每家的平均獲利為 10 萬元，但有一家達損益平衡點，另一家為虧損 10 萬元，若再增開 5 家高獲利店，則每月相對可由虧損店比例 8：2 轉為 13：2，獲利總額由 70 萬元增至 120 萬元。

b.虧損店的遷移和關閉。

遷移已虧損且經業績提升救店計劃後，仍無法再提升的商業區退化店，使總部不再因負擔虧損店而降低獲利總額。例如上例不再增設新門市，將原虧損店遷移或結束，則可使總部原獲利總額由 80 萬元提升至 90 萬元或 100 萬元。

⑵加盟店的拓展

開放拓展加盟店，可增加加盟權利金收入、商品供貨收入、每月月費收入、促銷費用分攤等，使總部獲利提升。

例如，每拓展 1 家店可收取 1 萬元權利金，若拓展 10 家加盟店則可增加總部加盟權利金收益 10 萬元。總部雖然也因而增加了人力的成本，但扣除其費用後，還可增加總部的總收益，而且最重要因拓展加盟店後，可令總部知名度相對提升。商品的總銷售量增加後，總部的採購議價力也會相對提升。

⑶向員工讓股

a.原直營店開放。

開放損益平衡點邊緣的直營店給資深店長或員工經營，一方面回收單店的投資資金，另一方面因員工投資自己當老闆的心態，會更賣力地全心投入經營，可提升該單店經營績效，使總部因單店獲利增加

而提升獲利總額。

b.新開店的開放。

開店時即讓員工入股,一方面可降低總部投資總額,另一方面可減低經營風險,總部對該店的掌握度,也如同直營店管理模式,這樣就可以加快展店速度。

2.單店利潤的提升

(1)業績的提升

業績主要的提升方向是新客戶的開發、顧客購買額的提升、客戶來店頻率增加。

提升業績的具體做法如下。

a.明確的經營定位。企業的重新經營定位,明確企業的主力客戶層與主力商品、服務品項,確立客戶的認同。

b.完善的年度促銷計劃。由年度促銷計劃的制訂與執行,來活躍各單店的氣氛、提升人員士氣、增進企業知名度,進而以客戶的認同,提升平均顧客購買額與來店客數。

c.組合商品開發。組合式、套裝式商品的開發設計,重新賦予商品或服務項目新生命與面貌,使商品能更迎合客戶需求,並與客戶的生活能更切合,增進客戶的認同,提升顧客購買額。

d.新商品開發。不斷開發與引進合乎企業定位與更受客戶喜歡的新商品,使客戶進入本連鎖系統門市時能更滿意,從而增加新客戶。

e.商品品質再提升。總部與各單店能對銷售商品作最嚴密的管理,不斷提升本公司銷售商品的品質,確立客戶對本公司商品或服務的信賴與認同。

f.服務流程的再檢討。針對本企業內商品管理與服務作業流程再簡化,以符合顧客導向為基本原則,讓客戶到本連鎖消費能更滿意,以加深其對本企業的印象,提高來店消費頻率,並能主動為連鎖店宣傳。

g.商品的陳列更人性化。商品陳列管理，採用生活形態化的陳列設計，使客戶消費時能更人性化、豐富化、系列化，以便利客戶的選擇與購買，可提高顧客購買額與來店客數。

h.人員服務應對訓練再加強。針對各級門市人員，客戶服務與銷售應對技巧，定期實施在職訓練來提升商店服務品質，使客戶對本公司的服務品質能更滿意，提升客戶的來店消費額度。

i.團體、會員客戶組織系統的建立與運作維繫。強化企業與客戶關係，對已購買本公司商品的客戶，建立完善的售後服務系統，使客戶購買本公司的商品無後顧之憂。針對老客戶、團體客戶、會員客戶給予特別的回饋或服務，並建立客戶推薦的折扣或分紅製度，使客戶主動介紹新客戶或提高消費金額。

j.企業形象與識別系統的再促進。有關公司企業形象與識別系統的制作物，經過整體的整合並強化，使客戶對本企業能留下更好、更深刻的印象。

(2)毛利的提升

毛利提升可區分為平均毛利率與經營毛利額的提升，具體方法有如下幾種：

a.新商品開發。總部不斷開發高回轉的商品，可提高單店運作效率，開發高毛利商品，加強高附加價值服務性商品的開發引進，都可以提高平均毛利。

b.淘汰低回轉低毛利商品。依照各單店單品的「營業回轉率×單品毛利率＝貢獻力」的公式，對商品進行計算排行，排行在最後 5%的為準備淘汰的商品。淘汰貢獻力低的商品後，可使各單店引進較高貢獻力的商品，同時可提高商品平均毛利額與商品回轉率，進而使各單店營運效率提高。

c.商品進價的降低。對銷售量高、回轉快的商品，公司建立總庫或於各單店建立庫存，一方面可減少缺貨情況發生，另一方面可使每

次採購量提升。總部經統計後，以該商品的年度銷售總量與供應廠商進行協商議價，可降低商品的進貨成本或獲得較佳付款條件。

　　d.自有商品的開發。對銷售佳、回轉快或毛利低的商品，自行開發自有品牌或國外同級名牌商品在國內代理權的取得，可提升各商店的平均毛利。

　　③獲利額的提升

　　各單店因來客數的提升、顧客購買額的提升、毛利率的提升後，可使得單店毛利額大幅提升，進而使企業整體獲利大幅的成長，因其「獲利額提升數＝來客數的提升數×顧客購買額提升數×毛利率提升數」，所以連鎖企業總部能快速地達到其規模經濟點。

3.費用成本的降低

(1)總部費用的降低

　　a.內部管理系統健全化。總部管理運作系統制度化，簡化人員作業程序、表單流程，降低行政管理費用。

　　b.促銷、廣告規劃效益化。企業整體年度促銷、廣告提前規劃執行與制作物規格化、統一發包製作、配合廠商提前洽談與尋找可聯合本業上下游或異業共同促銷，以降低促銷廣告、贈品費用與毛利的損失等，可進一步提升廣告與促銷的運作效益。

　　c.整體議價可降低進價。明確年度新店布點計劃與新店家數，有利於對供應廠商或找尋其他替代廠商的多家比價，或可以一次議價，但依展店計劃分次送達，可使議價空間加大，降低開店裝潢、設備成本，使各單店每月的折舊費用再降低。

　　d.作業電腦化。對已標準化或已運作順暢的作業系統予以電腦化，減少人員作業時間、人員培訓時間，降低人員薪資、費用成本等。

　　f.轉化費用單位為贏利單位。對已開放拓展加盟店的總部行政單位、商品部門、財會部門等，可開放對加盟店提供稅務、財務、行政等服務協助，也可以收取一些費用而由此產生收入。例如，總部可為

加盟店提供會計、稅務的協助處理，所以加盟店不用再花錢僱用會計人員，而總部相對可以一個人力協助 10 家店的會計、稅務事項，並每家收取適當的費用，如此加盟店與總部都可獲益。

(2)單店費用的降低

a.服務作業流程的標準化。降低服務作業時間的人員薪資成本與人員養成培訓時間。

b.人員管理系統化降低人員流動率。減少人員流動率，可降低人員培訓招募費用與人員不成熟的作業損耗成本，或因得罪客戶造成本公司的營業損失。

c.減少投資損失風險。確立新店覓點評估標準，減少展店投資風險與開店前期的虧損時間。

上述方法可使單店不斷降低費用，進而提升各單店的獲利，經過總部與單店費用的降低，企業整體費用可降低，企業獲利便快速提升，以達到「規模經濟」的目的。

心得欄　------------------------------

第二節　連鎖總部的績效評估指標

1.收益率分析指標

表 16-2-1　收益率分析指標

項　目	公　式	說　明
資　本 週 轉 率	總收入÷資本	要提高資本週轉率 比率越高，表示資本經營效率越高 比率越低，表示資本經營效率越低
存　貨 週 轉 率	銷貨淨額÷（期初存貨＋期末存貨）/2（以零售價計）	要提高存貨週轉率 比率越高，表示經營效率越高或存貨管理越好 比率越低，表示經營效率越低或存貨管理越差
存　貨 週轉期間	平均存貨÷銷貨淨額/360	要降低存貨週轉期間 期間越長，表示經營效率越低或存貨管理越差 期間越短，表示經營效率越高或存貨管理越好 （以零售價計算存貨）
銷　貨 毛 利 率	毛利÷銷貨淨額	要提高銷貨毛利率 比率越高，表示獲利空間越大 比率越低，表示獲得利空間越小
配送中心 退 貨 率 分　析	自配送中心退貨金額÷自配送中心進貨金額	要降低配送中心退貨率 比率越高，表示存貨管理控制越差 比率越低，表示存貨管理控制越好
銷　貨 淨 利 率	淨利÷銷貨淨額	要提高銷貨淨利率 比率越高，表示淨利率越高 比率越低，表示淨利率越低
應付賬款 週轉期間	（應付賬款＋應付票據）÷進貨淨額/360	要提高應付賬款週轉期間 期間越長，表示免費使用廠商信用的時間越長 期間越短，表示免費使用廠商信用的時間越短

人　事費　用　率	人事費用÷銷貨淨額	要降低薪資與銷貨額比率 比率越高，表示員工創造的營業額越低或人事費用越高 比率越低，表示員工創造的營業額越高或人事費用越低
廣　告費　用　率	廣告費÷銷貨淨額	要降低廣告費用率 比率越高，表示廣告所創造的營業額越低 比率越低，表示廣告所創造的營業額越高
租　金費　用　率	租金÷銷貨淨額	要控制租金費用率在一定百分比以下 比率越高，表示地點選擇不佳 比率越低，表示地點選擇越佳 (租金和銷貨淨額的關係是相對的)
營　業費　用　率	營業費用÷營業收入	要降低營業費用率 比率越高，表示營業費用支出之效率較低 比率越低，表示營業費用支出之效率較高
交叉比率	毛利率×存貨週轉率	要提高交叉比率 交叉比率越高，表示越是利潤所在 交叉比率越低，表示越不是利潤所在
大　分　類構　成　比	大分類銷貨淨額÷總銷貨淨額	要提高毛利的大分類產品構成比 分析各大分類產品佔總銷售淨額的比例

2.人事安定率分析指標

表 16-2-2　人事安定率分析指標

項　　　目	公　　　式	說　　　明
人　　員流　動　率	期間內離職人數÷平均在職人數	要降低人員流動率 比率越高，表示人事越不穩定 比率越低，表示人事越穩定

3.生產率分析指標

表 16-2-3　生產率分析指標

項　　目	公　　式	說　　明
平均每人 營業收入	營業額÷商店員工人數	要提高平均每人營業收入 比率越高，表示員工績效越高 比率越低，表示員工績效越低
員　　工 生　產　力	營業毛利÷商店員工人數	要提高員工生產力 比例越高，表示員工生產力越高 比例越低，表示員工生產力越低
賣　　場 使　用　率	賣場面積÷全場面積	要提高賣場使用率 比率越高，表示使用率越高 比率越低，表示使用率越低
人　　員 守　備　率	賣場面積÷平均工作人數	要求最適人員守備率 比率越高，表示每人負責面積數越多 比率越低，表示每人負責面積數越少
損　　益 平　衡　點	商店總費用÷毛利率	要降低損益平衡點 損益平衡點越低，表示獲利時點越快 損益平衡點越高，表示獲利時點越慢
損益平衡 點與銷貨 額　　比	損益平衡點÷銷貨淨額	要降低損益平衡點與銷貨額比率 比率若小於 1，表示有盈餘，比率越小，盈餘越多 比率若大於 1，表示有虧損，比率越大，虧損越多
經　　營 安　全　力	1－（損益平衡點÷營業額）	提高經營安全力 點數越高，表示獲利越多 點數越低，表示獲利越少

續表

投　資報　酬　率	淨利÷總投資額(資本)	提高投資報酬率 比率越高，表示資本產生的淨利越高 比率越低，表示資本產生的淨利越低
品效分析	營業收入÷品項數目	提高品效，降低勞動分配率 品效越高，表示商品開發及淘汰管理越好 品效越低，表示商品開發及淘汰管理越差
面積效率分　　析	營業收入÷品項數目	提高賣場面積效率 面積效越高，表示賣場(全場)面積所創造的營業額越高 面積效越低，表示賣場(全場)面積所創造的營業額越低
人　時生　產　率	營業收入÷人員總工作時數	提高人時生產率 人時生產率越高，表示人員工作效率越好 人時生產效率越低，表示人員工作效率越差
來　客　數	依收據(發票)數目(通行人數×入店率×交易率)	提高來客數 來客數越高，表示客源越廣 來客數越低，表示客源越窄
客　單　價分　　析	營業額÷來客數	提高客單價 客單價越高，表示一次平均消費額越高 客單價越低，表示一次平均消費額越低
勞　　動分　配　率	人事費用÷營業毛利	降低勞動分配率 比率越高，表示員工創造的毛利越低 比率越低，表示員工創造的毛利越高

4.成長率分析指標

表 16-2-4　成長率分析指標

項　　目	公　　式	說　　明
營　　收 達 成 率	實際營業收入÷目標營業收入	超越營收達成率 比率越高，表示經營績效越高 比率越低，表示經營績效越低
毛　　利 達 成 率	實際營業毛利÷目標營業毛利	超越毛利達成率 比率越高，表示經營績效越高 比率越低，表示經營績效越低
營業淨利 達 成 率	實際營業淨利÷目標營業淨利	超越營業淨利達成率 比率越高，表示經營績效越高 比率越低，表示經營績效越低
費　　用 達 成 率	賣場面積數÷目標費用	降低費用達成率 比率越高，表示實際費用越高 比率越低，表示實際費用越低
營　　業 成 長 率	本期營業收入÷上期(去年同期) 營業毛利×100%	提高營業成長率 比率越高，表示毛利成長性越高 比率越低，表示毛利成長性越低
毛　　利 成 長 率	本期營業毛利÷上期(去年同期) 營業毛利×100%	提高毛利成長率 比率越高，表示毛利成長性越高 比率越低，表示毛利成長性越低
淨　　利 成 長 率	本期營業淨利÷上期(去年同期) 營業淨利×100%	提高淨利成長率 比率越高，表示淨利成長性越高 比率越低，表示淨利成長性越低

第三節 個別連鎖店的績效評估指標

1. 營業額：營業額較去年同期增長情況。分析同期的社會環境的變化及節慶的影響等因素。

2. 毛利：利潤是關係到店鋪存亡的根本。因此毛利績效的評估非常重要；是否較去年同期、上月有成長，是否領先業界？還是在業界平均水準之下？

3. 商品週轉率：週轉率可提高流動資金的運用。週轉率過低，將使資金週轉困難。

4. 流動比率：該比率各業態不同，但如果低於 100%，表示負債＞資產，是相當危險的。

5. 每平方米銷售額：當然績效愈高愈好。

6. 人事效率：人事費用的高漲，常會影響企業的安全，因此控制得宜的人效也是企業績效評估重點。提高人效，惟有從兩點著手，提高總業績（有時非常不易）；縮減工時（可由人員工作效率的提高及主管工作分配得當來改善，此為較易達成的點）。

7. 庫存額：店鋪應該要做到適量庫存，才能提高績效。

通過評估，才能有效管理，面對競爭環境。

第四節　個別連鎖店的績效評估內容

　　連鎖總部首先是評估加盟連鎖店各店的績效，然後再針對結果加以檢討改善。

　　由總部的營業部及各店組成評核小組，負責各店的評核工作，由營業部負責召集。每五間門市選一位店長擔任。

　　月評核由區主任就評核結果會審（抽評）；季評核由營業部區主任就各店每月的評核結果進行評選，並由督導就當季評選結果進行會審；年度評核由區督導就各店每季的評核結果再進行評選；總經理就當年評選結果進行審核。

　　每月 10 日為評核時間；每季（4 月、7 月、10 月、1 月的 10 日）綜合當年各月成績評選；每年（1 月 10 日）綜合當年各季成績評選。

　　評核內容如下：

一、人員士氣、服務水準評核

1. 每月是否依規定輪流值班、休假？
2. 員工請假率是否太高？
3. 每日營業時間是否按規定？
4. 每日店早會是否召開？
5. 員工出勤之狀況是否依規定？
6. 員工出勤是否依規定打卡？
7. 公司各項訓練是否參加？
8. 是否落實追蹤教育訓練？

9. 人員是否皆能善用公物，愛惜資源？

10. 對店內設備操作是否熟悉？

11. 員工之服裝儀容是否合乎規定？

12. 員工是否著規定制服？

13. 是否有入店招呼及送客招呼？

14. 對待顧客是否親切有禮？

15. 是否未曾觸犯賣場禁忌事項？

16. 員工對待顧客之服務態度是否主動？

17. 員工是否熟悉應對用語及技巧？

18. 個人物品是否放置定位？

19. 是否按規定填寫表單並確定執行？

20. 店長是否每日填寫店長日誌？

二、商品管理評核

1. 商品是否按先進先出的原則處理？

2. 報廢損耗商品是否填入報表？

3. 商品進貨明細及單據是否保存完整？

4. 是否有商品缺貨，而員工不知的情況？

5. 商品是否依分類置於指定處？

6. 儲物架是否發生商品過期、損壞但仍放置的情況？

7. 原材料、包裝、工具是否依規定放置？

8. 對於商品知識，員工是否皆有基本常識？

9. 設備保養與維護方式，是否按規定執行？

10. 商品之原料、包裝是否備齊？

11. 是否常發生缺貨的情況？

12. 原材料不足時，是否立刻補充？

13.店卡、訂購單是否隨時補充？

14.商品包裝材料是否依規定(材料、規格)？

15.銷售商品是否依規定逐筆打入收銀機？

16.是否按訂貨規定向公司訂貨(時間、流程)？

17.是否發生私自向外廠商訂貨，而公司不知的情況？

18.商品製作流程是否正確、迅速？

19.商品包裝是否乾淨、迅速？

20.是否銷售變質商品？

三、環境整潔評核

1.門口、騎樓是否整潔？

2.價目表、招牌是否整潔？

3.陳列台是否保持清潔？

4.機器是否隨時保持乾淨？

5.運行設備、器具是否保持整潔？

6.天花板、地板是否保持整潔？

7.冷凍櫃、冰箱是否保持清潔？

8.烤箱是否保持清潔？

9.油炸機是否每日清理？

10.營運設備是否定期維護保養？

11.營運器具、設備是否於使用後立刻清洗？

12.辦公室(倉庫)是否保持整潔？

13.清潔工具是否依規定放置？

14.是否備有傘架(桶)、腳踏墊等防水工具？

15.海報、廣告牌、店卡是否依規定放置？

16.賣場是否播放音樂？

17.冷氣機、燈光是否按規定開啟？

18.櫃檯是否保持整齊、乾淨？

19.前場環境是否保持整齊、乾淨？

20.後場環境是否保持整齊、乾淨？

四、錢財管理評核

1.是否依規定時間將前日營收款滙回總公司？

2.每月是否按規定繳交貨款於公司？

3.每日是否填寫收銀日報表？

4.收銀誤打時，是否填寫收銀誤打記錄表？

5.收、找錢時是否按標準術語向顧客說明？

6.是否依規定將大鈔、有價券放於指定處？

7.是否依規定開立發票交給顧客？

8.顧客未取走之單據是否按規定處理？

9.更換收銀機紙卷是否正確、迅速？

10.是否有漏打收銀機的情形？

11.收銀是否常無零錢可找？

12.每日結賬時，是否發生收支不符？

13.人員是否有辨識偽鈔的能力？

14.收零金、零用金是否區分使用？

15.服務人員身上是否均未攜帶錢？

16.交接班是否按規定辦理？

17.結賬完畢後是否清機，並開啟收錢機？

18.誤打發票的情形是否增加？

19.收銀結賬金額是否常有誤差？

20.表單是否整理定位？

五、營業目標達成率

1.評分標準以 20 分為基準分數。

2.實績達目標 100%,達到者得 20 分,每未達 1%,倒扣 0.2 分,超過目標 100 以上者,每超過 1%加 0.1 分。

六、毛利目標達成率

1.以不超過預估額為基準。

2.實際發生額與預估額符合時得分 20 分。每低於預估額 20%,加 1 分,高於預估額 1%則扣分 1 分。

七、費用預估控制

1. 20 分為基準分數。

2.實績達目標 100%者得 20 分,每未達 1%,倒扣 0.2 分,超過目標 100 以上者,每超過 1%加 0.1 分。

八、營業額成長率

1.以 10 分為基礎。

2.實績達總目標 100%得 10 分,每未達 1%,倒扣 0.2 分,超過去年實績 100%以上者,每超過 1%加 0.01 分(開新店以第 1 項加重計分)。

第 17 章

連鎖店的績效改進

((∙)) 第一節　店鋪虧損的原因與對策

一、導致店鋪虧損的原因

連鎖總部對商店的績效加以評估，一旦發覺單店虧損，必須找出原因與對策，運用對策時，必須因地制宜，尋求最佳方案，加以有效執行。

(1)商圈問題

①商圈特性掌握不佳；

②競爭店數增加及競爭店改變特殊行銷策略；

③商圈腹地太小，人潮不足；

④商圈內消費者的消費習慣與本產業不符；

⑤總部在不瞭解商圈狀況下，布點錯誤。

(2)服務、士氣管理問題

①服務態度不佳；

②人員敬業精神差；

③服務流程不順；

④人員不足；

⑤教育訓練執行不佳。

(3)商品管理問題

①商品組合不當(滯貨多、週轉慢……)；

②商品品質不佳(報廢增加、退貨增加……)；

③商品的陳列；

④缺貨情況增加；

⑤存貨控制不佳。

(4)管理(錢財及其他管理)問題

①店長領導方式不佳；

②促銷執行不佳；

③店內設備營業器具運用不佳；

④現金短溢情況增加；

⑤未能配合總部營運方針；

⑥店鋪與總部的溝通不良。

(5)環境整潔問題

①店鋪環境清潔衛生差；

②後場雜亂不潔、店外衛生管理不佳；

③店鋪營業設備，清潔維護不佳。

(6)零售公司總部(總公司)問題

①總部人員配合不佳；

②總部未積極解決門店問題；

③總部未尊重門店所提的議案；

④總部對發佈的政令未貫徹執行；

⑤總部的策略方針偏差。

(7)績效問題

①營業目標達成率不佳；

②毛利目標達成率不佳；

③費用目標控制率不佳；

④淨利目標達成率不佳。

二、虧損商店的對策

一時處於虧損的店鋪，並不是說就永遠身陷此困境。只要所在商圈地理條件理想，並積極努力地改善店鋪既有但欠佳的經營架構，最後把它變成明星店還是有可能的，但概率很低。

如果造成店鋪這種狀況的原因，是因立地條件不理想所引起，那就有必要採取撤退策略，退出市場，結束營業。因為立地條件不好的店鋪，一般來說將來這種情況也不可能有所好轉。除非商圈內有都市改造計劃等足以改善商圈的情形出現，才考慮是否繼續營業。

通常，虧損店鋪對企業整體利益並無正面貢獻，因此要盡可能減少此類賠錢店鋪的數量。經營者面對虧損店鋪時，主要的經營策略有以下四種對策，如表 17-1-1 所示。

1. 第一種對策：維持策略

雖然店鋪營業額成長率、市場佔有率皆低，但因屬於「策略性店鋪」（例如連鎖總部的示範店），企業基於整體策略性考慮，即使虧損也必須堅持經營下去，不能輕易放棄而退出商圈。

在三種狀況下，企業得採取維持策略，以「策略性店鋪」的立場，對企業內部員工講明，讓全體員工理解此商店經營的意義，以避免不必要的誤解。

表 17-1-1　虧損店鋪對策

1.維持策略	策略性店鋪： ⑴位處配送路線上，減少運輸成本 ⑵實驗店，收集資訊、宣傳、廣告、實習 ⑶防止競爭店進入，赤字經營
2.改裝策略	更新店鋪： ⑴立地有發展潛力 ⑵具經營能力 ⑶強化商品計劃能力
3.轉換策略	新業態店鋪： ⑴立地具有良好的條件 ⑵具備經營管理技術 ⑶擁有經營管理人才 ⑷有成長性
4.撤退策略	關閉商店： ⑴立地沒有發展前景 ⑵商店無直接利益

　　若企業採取連鎖店經營方式，在各地發展店鋪，便可以享有降低物流成本帶來的經濟利益。因此，當虧損店位處配送路線上，企業就要以降低物流成本效益作抉擇。

　　企業若基於收集市場信息需要而設置商店；累積新業態經營經驗而設店，讓新進員工實習而設店；在重要道路要衝、能見高的地理位置設立為達宣傳效果的展示店，凡基於此等特殊功能考慮，所開設的商店就不能輕言撤退。

　　為防止既得利益不被其他競爭店鋪的侵入而流失，企業有必要先一步佔領商圈內戰略要地，避免後進者進來爭奪市場；或在某一特定商圈裏，為了迫使既有競爭者店鋪退出市場，而進行密集挾殺式的設店，此種是屬於競爭性的策略。

2.第二種對策：改裝策略

虧損店鋪的經營者可採取改裝策略，此時應考慮以下因素。

(1)地點是否具有潛力

判斷商圈良好與否的基準有以下兩種狀況：

①消費者容易接近的位置。

②能形成獨立商圈的位置。

如果店鋪位於人口增長地區、新興開發商業區等地區，該店鋪即使一時是虧損店，但仍然具備更新改裝的條件。虧損店經過改裝後，其市場佔有率立刻得到增長的例子不在少數。一些店鋪立地雖然很好，但可能因為管理不善而導致虧損，此類店鋪只能選擇參加加盟連鎖經營，才能擺脫虧損的困境。只是，這種店必須擁有良好的商圈範圍。

(2)是否具有經營能力

店鋪改裝，若只是商店硬體設施的更新，無法保證一定會獲得成功，要成功，必須注重店鋪軟體經營能力的轉換與變革。

判斷一個店鋪是否具有經營能力，可以和競爭商店做比較分析，然後經由分析結果獲知優勢所在，而據此提升商店經營能力。

(3)是否具有強化商品計劃能力

商店經營能力中，最重要的是商品能力。造成店鋪虧損的原因，若是由商品能力不足所引起的話，虧損店鋪欠缺強化商品計劃能力，那麼此店鋪即使予以更新改裝，也不可能有很大進展。

店鋪經營者要採取那種方法，可依本身商品計劃策略和競爭店鋪關係來決定。這樣連鎖經營者能針對本身條件去強化商品計劃能力，才能真正使店鋪改裝等策略發揮積極作用。

3.第三種策略是：轉換策略

虧損店鋪的經營者若採取轉換策略，應考慮以下因素。

(1)商圈條件改變

當一商圈立地條件隨著時間與空間的變遷，既有業態生存條件不符合其發展時，連鎖經營者就應當適時考慮轉換經營新興業態。

(2)是否有專業經營技術

如果試圖轉換經營業態，卻無法取得必要經營技術的話，則轉換策略便無成功的可能。也就是說，專業經營技術是轉換業態極為關鍵的因素。一般而言，具有較強實力的連鎖經營企業因擁有比較豐富的相關經營技術，因此轉換業策略也容易成功。中小連鎖經營企業由於相關經營技術和資源比較缺乏，所以成功的機會相對較小。

(3)專業管理人才的獲得

專業管理人才是否具備是決定一種新業態成功與否的要素。大型連鎖經營企業在長期培養、保留人才方面較具優勢，對轉換業態策略的運用比較有利。中小連鎖經營企業人力資源比較有限，運用此策略比較不利。

(4)新業態具有成長性

連鎖經營者之所以採用轉換策略，其目的是想擺脫不利局面，邁向成長。所以，新業態是否具有成長性，對轉換策略實施後的長期經濟利益深具影響。

4.第四種策略是：撤退策略

虧損店鋪的經營者，可採取撤退策略，應考慮以下因素。

(1)營業額成長率和市場成長率

營業額成長率低和市場成長率低的店鋪，此種虧損店商圈若無成長性，連鎖經營者應採取撤退策略，早日退出市場以減少損失。

零售業又稱立地產業，因此其所在地條件優劣，可決定一店鋪經營成敗。不具成長性的商圈立地是指：舊商業區、交通出入不便之處、地形不佳、商圈條件欠理想等。

(2)店鋪有無直接利益

所謂店鋪直接利益，是指尚未均攤企業本部管理成本前的利益。如果店鋪直接利益計算結果是處於虧損狀態的話，此店鋪對連鎖總部來說是毫無貢獻可言的，應予以淘汰。但在關閉此類無直接利益商店前，檢查其是否具有轉虧為盈的可能性：

①營業額能否成長；

②提高毛利額的可能性；

③削減管理費用的可能性。

發現無直接利益的店鋪時，必須確認是因商圈立地條件不佳所引起的，還是因店鋪的經營能力不足所引起的。若是由前者所引起，就必須斷然關閉虧損店鋪；若是由後者所引起，就可針對其去努力，如果仍然不行，就只有結束營業了。

三、連鎖店的店鋪問題分析及輔導

(1)問題分析處理方式

· 將經營不佳的店，作個別原因分析；

· 根據所分析的問題點施以必要輔導；

· 瞭解問題可從門店績效評估各表及商圈估計得知。

(2)輔導對象

· 正職人員：採集中式訓練（針對問題需求排課）；

· 兼職人員：由店主管採用激勵、獎勵方式進行；

· 專業人員：由總部集中或個別訓練。

(3)輔導方式

· 採集中式教育特別訓練；

· 總部配合事項（促銷活動、人員駐店、管理改善、激勵活動等）；

· 列為莊敬店者，即 D 級店者，成立莊敬小組，定期派員督導，

每週定期回報；

· 列為自強店者，即 E 級店者，成立自強小組，執行救店計劃，並派員駐店督導，每週定期回報，直至提升為莊敬店後，依莊敬店處理。

四、績效提升訓練

(1)相關訓練課程

①激勵活動；　　②商圈調查與資料運用；

③服務流程訓練；　　④服務技巧的應用；

⑤專業訓練；　　⑥設備、器具的標準使用訓練；

⑦管理技巧訓練；　　⑧環境整潔的標準作業程序訓練。

(2)問題改進研討

①商圈的地點不佳；

②人員不足，流失率增加；

③商品組合不當；

④門店與總部的溝通不良、配合不佳；

⑤促進績效達成及標準研討；

⑥政令發佈未能貫徹執行；

⑦總部的策略方針偏差。

(3)課程安排原則

①領導溝通激勵活動、商圈調查與資料運用為必修課程；

②根據店問題分析表審核後，再將相關的課程排入；

③課程安排時將××店的問題，加重課程安排。

第二節　對虧損連鎖店的改進

一、業績的有效提高

商店經過績效評估，在標準要求以下的各項，應研究出可行改善方案，例如「業績額的有效提高」、「庫存的有效管理」、「人事效率的提升」。

業績的優劣是店鋪的生存命脈，要提升業績，必須要增加來客數與客單價。

・營業額＝來客數×客單價

・來客數＝流動人潮×入店率×交易比率

・客單價＝購買商品數×平均單價

因此，提高營業額可從下列幾點著手。

1. 增加來客數

要增加來客數，可從下列三點著手：

・流動人潮的提升。

・顧客入店率的提升。

・交易比率的提升。

流動人潮和店鋪地理位置有相當大的關聯。除了地理位置外，透過各種促銷活動的舉辦，增加流動人潮，同時促銷活動可以激發顧客入店的慾望，對入店率的提升有很大的幫助。掌握老顧客培養新顧客，更是不容忽視。

顧客入店率的提升，除了促銷活動的舉辦外，如何利用店鋪購物氣氛，將流動人潮誘導入店是很重要的一種手段：店鋪櫥窗的美化、

店鋪重要位置、重點商品的強烈促銷訴求，POP、吊牌、彩旗佈置成濃烈的促銷氣氛等。

交易比率的提升，與商品的陳列、價格以及購物氣氛相關。展示活動能够刺激消費者的衝動性購買。另外，也不能忽略服務的重要性，往往由於店員親切的服務態度及適時專業地回答消費者的各種詢問，而提高了顧客交易比率。

2.提高客單價

提高客單價也是提高業績的方法，客單價的構成為：

客單價＝購買商品數×平均單價

由此公式看出，誘使顧客的購買件數提高和誘使顧客購買單價較高的商品成為提高客單價的兩個關鍵。

如何提高顧客購買件數？除了依靠促銷活動之外，將相關性產品陳列在一起，使消費者購買商品時順勢購買它的相關性產品。比如：麵包——牛奶、膠捲——電池、飲料——零食等。齊全的商品讓店鋪所設定的目標消費者能一次購足。當然店員的態度及專業知識往往會使消費者樂於多買幾件商品。商品展示活動可以有效提高衝動型消費理念者的購買幾率及件數。

如何吸引顧客購買單價較高的商品？要提供何種誘因，才能使消費者掏出腰包？

第一個方法是加大包裝，新包裝採取特價供應，吸引消費者購買單價較高的新包裝商品。

第二個方法是附加價值，隨高單價商品提供贈品、活動參與數、包裝、免費送達等僅一部份人可享有的附加價值，提高顧客購買高單價商品的興趣。

當然，針對消費者的實際需求來採取大包裝或附加價值的增加，才能使消費者客單價提高。

通過上述分析，我們應當認識到店鋪的地理位置、商品力、促銷

力以及店員的服務質量都有助於提高營業額，同時，還應掌握商圈的消費動態、競爭店的各項經營情報，適時地推出各項對應策略才能有效帶動店鋪的業績。

二、強化連鎖店的對策

構成單店營業力的因素，可先看幾個簡單的公式：

A. 單店營業額＝交易客數×平均交易客單價

B. 交易客數＝通行客數×顧客入店比率×顧客交易比率

C. 顧客入店比率＝入店客數÷通行客數

D. 顧客交易比率＝交易客數÷入店客數

營業額受到四種因素的影響：一是通行客數，二是顧客入店比率，三是顧客交易比率，四是平均交易客單價。

影響營業額的這四種因素集中體現在以下各個方面：立地條件，商圈人口構成與交通便利性，店的經營特色(含口碑、服務、產品、技術、價格、店面形象、店面環境)，促銷策略等。

由此，我們要解決店面營業力的標準化問題，應更多從以上層面去作分解與整合，結合公司資源，有針對性地在各流程、各運作細節上進行相應的規範，制定相應的標準，以期企業各店面的營業力得到有效的體現。具體來說，單店營業力的標準化可從以下幾方面入手：

1. 終端銷售體系標準化

對店面選址、店面裝修、整體形象、商品陳列、商品售價、折扣促銷等都予以標準化，並將產品賣點提煉為終端推薦的統一說辭等，透過設立專業的部門和專業的崗位人員進行集中管理，將門店的職能從決策加執行模式轉變為單純的銷售執行，這也是高效率低成本經營的基本要求。

2.終端庫存管理標準化

門店主要的職能是銷售，庫存方面的責任僅是實物的臨時保管和提供補貨資訊，透過現代化的電腦資訊系統，合理設定各店面的庫存基數標準，這就要求企業要進行商品品類化管理，相應的補退貨流程及標準等。並逐步推行自動補貨模式，實現流動庫存或者零庫存，最大限度地降低庫存管理的成本。

3.終端顧客服務標準化

服務標準化就是透過流程和內容的標準化來實現對服務水準的量化考核，是保障服務品質的前提。透過標準化的服務流程和標準化的服務內容來規範門店的服務執行者。現代商業給顧客提供的應當是一種全面細緻的服務而不僅僅是商品，這才是培養忠誠顧客群，保證企業存在與發展的基礎。如透過會員管理模式將顧客服務標準化，營造忠誠顧客群，並且透過會員分析手段掌握消費形態的變化，提供必要的決策指導等。

標準化的管理更多地表現在各個店面在各個運營中用統一報表、圖表等方式，並盡可能地量化與定性。但標準化不是僅僅靠制定幾條規則就可以實現的，更需要為貫徹終端營業力標準提供專業的培訓、相應的激勵與監督機制與體系。這樣才能有效地提升企業的終端營業力和執行力。

任何連鎖企業要想快速複製自己的連鎖王國，就必須制定相應的標準，因為只有標準化的東西才有可能得到快速的複製和推廣，像沃爾瑪、麥當勞等跨國連鎖巨頭的成功在一定程度上都得益於此。高度統一的標準化管理再加上先進的資訊技術的應用，才能加快擴張速度，降低運營成本，從而佔據市場的主導地位。

三、庫存的有效管理

店鋪的庫存量過多，將會產生資金週轉困難，同時因滯銷品無法及時汰換，產生營業面積的浪費，導致商品的新鮮感不足。所以有效及時地處理過多庫存品才能提高經營績效。以下為有效管理庫存的幾個方法：

1.降價求現

對於那些庫存過多的滯銷品而言，降價求現是最佳的處理方法。當然，降價會損及店鋪的毛利(率)，但換個角度來看，如果滯銷品不降價求售，不但會囤積成本，還會佔據場地，影響坪效。對特許加盟店而言，良好的資金運用、流動及高坪效的賣場，才是立於不敗之地的先決條件。

2.物有定量定位

將商品的陳列位置固定，如此一來，相關人員一眼就能看出那種商品該訂貨了，以免造成重覆訂購。另外，加盟店管理者必須針對店鋪銷售情況及供貨情形，擬出每項商品的最小訂購量和安全庫存量，以供訂貨參考。

3.週全的採購計劃

做好週全的採購計劃，以免因對商品力和銷售力的認識錯誤而造成滯銷品的大量採購，形成死貨。良好的採購計劃應對商品的品質、售價、成本、毛利、付款事項、進退貨事項、活動贊助等詳加考量，並針對本店的消費群消費習性及促銷活動內容、店鋪的庫存狀況，適時適量採購適當商品。

4.掌握商品週轉率

所謂商品週轉率是指某固定期間庫存的商品可以週轉多少次而收回資金。

週轉率＝銷售額/平均庫存額

週轉率愈高表示商品愈好賣。不同行業有不同的商品週轉率，對週轉率的標準尚缺乏具體的統計資料，業者往往根據經驗及參考同業的相關資料來設定。掌握商品週轉率，可以避免因庫存額過高而影響店鋪經營率。

四、人事效率的提升

隨著經濟的發展和城市化水準的提高，在商店經營中，人事費用及店租佔固定費用的比例將會越來越高。因此如果能提升人事效率，就能減少許多固定支出，對店鋪效益的提高，會有很大幫助。

活用臨時工，有效地運用臨時工，能有效地提高經營效率，降低人力成本。

改進工作方法，精簡工時前，加盟店應對工作程序、工作方法做出改善方案，並手冊化，通過工作方法的合理設計和改善，來提高工作效率；而不是一味地精簡人員，導致員工工作量加大，讓員工難以負擔，進而影響到員工的穩定性。

第三節　加強單店管理

ABC 管理工具，就是根據各個店鋪對企業的相對貢獻度，分類成三種不同的店鋪群。即最重要的少數為 A 店鋪群，次重要的為 B 店鋪群，不重要的多數為 C 店鋪群。

連鎖經營企業本部有必要對全體店鋪做分類管理，以便針對不同貢獻度的店鋪作有效管理。企業可利用 ABC 分析管理工具，根據各個

店鋪對企業的相對貢獻度，分類成 A、B、C 三種不同的店鋪群。

A 店鋪群是約 20%的店鋪數對企業的貢獻度佔 80%，而 C 店鋪群 80%的店鋪數對企業的貢獻度只佔 20%。這些 C 店鋪群可說是虧損店鋪，企業開設太多貢獻度低的商店，表示浪費資源，反過來侵略者蝕掉得之不易的利益。

因此，連鎖經營總部很有必要特別對 C 商店群作重點管理，採取如減少此類店鋪數量，或改善其商店經營能力等措施。

根據 ABC 管理方法，鎖定對象之後，再來就是採取單店管理，單個虧損店鋪的管理首先要對該店進行資料分析，商店/商圈間的經營績效比較，再就是善用資訊，分析那一家店鋪表現不理想，採取以上任何必要策略。例如，利用 POS 系統所累積的各店鋪經營資料，定期或不定期地和企業內部整體進行比較分析，也可以和企業進行比較分析，以詳細掌握各家商店經營績效的好壞。

🔊)) 第四節　擺脫單店的贏利下降

連鎖企業是一種拷貝遊戲，但企業在跨半徑經營過程中，很容易出現的問題是單店贏利能力下降。比如在以驚人的建店速度擴張時，並沒有帶來與之相對應的利潤甚至銷售回報。家電連鎖巨頭普遍出現單店利潤率下降的情況。實際上，沃爾瑪的成本優勢在市場也沒有凸現出來，盈利情況也並不理想。

從長遠來說，連鎖經營企業在高速擴張過程中都會出現單店管理水準下降、單店經營能力下滑的問題，也可以說不能避免，但是通過一些措施可以降低贏利能力的高速下滑。主要可以從如下幾個方面進行努力：

在加鎖經營前期,可以通過如下策略提高未來單店贏利能力。

1.合理地進行連鎖布點的密度

密度過高就會導致「自相殘殺」,密度過低,就會導致顧客就便,競爭對手趁機進入,所以建設一個「城市模型」,可以有效地對該市場的布點規模和價格水準進行科學規劃。

2.合理的店面面積

店面面積過大,也很容易使店面的有效資源不能得到充分利用,單位面積的管理成本高、盈利能力低;面積過小,則不能滿足高峰期間的經營。

3.合理的選址

連鎖企業經營的決定性因素是選址、選址、再選址。從微觀的角度來說,合理的選址能夠決定未來的經營業績,同時建立一套選址的模型,對未來的經營也埋下良好的伏筆。

第五節　整頓加盟店

「以加盟為主,重點直營」的經營政策,為「小肥羊」餐飲公司起步之初的快速發展帶來了好處,同時也產生了許多弊端。重點體現在加盟者素質、服務以及管理品質參差不齊,從而損害了消費者的利益,而且由於這時期「小肥羊」還不是註冊商標,缺少有力打假維權的武器,致使假冒者橫行,也嚴重的傷害了小肥羊品牌的美譽度,使公司進一步的發展受制約,公司決定整頓加盟店。

從 2002 年底開始,「小肥羊」採取一系列措施以扭轉加盟市場的混亂局面,由原來的「以加盟為主,重點直營」變為「以直營為主,規範加盟」。

　　經過幾年來不間斷的清理、調整和規範，目前小肥羊公司的連鎖店數量已由最高峰時期 721 家減少到現在的 326 家（直營店 105 家，加盟店 221 家）。其中，取締了到期關閉的不合格店面有 218 家；因不能維護公司形象、信譽而被取締的加盟店 36 家；因違規經營而被取締的店面有 19 家；因超期經營被取締的店面有 40 家；因重大投訴而被取締的店面有 21 家；因經營不善自行關閉店面有 53 家；因不可抗力面關閉店面 8 家。

　　2003 年至 2007 年，小肥羊公司將重點放在對加盟市場的清理和整頓上，所以極少發放加盟業務。為了給加盟者提供良好加盟環境、充分保證加盟者利益，小肥羊公司制定了新的、適應發展需要的加盟政策。

　　國內市場：一、二線城市以直營為主，二、三線城市以加盟為主，形成相互補充、相互促進的格局，且國內市場現已日臻成熟和完善，因此，在國內將不再設任何形式的總代理。

　　國際市場：鑑於國際加盟呼聲比較高，因此針對國際市場情況，會在開設直營店並取得經驗的基礎上，適度開設加盟店。

　　新的加盟政策提高了對加盟者的要求，也提高了對加盟者的支持。最終目的是提高加盟店面經營的標準化使之高水準運營，以達到公司、加盟者、消費者的三方共贏。

第六節　案例：便利連鎖店的診斷輔導

　　A 公司從 1991 年起已陸續開設 7 家便利商店，經營者更在 1994 年設立連鎖總部與電腦化經營，但是經營管理、電腦化效益都一直不理想。經過顧問專家的會診後，發現該公司的問題點與建議輔導事項如下：

一、公司現有問題點

1.盤點作業
(1)倉庫分置多處,存貨未作有系統規劃,日積月累後無從盤起。
(2)沒有正確的盤點程序。
(3)運用現有人力進行盤點常影響正常作業。
(4)沒有核查盤點後的資料是否正確。

2.貨架陳列
(1)貨架之安全存量沒有一定性。
(2)陳列商品零亂。

3.賣場規劃
(1)缺乏有系統的賣場規劃
(2)連鎖經營績效不彰

4.POS 上線後不知賣場作何調整

二、建議改善內容

1.盤點作業建議
(1)配合近期 POS 的導入,建議應先找一恰當時機全盤一次,以產生期初庫存量。

(2)應先確立盤點週期,貴公司賣場坪數為 40～80 坪,每次兩個人力約 3～4 小時即可盤完,並不會耗費太多人時間,故建議盤點週期一個月一次,若現場人力不足亦可請專業的盤點公司代為盤點,以公司賣場規模收費約在 4000～4500 元。

(3)盤點前,應先規劃盤點責任區域的分配及盤點動線規劃,以免漏盤或重覆盤。

(4)由店務人員作初盤，由店長或總公司人員抽點覆盤，若誤差比率在 5%內，此盤點結果即可成立。

(5)盤差率 1.5%～2%方屬合理，盤差過高應確實追蹤並找出原因。

(6)盤差重要因素：
· 內部作弊
· 賬務作假
· 進貨驗收未落實
· 廠商偷竊
· 顧客偷竊

研判仍以內部弊端佔極大比重，而非一般所傳顧客偷竊問題。

(7)盤點之目的，在於落實商品管理及瞭解商品廻轉率。

(8)盤點之階段性任務，首重降低庫存成本，再求提升業績。

(9)欲維持盤點後資料的正確性，應由制度面著手，即必須落實單品管理，進出貨皆需確實管制方能達到此目的。

2.貨架陳列

(1)貨架陳列可分為長行及斷面陳列兩種方式，前者較適合大賣場，後者較適合小賣場，以貴公司賣場規模應以後者較恰當。

(2)商品陳列應以商品屬性相同陳列一起，切勿以廠商別方式陳列。

(3)計算貨架安全存量方式：
排面量＝每日銷售量/單一排面量/平均每日補貨次數
貨架庫存量＝排面量×單一排面量
安全存量＝廠商進貨前置量(每日銷售量×前置期)＋貨架庫存量

(4)廻轉率＝月平均營業額/平均庫存量

(5)便利超商平均 2.3 廻轉/月，超市平均 2 廻轉/月；A 公司粗估

應為 1 廻轉/月,廻轉率偏低。

　⑹建議調整商品結構,以有效提高廻轉率。

　⑺台賬管理應落實,缺貨架位切勿以其它商品補入,方能避免暢銷品架位為滯銷品取代而未察覺。

　⑻應嚴格控制廠商補貨時任意佔用其它商品架位,以確實掌握商品定位,建議在人力資源許可狀況下最好由店務人員自行補貨上架,儘量避免由廠商補貨上架,上架應落實先進先出原則,方可避免過期品之產生。

　⑼廠商自行抄貨,應有店務主管會簽,以免廠商塞貨。廠商進貨應「先退貨再進貨」以確實控制退品。

　⑽採購人員應多參觀其它賣場之商品結構,並注意媒體新商品廣告,方能掌握商品動向,創造業績。

3.賣場規劃

　⑴賣場損益基準點計算方式為:總管銷費用(含人事、租金、設備折舊、水電雜費…)/毛利率。

　⑵另一個影響銷售的重要因素為地點選擇,目前規劃中的新賣場地點,較未能掌控商圈的最佳位置,若未來再有新賣場進入,對業績將造成極大的影響,建議未來再有新賣場評估,應掌握最佳動線地利。

　⑶動線規劃上,應掌握衝動性購買及目的性購買之動線延伸。

　易造成衝動性購買的商品,應儘量放在賣場前段明顯處,目的性購買商品應儘量移至後段以延伸賣場動線。

表 17-6-1　超市與超商購買性質差異

	超　市	超　商
衝動性購買	70%	30%
目的性購買	30%	70%

⑷超市平均坪效約為 5 萬元/月。

4.連鎖化經營

⑴建議 A 公司至少應具備商品部、業務部、管理部三大部門。

⑵應確實掌控各店之數據資料，如：每日營業額、毛利率、來客數、客單價、商品件單價、庫存值、商品迴轉率、商品排行榜、部門別毛利率、採購建議、滯銷分析。

⑶提高營業額建議方式：商品結構調整、整體形象廣告招牌規劃、促銷活動、賣場動線規劃、店務人員禮貌訓練…等，皆能有效提高營業額。

⑷門市四大重點：清潔衛生、服務態度、欠品管理、鮮度管理。

5.電腦化 POS 進銷存管理系統

⑴電腦化要解決下列問題

①庫存、成本及銷售資料不正確，單品無法有效管理，資金迴轉率太慢。

②未做銷售預測且資料內容不正確，無法作為採購之依據。

③以人工製作之表單，無法及時提供銷售訊息，致無法作有效之分析。

④銷售及人事等各項管理作業尚未制度化，連帶影響業務運作及工作效率。

⑤尚未建立解決問題之方法與途徑，導致問題無法迅速而有效的處理。

⑥教育訓練不足，造成人員素質不高、管理不易。

⑦收銀員流動率偏高，交接費時且人力成本增加。

⑧由於資訊不足，時間點控制不佳，決策依據僅能憑經驗或主觀判斷。

⑵資訊面

①成立專案小組：由總經理親自督導一個專責電腦化小組，訂

定專案目標，推展步驟，擬定各項具體實施方案。

②定期召開專案會議：檢討系統導入現況進度，協調配合事項。

③資訊化時程與工作計劃

④訂定單品編號原則：遵守國際條碼的編碼原則，以原印條碼為主，自編條碼為輔。

表 17-6-2　資訊化時程與工作計劃

工作　　　時程	2004 年				
	1 月	2 月	3 月	4 月	5 月
基本資料建檔					
門市試辦上線					
庫存管理					
進銷存控管					
制度合理化					
門市正式上線					

⑤訂定店鋪測試計劃：2 月至 4 月為測試期，進行全系統測試、操作訓練及上線調整。

⑥確認前後臺系統及通訊功能：根據功能規格確實追踪測試，使系統功能符合作業需求。

⑦商品主檔與商品實物檢核：測試店員每天回報單品是否已建檔，售價是否與現場標價同步，以更新作業。

⑧人員操作訓練：不定期舉辦操作訓練，熟悉各項操作程序。

⑨成立熱線及指定輔導員：

負責輔導及解決使用上的問題，並將無法解決的問題反應給資訊廠商處理。

⑩上線計劃：測試計劃完成後即可進行全面上線。

(3)資訊化的結果

現階段採用兩種條碼並行的制度，在生鮮及五金方面幾乎完全採用店內碼，日用品方面則是以原印條碼為主，目前條碼的普及率已達95%以上。其 POS 進銷存管理系統之運作狀況如下：

①前臺收銀機使用情況良好，作業速度及正確性顯著改善。

②系統測試已完成，功能規格確認無誤，唯尚有部份基本資料(如進價、成本、採購條件……等)，因考慮進價成本不斷變動(以移動價格平均成本法來計算其平均成本)，現正積極修正中，完成後必能提供採購及管理決策人員迅速有效的資訊。

③盤點作業目前較無法順利推展，主因為倉庫及各門市之單品尚無標準配置圖，無法有系統地陳列，盤點時間過長且耗費人力，現已覓妥適用盤點機，近期內即可以上線使用。

④配合電腦作業之制度合理化工程，在總經理親自督導下，已漸具成效。

⑤目前 A 公司所有門市皆已上線使用 POS 系統。

(4)成本效益分析

①成本分析

A 公司現階段投資額約 200 萬元(包括硬體成本、軟體成本及人事成本)。

②效益分析

· 可隨時掌握銷售資料，且標價、改價作業迅速省力。

· 可縮短收銀時間、減少登錄錯誤，並可使現金管理合理化、銷貨傳票自動化。

· 可作有效率的人員配置與作業規劃。

· 可透過 POS 收銀機收集資料，以作為採購訂貨的依據。

③資訊化導入前後之比較：

表 17-6-3　資訊化導入前後之比較

	導入前	導入後
存貨狀況	1.雜亂無章。 2.無從盤點(無條碼控制與單品管理)。	1.可將存貨作大中小分類，並進行控管。 2.運用盤點機之優點，一個晚上二人次就可將一家分店存貨盤點清楚。
來客數	未曾統計過。	平均一家分店約有 300 個來客數。
促銷活動的便利性	打標變價耗時費力。	僅需下載促銷資料至收銀機，統一變價，迅速確實。
客單價	未曾統計過。	約 150 元。
銷售量	相當。	相當(目前受景氣及競爭對手影響僅能維持現狀)。
管理情況	土法煉鋼。	制度化管理已漸成形。

第七節　案例：連鎖業的商品陳列診斷

　　企管顧問師進駐某連鎖業加以輔導改進，輔導項目頗多，其中在商品的陳列診斷內容如下：

一、是否運用充滿豐富感的陳列

1.數量是否充足

　　⑴陳列量之絕對數有沒有不足的現象？與標準陳列量相比較，有否較少的現象？

　　⑵是否注意到不使喪失量感的最低陳列量。

　　⑶有無考慮及滿載陳列的效果。

2.商品種類是否齊全

⑴有沒有從銷路與比較購買這兩方面上考慮，而擬定一完備適當的計劃。

⑵知名度高的商品是否齊備。

⑶有無具備各種不同的尺寸、規格。

⑷有無由關連性商品上加以考慮，而補充貨品。

⑸對新產品之採購，有無怠慢拖延情事。

⑹季節品是否合適、齊備。

3.是否做到很有吸引力的演出

⑴有沒有使用補助陳列的器材，如鏡子等。

⑵是否努力使陳列表現立體感。

⑶是否注意貨架有無呈現空缺，注意隨時填滿。

⑷是否使用特殊陳列，以顯示效果。

⑸有沒有活用商品的型態，加以有技巧的陳列。

⑹是否很生動的運用商品的季節感、新鮮度、特徵性。

二、使人易於看見的陳列

1.運用顯而易見的分類陳列

⑴有沒有將商品臺很明白的分類。

⑵商品分類是否混淆不清。

⑶有沒有適當的商品分類名稱。

⑷所做的分類表示，是否易見，易於尋找。

2.陳列位置應容易看見

⑴陳列位置是否合乎購買習慣。

⑵關連性商品之販賣，是否有一定的陳列位置。

⑶陳列位置變換時，顧客是否很快就能熟悉。

(4)有沒有配合商品之性質，及包裝的陳列位置。

(5)季節性商品，及新製品之陳列位置，是否適當。

(6)特價品的陳列，沒有問題嗎？

3.商店內部及商品應呈易見狀態

(1)有沒有妨害顧客之流通，及阻礙視線瀏覽全場的特殊陳列。

(2)有沒有因為包裝華麗，而使商品因而不顯目。

(3)有無因陳列用器具及備用品之不完善，而使商品不易看見。

(4)商品之擺設，是否正面向顧客。

(5)裝飾及 POP 廣告是否亂用，而致妨礙了店內之視線。

4.色彩、照明是否有效的運用

(1)色彩之運用，是否配合商品位置。

(2)有沒有依照商品性質，而考慮照明方法。

(3)商店內部是否過暗。(依照標準，超級市場之照明度應在 500Lux，超級商店應在 700Lux)。

(4)有沒有商品隱藏在陰影裏。

(5)聚光燈之運用，是否適切。

三、使人易於揀選商品的陳列

1.容易揀選的陳列

(1)有沒有將商品臺，分門別類適切的陳列。

(2)是否採取用途別陳列。

(3)有沒有按照大小不同尺寸來陳列。

(4)在價格卡及陳示卡上，是否將價格，規格，明白表示(標示卡)、(價格卡)。

(5)有沒有適當的購物指導(購物指導卡)。

2.便於選購的陳列

⑴是否有適當於顧客層的商品。

⑵是否有讓顧客易於抉擇的廠牌。

⑶有無各種不同的顏色、樣式、尺寸，供客選擇。

⑷陳列位置是否易於比較(商品應羣體化，採用合縱並排原則。)

⑸是否經常注意及陳列是否不足。

⑹齊備包裝及尺寸的方法，是否適當。

⑺替代性的商品有沒有。

四、採用易於拿取的陳列

1.有無運用裸陳列

⑴包裝是否易於拿取。

⑵是否下過工夫使用裸陳列。

⑶對售前包裝，是否研究過。

2.陳列位置是否適當

⑴迫使客人做出無理姿態的陳列多不多。

⑵有沒有陳列在手伸不到的地方。

⑶是否遵守體積大的商品，排在貨架的下段，體積小的商品排在貨架上段之原則。

⑷容易選貨的二段、三段式貨架，是否有效的使用。

3.陳列的方法有沒有問題

⑴安定性如何，會不會有一觸則崩的情形發生。

⑵有沒有因為陳列過於整齊，反而顯得有點清冷的感覺。

⑶有無因為濫用變化陳列，而顯得混雜。

⑷有沒有因為陳列面太亂，而有商品被隱蔽。

⑸有沒有使用了不適當的陳列貨架。

(6)是否因使用了展示卡，而使商品難以選取。

(7)對於難於整理的商品，有無使用了補助器材。

除此而外，每件商品是否皆標上價格，以及價格卡上之位置是否與商品相當，皆是應注意的地方。

五、令人發生好感的陳列

1.陳列是否有清潔感

(1)商品補充是否遵守先入先出法。

(2)是否有塵埃覆蓋。

(3)有沒有直接陳列在地板上。

(4)有無陳列了破損及汙損的商品。

(5)鄰近的商品，在影像的造成上有無相尅。

(6)令人不愉快有臭氣發出的商品，有沒好好處理。

2.是否有令人感覺愉悅的陳列

(1)有沒因過於整齊劃一，而缺乏親切感。

(2)演出是否與商品的性質相符。

(3)有無適當的混用變化陳列。

(4)是否採用了毫不保留的表現。

(5)有沒有重視連續效果。

(6)照明及裝飾是否有效果。

(7)陳列有無風格，有無定時的特殊陳列。

六、優良的生產性之陳列

1.收益性陳列之考慮

(1)磁石商品之陳列位置是否適當？

(2)是否考慮關連性陳列。

(3)有否就毛利益、回轉率上來考慮陳列量及陳列位置。

(4)收益性高的商品，是否陳列在易賣的位置？

(5)是否由收益性上來考慮各商品之陳列位置、大小、陳列面等。

(6)在貨架的頂端，是否陳列了利潤高的商品。

(7)有利潤的商品，是否使有特殊陳列。

(8)商店內部最有效率，位置最好的地方，是否熟知。

(9)有沒有良好的計劃販賣，對陳列與銷售效率仔細的研究。

2.有無防止損失的陳列

(1)容易被偷的商品，是否陳列在貨架的上段與收銀台的附近，易於監視到的地方。

(2)是否活用鏡子來陳列。

(3)對商品破損、汙損之防止，是否下了工夫。

(4)在不損量感之下，而減少陳列量，是否研究過。

3.有能率的陳列作業

(1)有無確定單品之標準陳列量，最高陳列量及最低陳列量。

(2)陳列補充之次數，是否過多。

(3)陳列作業，是在一定時間內，由一定的人來做。應予標準化。

(4)盡量採用大量的陳列。

(5)製造商之範域內資源、人力、服務，是否好好的利用。

🔊 第八節　案例：上島咖啡的敗局

上島咖啡於 1968 年在臺灣創立，歷經 30 年發展，從不起眼的街角小店來到中國內地，在海南開出第一家內地店。搶灘大陸市場，它比星巴克和 COSTA 都要快一步。在這個絕佳的「空檔期」，2000 年左右，很多人第一次去的咖啡廳就是上島咖啡。它開放加盟，不到 10 年，在大陸就有了 3000 家門店。

本來定位高端，先發制人，搶佔獨家市場，前景大好。怎料高開低走，後勁不足，盲目加盟擴張，寥寥數年，品質下降。內憂外患，品牌形象一落千丈。

上島咖啡沒落的案例，是為品牌商敲響的警鐘，也是對餐飲人的一個警示。

上島咖啡是商務人士最喜歡去消費的場所，上島咖啡就在這樣一個時機，於 1997 年進入了大陸市場，遠遠早于星巴克或 COSTA。缺少同行業競爭者的上島咖啡一家獨大，在最好的時機，搶佔了巨大的市場。

可以說，在九十年代時，許多人第一次進入咖啡館，踏進的就是上島咖啡的門檻。所以，短短七年時間，依靠拓展加盟店，掛著上島咖啡招牌的門店在大陸達到 3000 多家。遺憾的是，如此的輝煌成績並沒能持續下去。

究其原因，幾大「致命傷」不可不說：

1、加盟模式簡單粗野，無後期服務；

2、管控體系不規範，加盟商各自為政；

3、股東內訌、缺乏長期戰略

4、醜聞纏身

　　上島咖啡的加盟模式很簡單，僅僅收取初次加盟費，以及後期的續約費。在短期「加盟費」的利益驅使下，股東們為了迅速獲取資金，大肆拓展加盟店數量。

　　在這模式下，上島咖啡收取了加盟費用後就基本撒手不管，既沒有開店選址的調研和指導，也沒有中期銷售的支援，甚至也沒有後期行銷資料分析，除了一塊上島咖啡的金字招牌，缺乏創業經驗的加盟商只能靠自己摸索前行。

　　上島咖啡的加盟方式簡而言之就是：給錢就行！品牌收取初次加盟費和後期續約費，加盟門店獨立核算、自主經營。

　　早些年，初始加盟費 20 萬~30 萬元人民幣/年，還有 5~6 萬元人民幣/年的加盟管理費。初期籌備，需從總部進貨，價格比市場上貴一半。總部也會派駐經理、廚師，工資又加盟店支付。經營中遇到問題，也可向總部求助。

　　很多老闆以為開這麼個店，逼格高、賺錢容易、經營也輕鬆。但是，事實情況呢？

　　對於開店而言的第一個重要項目——選址，總部並沒有指導；員工培訓，老早就停了；經營支援，聊勝於無；食材採購，後來放任不管。

　　也就是說，你每年幾十萬買的就是一塊招牌。到底怎麼經營，基本全靠自己摸索。難怪劉強東曾說：「五年之內全國幾千家上島咖啡，加盟不用去選店、培訓，只收加盟費。這種商業模式有違消費者利益。」

　　總部光顧著自己收錢，對於門店不予運營支持，很多老闆連本錢都沒收回來，店就開不下去了。關店看起來虧的只是加盟商，畢竟品牌方該收的錢都拿到了，而且還有大批人在加盟的來路上。可是長遠看來，門店經營不好，品牌會受損，加盟商也就越來越少了。

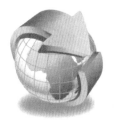

第 *18* 章

連鎖業的風險管理

第一節　連鎖經營的風險規避

雖然連鎖經營在很多方面有著其他單店鋪所不具備的巨大優勢，但也並非毫無風險。作為一種經營方式，連鎖企業只有在經營者的能力、資金以及市場環境等各方面的因素都發揮作用的時候，才能發揮出其最大的功效。

1.連鎖經營的風險

(1)連鎖經營的整體性風險

就像三國時代的曹操，將眾多船隻連在一起作戰一樣，雖然可以獲得單個船隻不具備的巨大力量，但一旦火攻，各個船隻都難逃付之一炬的命運。連鎖經營的劣勢也隱含在優勢之中，有時候單個店鋪的經營風險可能會引發整個連鎖企業的「大風暴」。

(2)市場變化莫測的風險

市場變化莫測，消費者的需求呈現多層次、多樣化的趨勢，連鎖

經營者面對的是不確定因素的增加和更加激烈的市場競爭。消費者的需求也不是一成不變的，連鎖企業能否儘早感知市場需求的變化，以變化來應對變化，才能將市場風險規避於無形。

(3)總部對連鎖企業的管控風險

整個連鎖體系其實就是原創店的複製和放大，是總部管理能力的放大和輸出。因此，原創店和總部的成功是各分店成功的必要非充分條件，原創店做得好，再加上總部管理的好，對各分店和加盟者提供有力的指導和支援，整個連鎖企業才更容易獲得成功。

2.風險規避

基於連鎖業可能存在的風險，不論是總部還是分店、加盟商都需要提前做好風險規避。

(1)自我評估

並非有著企業總部的支持和援助，連鎖店就一定能獲得成功，這還跟各經營者的經營才能和經營態度有很大關係。對於加盟者而言，想要擁有一份自己的事業，首先要做的就是認真評估一下自己的態度、能力和長期目標。每個潛在的受益人都應該真實客觀的對自己做出全面評價，不要被「總部為主」的念頭所干擾，應仔細考慮每一個細節方面的問題。

(2)行業評估

對於連鎖經營企業而言，在擴大經營範圍的時候，要對連鎖經營的行業現狀、競爭對手、發展前景以及目標商業圈等做出評估，切不可盲目擴張。

(3)做好連鎖集團的評估

連鎖特許經營，總部與成員店鋪都是共同負擔和享受經營損益的利益統一體。投資者要盡可能多的掌握連鎖集團的資料和信息，如其資格是什麼，背景是什麼，其體系模式的完善程度如何，其信譽度如何以及該行業在市場中地位如何，最後再考慮一個問題：它的優勢和

劣勢各是什麼，是否適合我？

⑷做好消費者評估

連鎖經營的弊端之一是高度統一化的產品、服務，會使得加盟店在經營上顯得呆板和缺乏新意，並且某些類型的產品和服務可能並不適合當地消費者，再加上消費者品味和需求的不斷變化，因此做好消費者評估顯得尤為重要，要知道誰是連鎖企業的目標顧客、目標顧客需要什麼、還有那些需求沒有滿足，做到一切按照消費者的需求來開展經營。

🔊》 第二節　加盟體系的雙向溝通

加盟總部與加盟者的關係，是合作夥伴的關係，雙方既然合夥做生意，就必須相互瞭解、相互溝通、相互交換意見。

一些特許經營總部以失敗收場，其中一個致命原因，就是加盟總部和加盟者之間缺乏瞭解和溝通。有些總部只想著如何把特許權賣出，然後等著坐地收錢，對加盟店的情況漠不關心；而有些加盟店又只想借著總部名聲拉攏顧客，缺乏用心經營。在這種情況下，連鎖店生意越做越差，最後只好兩敗俱傷。

總部要保持整個連鎖系統正常運作，必須對每一間加盟店的情況瞭若指掌，包括運作情況、營業情況和競爭環境等，一旦發現問題，應立即設法解決。只有這樣，總部和加盟才能保持良好的合作關係，共同進退。加強雙方的密切溝通，有如下好處：

1.增加加盟店的歸屬感

歸屬感是推動加盟事業發展的巨大動力。經常與加盟店聯繫，與之交換意見，加盟店會感覺總部是在真心真意地幫自己，投桃報李，

他們自然會尊重總部的建議，盡力搞好經營。

2.可在第一時間掌握市場行情

社會在不斷進步，市場在不斷變化，總部只有瞭解變化中的各地市場，及時調整經營策略，才不致被淘汰。而加盟店散落各處，一方面可以抓住各地的消費者，又可以及時將市場信息反饋到總部。因此，總部與加盟店保持密切聯絡，是總部掌握市場變化最直接最有效的方法。

3.可互相促進業務發展

雖然連鎖經營講求統一運作，但一些經營手法也不能墨守成規，必須隨著市場的需求靈活變化，保持競爭活力。要做到這一點，總部與加盟店之間就要互相配合，不要認為改進經營方式只是總部的責任，而加盟店只需照本本去做就行了。畢竟加盟店直接面對消費者，對消費者的需求最瞭解，對經營上的一些弊端也很清楚。所以，總部如能經常與加盟店密切聯絡，多聽取加盟店的意見，可以不斷改進經營手法，使整個連鎖系統保持活力。

4.人員直接交流

每個加連鎖部都會派工作人員專門負責協助所指定的加盟店，這些工作人員的任務不僅在於監督加盟店是否按總部要求來經營，更主要的是瞭解加盟店出現那些困難。

加盟者主要是通過此類工作人員向總部反映市場行情。這種人員之間的溝通與交流能及時解決經營中出現的問題，並能讓加盟者真正感覺到總部關心他的經營。

5.書面報告

書面報告是雙方交流的一種有效形式，許多連鎖總部都要求加盟店定期交一份報告書，介紹近期經營業績和出現的困難、消費者的新動向。

如果加盟店覺得有需要，也可以隨時寫一份專題報告書，就某一

問題彙報給總部，以引起注意。

6.會議交流

總部應經常召開地區或全國性加盟會議，善用機會使最高領導層直接聽取各地加盟者的意見，提出改進的方法，並且介紹公司的新觀念，並讓各地加盟者互相取經，互相學習好方法。

例如日本「7-11」便利店在這方面極為重視，他們定期在每週的星期二舉行會議，參加人員有公司高層職員、區域經理、地區經理、招募顧問、現場咨詢員、部份店長等。

上午是對前一週發生的問題交換意見和商討對策，下午的內容通常是針對營銷方案、「7-11」系統的更新或新產品導入等問題交換意見。「7-11」每次花費大量的金錢在教育訓練和開會上，每年的費用高達 3 億日元左右。在日本企業裏，恐怕只有「7-11」公司花費如此巨資進行總部與各分支機構的頻繁交流。

7.使加盟合約更加完善

(1)簽約前認真調整，仔細分析，慎重決策

加盟契約是一種法律文件，一經簽訂，便具有法律效力。加盟店和總部雙方都應在簽約前做認真的調查研究工作，仔細研究、反覆考慮的基礎上行事。

(2)要建立公開制度和登錄制度

為使加盟店不受蒙蔽，降低風險，建立加盟連鎖公開制度是一種行之有效的方法。公開制度是依據法律規定，在達成加盟關係前，總部必須向加盟店公開事項的制度規定。

在日本，除公開制度外，還有日本加盟連鎖協會建立的登錄制度。

(3)做好擬訂契約文件工作

加盟連鎖總部均有標準合約文件，但仍需要結合加盟店具體情況逐項研究。在擬訂合約文件時要做到：毫不遺漏地把所有重要事項列在契約中；詳細規定契約內容，避免簡單、抽象，盡可能做到明確、

具體；文字表述準確、易懂，前後一致；契約內容符合社會道德規範
和法律；注意契約內容公正、公平。

　　總之，要想整個連鎖事業能不斷發展壯大，就必須使每個加盟者
都心甘情願地與總部站在同一陣線上，共同努力開拓業務。

　　總部也應關心每一家加盟店的經營情況，關心加盟者的經濟環
境。「唇齒相依，唇亡齒寒」，不要把加盟店的成敗看成只是加盟者的
個人得失，應該把它看成是整個企業的一部份，只要有一間加盟店經
營失敗，都當做整個連鎖總部的經營失敗。

第三節　如何處理好加盟體系

　　許多連鎖企業原來從事產品經銷業務，其加盟經營體系是利用其
產品經銷網路建立起來的。這樣做有許多好處：一方面充分利用了原
有產品經銷網路的業務關係，容易快速建立和擴張加盟經營體系。另
一方面，特許經營體系對外營業所需產品，可以由當地的產品經銷商
提供。也就是說，每建立一家加盟連鎖店，就意味著為當地產品經銷
商鋪設了一個經銷網點，這對提高產品的市場佔有率十分有利。同時，
各地較大的經銷商很容易建立成為加盟經營體系的產品配送中心，發
揮產品經銷網路的優勢，為各加盟店提供價格優惠、送貨及時、保障
質量的產品配送服務。這樣，有可能使特許經營體系和原有的產品經
銷體系相輔相成，並充分利用各方面的資源，實現規模經營所帶來的
利益。

　　怎樣才能充分發揮上述優勢，發揮各方面的積極性，協調加盟經
營網路與產品經銷網路的關係，使他們相互促進、相得益彰，而不相
互衝突和排斥呢？某美容健身加盟企業的成功經驗，可供借鑑。

該公司原來從事美容用品和健身器材批發業務，是數家著名品牌的區域獨家經銷商，其產品經銷商遍及全國各地，在同行業內有較大影響。從 1997 年開始，該公司採用特許經營的模式拓展業務，將美容健身服務特許經營和產品經銷結合起來。在開展特許經營業務之前，就面臨如何將特許經營體系與原有的經銷網路協調起來的問題。在律師和管理顧問的策劃指導下，公司分三步解決這個問題：

第一步，在正式開展特許經營業務之前，對區域經銷商進行分析，確定由各省會城市的經銷商，作為特許經營體系的產品配送中心。同時，與上述經銷商的獨家經銷合約即將到期，在重新簽訂獨家經銷合約時加入如下規定：「甲方(特許總部)在獨家經銷區域內發展的加盟店必須到乙方(區域經銷商)處提貨。加盟店到乙方處提貨時，不論品種和數量，乙方均應給予優惠價(具體價格由甲方制定)。乙方對加盟商以外的用戶供貨，可按甲方的指導價上下浮動 40%」。對此，絕大多數經銷商樂於接受，對於那些不願接受該條款的經銷商，經銷合約到期後不再續訂，在該地區另行徵募經銷商。

第二步，在簽訂特許經營合約時，規定所有的加盟店「必須使用甲方(特許人)區域產品經銷商提供的產品，產品價格由甲方根據市場情況確定，不得高於同類產品獨家經銷批發價的 10%，乙方不得使用其它第三方提供的產品」。

第三步，幫助此經銷商建立特許經營配送體系，使其能更好的履行產品配送職能。同時，加強對受許人和經銷商監督和指導，及時解決出現的問題。

通過近半年的規範管理，該公司特許經營體系和經銷網路均得到良好的發展，完全達到了預期的效果。

第四節 連鎖總部的作為

連鎖總部與加盟店的矛盾關係時，總部應有的作為：

1.連鎖總部出現的問題

a.無能總部問題。就是連鎖總部經營能力差，職能欠缺，無力履行總部職能。

b.商品開發能力較差。加盟體系的發展，相當程度上依賴於商品和服務技術的開發與革新。這項工作是加盟連鎖總部應該承擔而加盟店不可能承擔的。

c.擴充加盟店速度太快。由於同行之間競爭激烈、好的地理位置爭奪激烈、人才供不應求等原因，許多總部有不顧現實條件，急於擴充加盟店。這種擴充造成其他職能的弱化，而引起加盟店的不安，導致了連鎖體系總部和加盟店在協調方面出現問題。

2.連鎖總部與加盟店之間容易發生的問題

a.總部問題導致加盟店的不安。加盟店感到不安的內容主要有：無法接受總部提供的新產品、新項目；總部增加了加盟店和直營店，使競爭加劇；指導能力降低、費用加大和溝通欠佳等。

b.加盟店對連鎖總部的不滿。加盟店對總部的不滿主要內容有：沒有獲得期望的收益；商品的價格受到限制；工作時間太長；總部提供的商品、服務、商標等不像預期的那樣有競爭力；設備投資所需資金太多；指導不力，次數少；自主經營受限制；合約期限太短；權利金太高等。

c.使加盟者得不到充分的資料信息。得不到總部有提供情況，包括加盟金、保證金、銷售條件、經營指導內容、商標、商號、契約期

限及更新、解除等項目。

3.加盟店的問題

加盟店的問題：要求總部給予過多的支援；不從總部進貨和進原料；超範圍經營；不按期交納有關費用；脫離控制傾向明顯等。

4.解決辦法

a.充實總部職能。加盟連鎖事業是一種總部主導型的經營活動，總部各項職能充實、經營管理制度健全、有較高的信譽和雄厚實力，才能帶動整個連鎖體系發展，緩解加盟店的不滿情緒，增進責任感，帶來事業的真正發展。

b.建立為加盟者服務的諮詢系統，實行企業備案制。加盟前未能充分瞭解連鎖體系的實際情況，是導致不滿的一個重要原因，所以有必要建立為加盟者服務的諮詢系統。如日本加盟連鎖協會實行加盟連鎖登錄制度，協會將登錄事項提供給有志加盟的企業，供其選擇參考。

c.強化總部與加盟店之間的溝通。一種較好的方式就是建立加盟店會議制度。日本的大型加盟連鎖都設有此項制度。加盟店會議從事的活動主要有：總部與加盟店之間交換信息，增進關係；總部經營目標、戰略的傳達、滲透；加盟店對總部經營提出的意見和建議；加盟店的福利、保健、教育、研修活動等。如果運用得好，加盟店會議可以成為充分發揮加盟店力量，形成團體優勢，健全連鎖體系的有力工具；但加盟店會議也可能發展成總部的制約團體或加盟店發洩不滿、處理糾紛的機構，這樣就違背了設立此項制度的初衷，必須加以控制。

d.加強對加盟連鎖發展的指導。許多國家都有有關加盟連鎖的法律制度和專門從事連鎖事業發展調查研究的組織和機構，以加強對連鎖事業發展的引導和控制。

第五節　整頓不健全的加盟體系

　　近年來，服務領域內興起了一大批中小型加盟經營企業，它們從事的行業十分廣泛，如中式快餐、西式快餐、園藝服務、汽車美容、物業清洗、皮件美容、服裝翻新、減肥健身、幼兒教育、拓展訓練等。成立之初，有些企業並不具備加盟經營企業的資格，也缺乏加盟經營的作業經驗，通常是邊做邊摸索，原有的加盟經營體系不可避免地存在許多的問題。隨著業務的發展，有的問題已經開始顯露出來，對原有的加盟經營體系進行整頓規範已迫在眉睫。上述問題主要是：

　　有些企業開展加盟經營之初不具備資格，無權從事加盟經營業務，其與受許人簽訂的加盟經營合約是無效合約，得不到法律的保護。加盟體系的統一經營模式很難貫徹執行。這樣不僅不能發揮加盟經營的優勢，而且最終會導致加盟經營體系的瓦解。

　　有的受許人不服從加盟人的監督和指導、擅自改變產品和服務的品質、種類和價格。

　　有的受許人不按時繳納加盟權使用費；有的受許人以合約無效為由要求解除合約、退還加盟費；有的受許人甚至利用加盟人的主體資格缺陷來要挾加盟人，以謀求不正當的利益等等。

　　由於業務發展初期缺乏經驗，使得原定的加盟經營合約本身的缺陷很多，如區域保護劃分不合理、知識產權的保護和保密條款的空缺或不健全、監督指導制度的不完善、財務制度的不規範等等。這些缺陷已嚴重的阻礙了加盟經營體系的發展，甚至存在毀掉加盟經營體系的危險。

　　那麼，怎樣去整頓規範原有的加盟經營體系，如何處理加盟關係

呢？某中式快餐連鎖公司的做法，可供大家參考。

該公司成立於一九九八年，成立不久就開展了加盟經營業務，目前已發展加盟店二百多家。由于原來簽訂加盟經營合約時公司不具備連鎖資格，公司主管經常為處理加盟經營合約糾紛疲於奔命。例如公司的政策方針得不到加盟店的執行，某些經營情況不好的加盟店，就會以合約無效為由要求退出體系，個別經營情況良好的加盟店也乘機給總部施加壓力，企圖得到額外的利益，而且動不動就以訴訟相威脅。

公司感受到必須拿出解決方案，以挽求搖搖欲墜的加盟經營體系。公司新發展的加盟店也要求對原有的加盟店進行整改，以維護整個加盟經營體系的良好聲譽和形象，保證各加盟店和總部的正常運轉。

公司直營店營業時間滿兩年後，註冊商標也獲得了批准，完全具備了從事加盟經營業務的條件。另外，通過兩年的實踐，公司積累了一些經驗，對整個加盟經營體系的發展有了更明確更詳盡的規劃。同時，通過兩年的發展，公司為整頓規範加盟經營體系提供了資金保障，認為對原有的加盟經營體系進行整頓規範的時機已經成熟。在律師的策劃和指導下，公司對原有的加盟店進行了整頓規範。具體的做法是：

首先，對二百多家加盟店進行分析，以便針對不同情況的加盟店採用不同的方法進行處理。經分析表明：70%的加盟店經營情況良好，加盟店主願意配合總部整頓規範加盟經營體系；20%的加盟店經營情況一般，加盟店持一種觀望的態度，如果總部加強扶植，經營情況有望得到改善；10%的加盟店經營情況較差，加盟店主不願意配合總部整頓規範加盟經營體系，希望解除合約退還加盟費。

第二步，公司向各受許人發出函件，說明公司發展的歷史、現狀和未來規劃，要求受許人與總部重新簽訂加盟經營合約，以明確雙方的權利義務關係。

第三步，針對調研的結果，總部對不同情況的加盟店採用不同的方法進行處理。

之後，經營良好的受許人很積極的配合總部的工作，雙方重新簽訂加盟經營合約，使雙方的關係更加穩定和規範。這樣做對加盟店也有好處。

對經營情況一般的受許人，公司在員工培訓、新產品的研製、新項目的開發等方面盡力扶植，幫助其加強管理，改進經營，提高其獲利能力。在多方的努力下，這些受許人絕大多數重新簽訂加盟經營合約，與總部建立了更加穩定更加規範的關係。

對經營情況較差的加盟店，總部幫助受許人找出經營不善的原因，提出整改意見，建議受許人繼續經營，並承諾在一段時期內給予較大的優惠待遇。經各方努力，有一部份受許人重新簽訂加盟經營合約，重新致力於加盟店的經營活動。

少數受許人對繼續經營加盟店仍沒有信心，要求解除合約。對此，總部將此類加盟店轉讓給該地區其他申請受許人或由總部購買作為直營店來經營。

對確實沒有信心繼續經營或其他原因堅決要求解除合約的受許人，總部的做法是：對有經營前景的加盟店轉讓給該地區其他申請受許人或由總部購買作為直營店來經營；對確實沒有經營前景的加盟店，總部解除合約，再退還加盟費，暫時退出該地區的經營活動，待時機成熟時再進入該地區開店經營，以維護良好的品牌形象。

通過半年多的整頓規範，連鎖總部雖花費了大量的資金和精力，但成果卻是十分顯著的。此舉拯救了即將崩潰的加盟經營體系，使原有加盟經營體系中的頑疾一掃而光，為整個加盟經營體系的發展奠定了基礎。

🔊 第六節　加盟體系之間的利益糾紛

加盟總部和受許人作為加盟經營雙方的兩個活動主體，在維護自身利益的同時就容易引起兩者的利益糾紛。因此，作為加盟總部這一方，處理好與加盟店之間的利益衝突就相當重要。通常會出現如下情況：

1. 當加盟總部將加盟權授予過多的受許人時，如何避免各加盟店之間的經營出現惡性競爭，並使整體利潤下降的現象出現

大多數加盟經營均有地域限制。在一定的市場範圍內（一般以銷售半徑衡量），加盟店的數量應有合理分佈。在這個區域內，肯定還會有其它系統的商店經營相同或類似的商品，競爭是必然的。如果一個加盟連鎖體系僅僅出於收取出售品牌費用的眼前利益，而在同一區域內將出售品牌給太多的受許人，不僅會出現惡性競爭，使整體利潤下降，還會損害本加盟系統的商譽，是不可取的。

當然，如果不做詳細的市場調查，只以某一行政區域為標準，機械的限制受許人的數量，也是不合理的。要善於做市場分析，結合多種因素和發展預測，學會以經濟區域合理佈局，給受許人以相對合適的市場半徑，又能增加一點壓力，以激發更大的經營積極性。

2. 當加盟店配合不利或違約時，總部通常如何處理

如果雙方在簽定加盟合約前已經有了充分的溝通與瞭解，此種情形應可以降至最低，但如果發生了，雙方還是要直接面對問題，可使用下列方法來充分溝通。

狀況一：口頭告知或警告，情形通常是小缺失不是很嚴重，口頭

提出即可。

狀況二：書面告知、限期改善，總部會留存記錄與追蹤，此種情況是口頭告知後，仍無效時，再以書面告知。

狀況三：是存證信函的寄發，限期必須改善，通常是高度不配合，或違約事項清楚且嚴重。

狀況四：罰款或扣除沒收保證金，經書面告知，一再未改善、情節嚴重，就業主仍不理會時再實施，雙方之關係瀕臨考驗或準備攤牌。

狀況五：停止供貨或解除合約，甚至尋求法律途徑解決，此屬重大違約之事項，或經濟罰款及沒收保證金均無效時的最後一道防線。

若發生上述情況，加盟店要自我反省，總部也要自我檢討。所以事先雙方應都要能瞭解遊戲規則，以避免日後不愉快事件的發生。

3.受許人的活動損害了利益，加盟總部是否應當承擔責任

一般情況下，在特許經營合約中，對特許人與受許人之間的關係做了明確規定，即：雙方屬於合作夥伴，不存在合夥人、代理商、僱員、上下級或其他關係，因此，受許人的經營活動損害了公眾利益，特許人不承擔責任。

但是，作為連鎖總部來講，對加盟店的日常經營行為要有持續的監督與支持，因為連鎖總部授予加盟者的商號本身就是有價值的公司財產，如果讓加盟者不符合要求的經營行為損害了公眾利益或觸犯法律，在加盟者承擔應負的直接責任外，加盟商的聲譽將受到損害。因此，作為連鎖總部，要對加盟者的經營行為有嚴密的監督和支持，以使整個體系健康發展。

4.連鎖總部可中止合約的情況

在下列情況下，連鎖總部有權在通知加盟店後，即使單方面終止合約，也無需負任何法律責任，無需作出任何賠償：

⑴加盟店違反合約規定的任何條款。

⑵加盟店未經連鎖總部書面同意關閉店鋪，或未經連鎖總部書面同意而在另一場地經營同類產品(無論什麼品牌)。

⑶加盟店的股東或職員企圖阻止連鎖總部授權的人士介入加盟店的經營。

⑷加盟店未得到連鎖總部事先的書面許可，利用連鎖總部擁有的商標製造、經營、分銷貨品。

⑸加盟店破壞了加盟體系的商譽及形象。

⑹加盟店有損害特許人商業信譽的行為。

⑺加盟店從事超出特許合約限定範圍的商業或非商業行動。

⑻加盟店未經連鎖總部書面同意，擅自進行批發業務或超過了連鎖總部准許的水準。

⑼加盟店違反法律。

5.加盟人與顧問咨詢機構合作，應注意的問題

雖然加盟經營是企業低成本擴張的一種發展模式，但在發展加盟經營過程中，確實有許多需要特別注意的地方，必須全面考慮並按科學的手段進行操作。在這個過程中，可能會遇到一些問題，在與咨詢機構接觸過程中，應當注意以下幾點：

⑴明確本企業的需求：企業必須對特許經營的基本概念有一定瞭解，並明確企業目前所存在的問題和需求所在。

⑵對咨詢機構做相應瞭解：特許經營方面的專業協會和咨詢公司都能提供不同程度的咨詢服務，但一定要接觸專業顧問機構。選擇咨詢機構，主要看其是否有充分經驗並瞭解當地市場的具體情況。

⑶咨詢內容盡可能量化：企業在與咨詢公司接觸中，多數都提出一份相對宏觀的需求目標。事實上，咨詢機構能夠幫助企業實現的最終目標是一個相對具體的內容。比如一個調研報告、可行性的分析、培訓課程或管理體系建立等。因此企業最好在這些方面將需求進行量化，以使整個咨詢過程更加高效。

第七節　連鎖總部對加盟店的控制方法

一、連鎖失敗的主要原因

綜合歸納各個行業的經驗，連鎖經營失敗的原因有：

1.加盟是一個長期的投資項目

將盈利目標一開始就確定在開始加盟的若干家受許人，極易導致失敗。

2.資金不足

某些連鎖企業在沒有充足資金的條件下開展加盟經營，結果經營開始就資金缺乏，這種情況可能一直持續到加盟系統所收費用足以維持加盟人為止。

3.加盟經營系統擴張過快

某些連鎖企業為了克服財務困難而過快擴張加盟經營系統，結果無法為加盟者提供必需的支持和服務。

4.單店盈利性不夠穩定

單店所銷售的產品本身應當有相對的盈利合理性，但某些加盟經營系統在其產品未接受市場檢驗之前就開展加盟經營，讓受許人充當試驗品，這是不負責任的。

5.挑選受許人不當

受許人的挑選是一個嚴謹的過程，有些連鎖企業總部的審核人員，只看到加盟申請者的財務實力而忽視了其他方面的因素，這樣的加盟者失敗率最高。

6.貪婪

加盟總部收取過高的加盟費，造成受許人經營資金不足。連鎖加

盟必須同時考慮雙方利益的公平。

7.外部因素

外部因素也會導致加盟經營系統的失敗。其因素包括：貨幣貶值、進口稅增加、重要產品源退出、強有力的競爭及經濟嚴重滑坡。連鎖總部應當有義務對這些外部因素進行力所能及的預防工作。

二、連鎖總部對加盟店的控制方法

連鎖總部對加盟店的控制方法，主要有幾種：

1.品牌使用權的控制

連鎖企業總部可以通過在加盟合約中規定品牌使用權的期限、使用範圍來控制加盟店。

2.產品的控制

連鎖藥店總部透過產品的配送來掌控加盟店等，例如小肥羊餐廳總部通過羊肉和火鍋底料兩大核心產品來控制加盟店。

3. IT系統的控制

有一部份連鎖企業總部在直營店和加盟店中推行了業務運營系統、財務系統等IT系統，通過這些IT系統同時保障了總部和加盟店的利益，給雙方帶來了好處。

4.股份購買優先權的控制

有些加盟店中，有連鎖企業盟主參與的股份，連鎖企業盟主預先在加盟協議中規定，連鎖企業盟主擁有以同樣價格購買加盟店股份的優先權，同時擁有以同樣價格購買或者增持加盟店股份達到51%的優先權。當加盟店的股權轉讓時，這個控制手段確保了連鎖企業總部把加盟店收編為直營店的優先權。

5.商店使用權的控制

加盟店的經營一定是以物業門店的使用為前提的。一般是由加盟

商自己去和物業所有人簽訂租用協定，連鎖企業盟主在物業使用方面並沒有優先權和支配權。

　　在麥當勞，專門有一個房地產開發部門，負責選擇物業，或租用或與物業業主合作，麥當勞拿到物業的使用權後，再把物業轉租給加盟商。

　　這樣，連鎖企業盟主對加盟商的控制又多了一道「殺手鐧」。

　　6.客源的控制

　　如果連鎖總部能用一種特殊的方式幫加盟店發展或者管理客源，那麼這種服務對於加盟者來說也是一種控制，如果加盟店離開了總部的支持，它將得不到客源。

　　很多成熟的連鎖總部，把上述內容作為加盟的前提條件，並把這些內容清楚、明確地寫在了加盟合作協定中，從而以法律的形式保障了自己對加盟店的控制。

心得欄 -----------------------------

臺灣的核心競爭力, 就在這裏!

圖書出版目錄

憲業企管顧問（集團）公司為企業界提供診斷、輔導、培訓等專項工作。下列圖書是由臺灣的憲業企管顧問（集團）公司所出版，自 1993 年秉持專業立場，特別注重實務應用，50 餘位顧問師為企業界提供最專業的經營管理類圖書。

選購企管書, 敬請認明品牌 ：憲業企管公司。

1. 傳播書香社會, 直接向本出版社購買, 一律 9 折優惠, 郵遞費用由本公司負擔。服務電話(02)27622241　(03)9310960　　傳真(03)9310961

2. 付款方式：請將書款轉帳到我公司下列的銀行帳戶。

・銀行名稱：合作金庫銀行（敦南分行）　帳號：**5034-717-347447**

公司名稱：憲業企管顧問有限公司

・郵局劃撥號碼：**18410591**　郵局劃撥戶名：憲業企管顧問公司

3. 圖書出版資料每週隨時更新, 請見網站 www. bookstore99. com

經營顧問叢書

25	王永慶的經營管理	360 元	122	熱愛工作	360 元
47	營業部門推銷技巧	390 元	125	部門經營計劃工作	360 元
52	堅持一定成功	360 元	129	邁克爾・波特的戰略智慧	360 元
56	對準目標	360 元	130	如何制定企業經營戰略	360 元
60	寶潔品牌操作手冊	360 元	135	成敗關鍵的談判技巧	360 元
72	傳銷致富	360 元	137	生產部門、行銷部門績效考核手冊	360 元
78	財務經理手冊	360 元			
79	財務診斷技巧	360 元	139	行銷機能診斷	360 元
86	企劃管理制度化	360 元	140	企業如何節流	360 元
91	汽車販賣技巧大公開	360 元	141	責任	360 元
97	企業收款管理	360 元	142	企業接棒人	360 元
100	幹部決定執行力	360 元	144	企業的外包操作管理	360 元

146	主管階層績效考核手冊	360 元		226	商業網站成功密碼	360 元
147	六步打造績效考核體系	360 元		228	經營分析	360 元
148	六步打造培訓體系	360 元		229	產品經理手冊	360 元
149	展覽會行銷技巧	360 元		230	診斷改善你的企業	360 元
150	企業流程管理技巧	360 元		232	電子郵件成功技巧	360 元
152	向西點軍校學管理	360 元		234	銷售通路管理實務〈增訂二版〉	360 元
154	領導你的成功團隊	360 元				
155	頂尖傳銷術	360 元		235	求職面試一定成功	360 元
160	各部門編制預算工作	360 元		236	客戶管理操作實務〈增訂二版〉	360 元
163	只為成功找方法，不為失敗找藉口	360 元		237	總經理如何領導成功團隊	360 元
				238	總經理如何熟悉財務控制	360 元
167	網路商店管理手冊	360 元		239	總經理如何靈活調動資金	360 元
168	生氣不如爭氣	360 元		240	有趣的生活經濟學	360 元
170	模仿就能成功	350 元		241	業務員經營轄區市場（增訂二版）	360 元
176	每天進步一點點	350 元				
181	速度是贏利關鍵	360 元		242	搜索引擎行銷	360 元
183	如何識別人才	360 元		243	如何推動利潤中心制度（增訂二版）	360 元
184	找方法解決問題	360 元				
185	不景氣時期，如何降低成本	360 元		244	經營智慧	360 元
186	營業管理疑難雜症與對策	360 元		245	企業危機應對實戰技巧	360 元
187	廠商掌握零售賣場的竅門	360 元		246	行銷總監工作指引	360 元
188	推銷之神傳世技巧	360 元		247	行銷總監實戰案例	360 元
189	企業經營案例解析	360 元		248	企業戰略執行手冊	360 元
191	豐田汽車管理模式	360 元		249	大客戶搖錢樹	360 元
192	企業執行力（技巧篇）	360 元		250	企業經營計劃〈增訂二版〉	360 元
193	領導魅力	360 元		252	營業管理實務（增訂二版）	360 元
198	銷售說服技巧	360 元		253	銷售部門績效考核量化指標	360 元
199	促銷工具疑難雜症與對策	360 元		254	員工招聘操作手冊	360 元
200	如何推動目標管理（第三版）	390 元		256	有效溝通技巧	360 元
201	網路行銷技巧	360 元		257	會議手冊	360 元
204	客戶服務部工作流程	360 元		258	如何處理員工離職問題	360 元
206	如何鞏固客戶（增訂二版）	360 元		259	提高工作效率	360 元
208	經濟大崩潰	360 元		261	員工招聘性向測試方法	360 元
215	行銷計劃書的撰寫與執行	360 元		262	解決問題	360 元
216	內部控制實務與案例	360 元		263	微利時代制勝法寶	360 元
217	透視財務分析內幕	360 元		264	如何拿到 VC（風險投資）的錢	360 元
219	總經理如何管理公司	360 元				
222	確保新產品銷售成功	360 元		267	促銷管理實務〈增訂五版〉	360 元
223	品牌成功關鍵步驟	360 元		268	顧客情報管理技巧	360 元
224	客戶服務部門績效量化指標	360 元				

269	如何改善企業組織績效（增訂二版）	360 元		310	企業併購案例精華（增訂二版）	420 元
270	低調才是大智慧	360 元		311	客戶抱怨手冊	400 元
272	主管必備的授權技巧	360 元		312	如何撰寫職位說明書（增訂二版）	400 元
275	主管如何激勵部屬	360 元				
276	輕鬆擁有幽默口才	360 元		313	總務部門重點工作（增訂三版）	400 元
278	面試主考官工作實務	360 元				
279	總經理重點工作（增訂二版）	360 元		314	客戶拒絕就是銷售成功的開始	400 元
282	如何提高市場佔有率（增訂二版）	360 元				
				315	如何選人、育人、用人、留人、辭人	400 元
283	財務部流程規範化管理（增訂二版）	360 元		316	危機管理案例精華	400 元
284	時間管理手冊	360 元		317	節約的都是利潤	400 元
285	人事經理操作手冊（增訂二版）	360 元		318	企業盈利模式	400 元
				319	應收帳款的管理與催收	420 元
286	贏得競爭優勢的模仿戰略	360 元		320	總經理手冊	420 元
287	電話推銷培訓教材（增訂三版）	360 元		321	新產品銷售一定成功	420 元
				322	銷售獎勵辦法	420 元
288	贏在細節管理（增訂二版）	360 元		323	財務主管工作手冊	420 元
289	企業識別系統 CIS（增訂二版）	360 元		324	降低人力成本	420 元
				325	企業如何制度化	420 元
290	部門主管手冊（增訂五版）	360 元		326	終端零售店管理手冊	420 元
291	財務查帳技巧（增訂二版）	360 元		327	客戶管理應用技巧	420 元
292	商業簡報技巧	360 元		328	如何撰寫商業計畫書（增訂二版）	420 元
293	業務員疑難雜症與對策（增訂二版）	360 元				
				329	利潤中心制度運作技巧	420 元
295	哈佛領導力課程	360 元		330	企業要注重現金流	420 元
296	如何診斷企業財務狀況	360 元		331	經銷商管理實務	450 元
297	營業部轄區管理規範工具書	360 元		332	內部控制規範手冊（增訂二版）	420 元
298	售後服務手冊	360 元				
299	業績倍增的銷售技巧	400 元		333	人力資源部流程規範化管理（增訂五版）	420 元
300	行政部流程規範化管理（增訂二版）	400 元				
				334	各部門年度計劃工作（增訂三版）	420 元
302	行銷部流程規範化管理（增訂二版）	400 元				
					《商店叢書》	
304	生產部流程規範化管理（增訂二版）	400 元		18	店員推銷技巧	360 元
				30	特許連鎖業經營技巧	360 元
305	績效考核手冊(增訂二版)	400 元		35	商店標準操作流程	360 元
307	招聘作業規範手冊	420 元		36	商店導購口才專業培訓	360 元
308	喬‧吉拉德銷售智慧	400 元		37	速食店操作手冊〈增訂二版〉	360 元
309	商品鋪貨規範工具書	400 元				

38	網路商店創業手冊〈增訂二版〉	360 元
40	商店診斷實務	360 元
41	店鋪商品管理手冊	360 元
42	店員操作手冊（增訂三版）	360 元
44	店長如何提升業績〈增訂二版〉	360 元
45	向肯德基學習連鎖經營〈增訂二版〉	360 元
47	賣場如何經營會員制俱樂部	360 元
48	賣場銷量神奇交叉分析	360 元
49	商場促銷法寶	360 元
53	餐飲業工作規範	360 元
54	有效的店員銷售技巧	360 元
55	如何開創連鎖體系〈增訂三版〉	360 元
56	開一家穩賺不賠的網路商店	360 元
57	連鎖業開店複製流程	360 元
58	商鋪業績提升技巧	360 元
59	店員工作規範（增訂二版）	400 元
61	架設強大的連鎖總部	400 元
62	餐飲業經營技巧	400 元
64	賣場管理督導手冊	420 元
65	連鎖店督導師手冊（增訂二版）	420 元
67	店長數據化管理技巧	420 元
68	開店創業手冊〈增訂四版〉	420 元
69	連鎖業商品開發與物流配送	420 元
70	連鎖業加盟招商與培訓作法	420 元
71	金牌店員內部培訓手冊	420 元
72	如何撰寫連鎖業營運手冊〈增訂三版〉	420 元
73	店長操作手冊（增訂七版）	420 元
74	連鎖企業如何取得投資公司注入資金	420 元
75	特許連鎖業加盟合約（增訂二版）	420 元
76	實體商店如何提昇業績	420 元
77	連鎖店操作手冊（增訂六版）	420 元

《工廠叢書》

15	工廠設備維護手冊	380 元

16	品管圈活動指南	380 元
17	品管圈推動實務	380 元
20	如何推動提案制度	380 元
24	六西格瑪管理手冊	380 元
30	生產績效診斷與評估	380 元
32	如何藉助 IE 提升業績	380 元
38	目視管理操作技巧(增訂二版)	380 元
46	降低生產成本	380 元
47	物流配送績效管理	380 元
51	透視流程改善技巧	380 元
55	企業標準化的創建與推動	380 元
56	精細化生產管理	380 元
57	品質管制手法〈增訂二版〉	380 元
58	如何改善生產績效〈增訂二版〉	380 元
68	打造一流的生產作業廠區	380 元
70	如何控制不良品〈增訂二版〉	380 元
71	全面消除生產浪費	380 元
72	現場工程改善應用手冊	380 元
77	確保新產品開發成功（增訂四版）	380 元
79	6S 管理運作技巧	380 元
83	品管部經理操作規範〈增訂二版〉	380 元
84	供應商管理手冊	380 元
85	採購管理工作細則〈增訂二版〉	380 元
88	豐田現場管理技巧	380 元
89	生產現場管理實戰案例〈增訂三版〉	380 元
92	生產主管操作手冊(增訂五版)	420 元
93	機器設備維護管理工具書	420 元
94	如何解決工廠問題	420 元
96	生產訂單運作方式與變更管理	420 元
97	商品管理流程控制(增訂四版)	420 元
99	如何管理倉庫〈增訂八版〉	420 元
100	部門績效考核的量化管理（增訂六版）	420 元
101	如何預防採購舞弊	420 元
102	生產主管工作技巧	420 元

103	工廠管理標準作業流程〈增訂三版〉	420 元
104	採購談判與議價技巧〈增訂三版〉	420 元
105	生產計劃的規劃與執行(增訂二版)	420 元
106	採購管理實務〈增訂七版〉	420 元
107	如何推動 5S 管理（增訂六版）	420 元
108	物料管理控制實務〈增訂三版〉	420 元

《醫學保健叢書》

1	9 週加強免疫能力	320 元
3	如何克服失眠	320 元
4	美麗肌膚有妙方	320 元
5	減肥瘦身一定成功	360 元
6	輕鬆懷孕手冊	360 元
7	育兒保健手冊	360 元
8	輕鬆坐月子	360 元
11	排毒養生方法	360 元
13	排除體內毒素	360 元
14	排除便秘困擾	360 元
15	維生素保健全書	360 元
16	腎臟病患者的治療與保健	360 元
17	肝病患者的治療與保健	360 元
18	糖尿病患者的治療與保健	360 元
19	高血壓患者的治療與保健	360 元
22	給老爸老媽的保健全書	360 元
23	如何降低高血壓	360 元
24	如何治療糖尿病	360 元
25	如何降低膽固醇	360 元
26	人體器官使用說明書	360 元
27	這樣喝水最健康	360 元
28	輕鬆排毒方法	360 元
29	中醫養生手冊	360 元
30	孕婦手冊	360 元
31	育兒手冊	360 元
32	幾千年的中醫養生方法	360 元
34	糖尿病治療全書	360 元
35	活到 120 歲的飲食方法	360 元
36	7 天克服便秘	360 元

37	為長壽做準備	360 元
39	拒絕三高有方法	360 元
40	一定要懷孕	360 元
41	提高免疫力可抵抗癌症	360 元
42	生男生女有技巧〈增訂三版〉	360 元

《培訓叢書》

11	培訓師的現場培訓技巧	360 元
12	培訓師的演講技巧	360 元
15	戶外培訓活動實施技巧	360 元
17	針對部門主管的培訓遊戲	360 元
21	培訓部門經理操作手冊（增訂三版）	360 元
23	培訓部門流程規範化管理	360 元
24	領導技巧培訓遊戲	360 元
26	提升服務品質培訓遊戲	360 元
27	執行能力培訓遊戲	360 元
28	企業如何培訓內部講師	360 元
29	培訓師手冊（增訂五版）	420 元
30	團隊合作培訓遊戲(增訂三版)	420 元
31	激勵員工培訓遊戲	420 元
32	企業培訓活動的破冰遊戲（增訂二版）	420 元
33	解決問題能力培訓遊戲	420 元
34	情商管理培訓遊戲	420 元
35	企業培訓遊戲大全(增訂四版)	420 元
36	銷售部門培訓遊戲綜合本	420 元
37	溝通能力培訓遊戲	420 元

《傳銷叢書》

4	傳銷致富	360 元
5	傳銷培訓課程	360 元
10	頂尖傳銷術	360 元
12	現在輪到你成功	350 元
13	鑽石傳銷商培訓手冊	350 元
14	傳銷皇帝的激勵技巧	360 元
15	傳銷皇帝的溝通技巧	360 元
19	傳銷分享會運作範例	360 元
20	傳銷成功技巧（增訂五版）	400 元
21	傳銷領袖（增訂二版）	400 元
22	傳銷話術	400 元
23	如何傳銷邀約	400 元

《幼兒培育叢書》

1	如何培育傑出子女	360 元
2	培育財富子女	360 元
3	如何激發孩子的學習潛能	360 元
4	鼓勵孩子	360 元
5	別溺愛孩子	360 元
6	孩子考第一名	360 元
7	父母要如何與孩子溝通	360 元
8	父母要如何培養孩子的好習慣	360 元
9	父母要如何激發孩子學習潛能	360 元
10	如何讓孩子變得堅強自信	360 元

《成功叢書》

1	猶太富翁經商智慧	360 元
2	致富鑽石法則	360 元
3	發現財富密碼	360 元

《企業傳記叢書》

1	零售巨人沃爾瑪	360 元
2	大型企業失敗啟示錄	360 元
3	企業併購始祖洛克菲勒	360 元
4	透視戴爾經營技巧	360 元
5	亞馬遜網路書店傳奇	360 元
6	動物智慧的企業競爭啟示	320 元
7	CEO 拯救企業	360 元
8	世界首富　宜家王國	360 元
9	航空巨人波音傳奇	360 元
10	傳媒併購大亨	360 元

《智慧叢書》

1	禪的智慧	360 元
2	生活禪	360 元
3	易經的智慧	360 元
4	禪的管理大智慧	360 元
5	改變命運的人生智慧	360 元
6	如何吸取中庸智慧	360 元
7	如何吸取老子智慧	360 元
8	如何吸取易經智慧	360 元
9	經濟大崩潰	360 元
10	有趣的生活經濟學	360 元
11	低調才是大智慧	360 元

《DIY 叢書》

1	居家節約竅門 DIY	360 元

2	愛護汽車 DIY	360 元
3	現代居家風水 DIY	360 元
4	居家收納整理 DIY	360 元
5	廚房竅門 DIY	360 元
6	家庭裝修 DIY	360 元
7	省油大作戰	360 元

《財務管理叢書》

1	如何編制部門年度預算	360 元
2	財務查帳技巧	360 元
3	財務經理手冊	360 元
4	財務診斷技巧	360 元
5	內部控制實務	360 元
6	財務管理制度化	360 元
8	財務部流程規範化管理	360 元
9	如何推動利潤中心制度	360 元

為方便讀者選購，本公司將一部分上述圖書又加以專門分類如下：

《主管叢書》

1	部門主管手冊（增訂五版）	360 元
2	總經理手冊	420 元
4	生產主管操作手冊（增訂五版）	420 元
5	店長操作手冊（增訂六版）	420 元
6	財務經理手冊	360 元
7	人事經理操作手冊	360 元
8	行銷總監工作指引	360 元
9	行銷總監實戰案例	360 元

《總經理叢書》

1	總經理如何經營公司(增訂二版)	360 元
2	總經理如何管理公司	360 元
3	總經理如何領導成功團隊	360 元
4	總經理如何熟悉財務控制	360 元
5	總經理如何靈活調動資金	360 元
6	總經理手冊	420 元

《人事管理叢書》

1	人事經理操作手冊	360 元
2	員工招聘操作手冊	360 元
3	員工招聘性向測試方法	360 元
5	總務部門重點工作（增訂三版）	400 元

6	如何識別人才	360 元
7	如何處理員工離職問題	360 元
8	人力資源部流程規範化管理（增訂四版）	420 元
9	面試主考官工作實務	360 元
10	主管如何激勵部屬	360 元
11	主管必備的授權技巧	360 元
12	部門主管手冊（增訂五版）	360 元

《理財叢書》

1	巴菲特股票投資忠告	360 元
2	受益一生的投資理財	360 元
3	終身理財計劃	360 元
4	如何投資黃金	360 元
5	巴菲特投資必贏技巧	360 元
6	投資基金賺錢方法	360 元
7	索羅斯的基金投資必贏忠告	360 元

8	巴菲特為何投資比亞迪	360 元

《網路行銷叢書》

1	網路商店創業手冊〈增訂二版〉	360 元
2	網路商店管理手冊	360 元
3	網路行銷技巧	360 元
4	商業網站成功密碼	360 元
5	電子郵件成功技巧	360 元
6	搜索引擎行銷	360 元

《企業計劃叢書》

1	企業經營計劃〈增訂二版〉	360 元
2	各部門年度計劃工作	360 元
3	各部門編制預算工作	360 元
4	經營分析	360 元
5	企業戰略執行手冊	360 元

請保留此圖書目錄：

　　未來在長遠的工作上，此圖書目錄

可能會對您有幫助！！

在海外出差的………
台灣上班族

　　愈來愈多的台灣上班族，到大陸工作（或出差），對工作的努力與敬業，是台灣上班族的核心競爭力；一個明顯的例子，返台休假期間，台灣上班族都會抽空再買書，設法充實自身專業能力。

　　[憲業企管顧問公司]以專業立場，為企業界提供最專業的各種經營管理類圖書。

　　85%的台灣上班族都曾經有過購買（或閱讀）[憲業企管顧問公司]所出版的各種企管圖書。

　　尤其是在競爭激烈或經濟不景氣時，更要加強投資在自己的專業能力，建議你：

工作之餘要多看書，加強競爭力。

建立企業圖書館

當市場競爭激烈時：

培訓員工，強化員工競爭力
是企業最佳對策

「人才」是企業最大的財富。如何提升人才，是企業永續經營、戰勝對手的核心競爭力。積極培訓公司內部員工，是經濟不景氣時期的最佳戰略，而最快速的具體作法，就是「建立企業內部圖書館，鼓勵員工多閱讀、多進修專業書籍」

建議您：請一次購足本公司所出版各種經營管理類圖書，作為貴公司內部員工培訓圖書。使用率高的（例如「贏在細節管理」），準備 3 本；使用率低的（例如「工廠設備維護手冊」），只買 1 本。

商店叢書 ⑦⑦　　　　　　　售價：420 元

連鎖店操作手冊（增訂六版）

西元二〇一九年四月	增訂六版一刷
西元二〇一六年十二月	五版二刷
西元二〇一五年九月	五版一刷

編著：黃憲仁

策劃：麥可國際出版有限公司（新加坡）

編輯：蕭玲

校對：劉飛娟

發行人：黃憲仁

發行所：憲業企管顧問有限公司

電話：(02) 2762-2241　　(03) 9310960　　0930872873

電子郵件聯絡信箱：huang2838@yahoo.com.tw

銀行 ATM 轉帳：合作金庫銀行　　帳號：5034-717-347447

郵政劃撥：18410591　　憲業企管顧問有限公司

江祖平律師顧問：紙品書、數位書著作權與版權均歸本公司所有

登記證：行政業新聞局版台業字第 6380 號

本公司徵求海外版權出版代理商　(0930872873)

本圖書是由憲業企管顧問（集團）公司所出版，以專業立場，為企業界提供最專業的各種經營管理類圖書。

圖書編號 ISBN：978-986-369-079-5